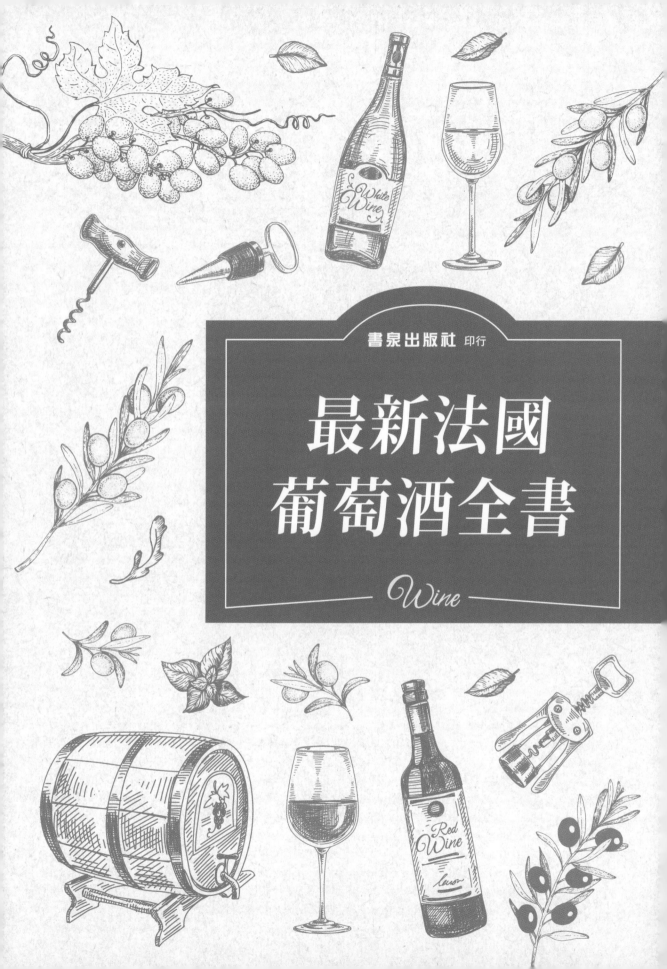

書泉出版社 印行

最新法國
葡萄酒全書

Wine

序言

喜愛喝葡萄酒的人們，並不一定要弄懂葡萄酒，不過想要享受品酒的樂趣，最好要具有一點葡萄酒的基本認識和品酒的藝術，就像球員在比賽之前，了解打球的規則一樣。一杯瓊漿玉液喝到口中，才不致辜負了酒農們的辛勞，同樣也有：誰知盤中辛，粒粒皆辛苦的感受。

《最新法國葡萄酒全書》不是一本翻譯的書籍，它是筆者上課的筆記以及多年來品嚐的經驗和心得，用淺顯的文字詳細介紹葡萄酒。最大長處在於介紹的架構，讓初學者很容易地進入狀況而增加對葡萄酒的興趣，更能讓內行的人找出更多的資訊。前半部分是葡萄(酒)的基本認識和品嚐的方法，後半部介紹法國各葡萄酒產區的地理位置和等級劃分，當然也包括了烈酒、甜酒。

為了使讀者容易了解和方便學習起見，書中還附加大量的圖片和地理圖，讓人對各產酒區一目了然，加深對葡萄酒的認識，面對琳瑯滿目的葡萄酒架上更容易選出自己的喜愛，或是增加社交的話題。

周寶臨 chou Pali

目錄

法國酒的歷史簡介

❝　西洋俗語：讓你的酒成熟，不要讓它死亡。　❞

　　「葡萄」是世界上最古老的植物之一，目前在法國的隆河谷、香檳地區都發現過第三疊紀的化石，但是它真正的發源地早已消失在歷史的蒙昧中不可查了。今日我們所看到的葡萄種是源自於高加索、小亞細亞地區，再流向世界各地種植生長。根據考古發現，大馬士革附近出土的葡萄壓榨器皿和盛具，已經有八千年的歷史了，而西元兩千多年前希臘人把葡萄的種植技術帶進了義大利、地中海沿岸一帶，至遲在西元前 600 年法國已經出現高盧人所種植的葡萄田。

　　葡萄也是人們最早栽種的植物之一，人類懂得利用它來釀造葡萄酒的歷史也很久遠，為何會釀造的原因卻已經不可考，有一傳說是先民偶然吃到了一些經過發酵的葡萄後感覺很愜意舒適，於是葡萄酒就誕生了，但是在文獻中找不出有關發明葡萄酒的任何記載。在人類文明的進化史中，葡萄酒不只是一種含有酒精的飲料，它那豐沛迷人的芳香味更會使人心情舒暢，並且還蘊含了一些抽象的意義和內涵，許多宗教儀式或慶典場合中，都會用葡萄酒來淨化身體、穩固心神，《聖經》中更多次提到了這種含酒精的飲料代表了耶穌的寶血。過去，在醫療傷病、瘟疫救災上，它也都扮演了重要的角色，自古至今，葡萄酒始終是一項重要的經濟作物。

　　釀酒用的葡萄，屬於歐亞系統（Vitis-Vinifera）的品種，源自於高加索、小亞細亞地區，經過土耳其、中東各地，再進入地中海東岸

地區。西元兩千多年前又透過希臘人的向外貿易發展，把葡萄的種植與釀造技術帶到了海外殖民地上，其中包括法國南部和地中海沿岸一帶。接著到了羅馬時代，隨著羅馬兵團的影響力，又將葡萄的種植系統地推廣到法國各地。到了西元一世紀時，葡萄田已遍布整個隆河谷地（Vallée du Rhône）、蘭格多克（Languedoc）和乎西雍（Roussillon）地區，西元二世紀時，布根地（Bourgogne）、波爾多（Bordeaux）地方也出現了葡萄田，西元三世紀時又擴展到羅亞爾河谷（Val de Loire）地區，到了第四世紀時才出現於大巴黎、香檳區（Champagne）和東北角的摩塞爾（Moselle）河谷區。

原本喜愛喝大麥啤酒和蜂蜜酒的高盧人（Gaulois）——法國人的老祖宗，很快地就愛上了葡萄酒，並成為傑出的酒農。因為高盧人釀的酒在羅馬很受歡迎，還導致西元 92 年羅馬皇帝多米恬（Domitien，西元 51-96 年）下令拔除一半高盧人的葡萄樹，以保護羅馬酒農的權益。兩個世紀後，波畢士（Probus，西元 276-282 年）皇帝解除了禁令，使得高盧人又能全面開始種植葡萄。

西元四世紀時，羅馬皇帝康士坦丁（Constantin，西元 306-337 年）正式公開承認基督教。因為在彌撒的儀式中會使用葡萄酒，因此更加助長栽種葡萄樹的風氣。隨著葡萄酒和宗教之間密不可分的關係，教會團體幾乎主宰了往後幾個世紀之久，其中最出名的兩個教會是聖本篤會（Bénédictins）和西都會（Cîteaux）。他們除了具有眾多的葡萄田外，還有龐大的資金和各種專業人才、人力，對於葡萄的種植、土地的開發和釀造的技巧都有深入的研究，因此也奠定了日後法國葡萄酒業的基礎。

十世紀時葡萄田已經遍布全法國各個產區的角落。到了十二世紀，葡萄酒也開始外銷到英國和北海諸國。有了這種通商的行為，一種「代理商」的行業也就應運而生。十三、十四世紀時隨著人口的增加，也使葡萄酒的消費量跟著增加，更加速葡萄田的開發。當產量大增時品質上就會有較明顯的差別，一種「原產地」的觀念就隨之而生了。1642 年介於羅亞爾河（Loire）及塞納河（Seine）間的運河鑿通，附近的產物、貨品有利傾向大巴黎區運銷，加上 1680

年南運河通行，它連接了地中海區和大西洋地方，更多的葡萄酒利用運河輸送到北海各地，當時波爾多港也是最大的葡萄酒集中地。

十八世紀時，因有了玻璃瓶和軟木塞的技術使用，更容易穩定酒質和方便搬運，加上荷蘭人大量收購葡萄酒銷售到北海諸國，使得葡萄田不斷地擴展，新的地主也再也不僅限於教會或貴族們了。十九世紀法國國內的鐵路鋪設，讓南部的酒很容易運到大巴黎地區，而且成本降低，迫使北邊一些葡萄產地開始沒落，同時南邊的葡萄田急速增加，好景一直維持到了 1863 年。當卡得（Gard）地區首次出現了根瘤蚜蟲（phylloxéra），往後的二十多年，蟲害肆虐了各大產區，幾乎摧毀全法國的葡萄田，幸好最後總算找到了解決的方法——把法國的葡萄樹枝接到不受蚜蟲侵害的美國土生葡萄樹根上，才算結束了這場災難。

歷經蟲害危機後導致葡萄酒的缺乏，於是市場上出現了假酒和人工酒，為了阻止這種不正當的行為，法國在 1889 年通過了法律條文，明確地規定葡萄酒的定義：把新鮮葡萄壓榨出來的汁液，其中的糖分全部或部分轉變成含有酒精度的飲料，稱之為「酒」（法文 Vin），如果用非葡萄類的水果或植物釀造，之後再加以蒸餾而獲得酒精度更高的產品，稱為水果酒、烈酒（Les eaux de vie ——生命之水），前者如西打酒（Cidre ——蘋果酒）後者如 Calvados、Grand-Maniere 等等。又在 1905 年設立了假酒防範管制機構。到了二十世紀初，因葡萄園快速的重建，導致生產量過剩，葡萄酒價格下跌，造成惡性的削價競爭。第一次世界大戰期間影響了收成，但戰後馬上改善，產量大增，到了 30 年代初期又再次的生產過剩，使得市場混亂，有關當局不得不插手干涉，規定了葡萄的產量和新葡萄樹的栽種等法則來穩定市場，以控制葡萄酒的生產量。

1935 年成立「國家原產物管理局」（Institut National des Appellations d'Origine, INAO）規定在全法國上好的葡萄出產地，其產品由「法定產區」（Appellation d'Origine Contrôlée, AOC）的條例來管制。1949 年 INAO 也負責「優良地區餐酒」（Appellation d'Origine Vin Délimité de Qualité Supérieure, AOVDQS）的管制。1979 年從大範

圍管制縮小至地方上，又成立了國家酒業檢驗所（Office National Interprofessionnel des Vins, ONIVINS）負責監督管理「地區餐酒」（Vin de Pays）和「日常餐酒」（Vin de Table）。這種措施能提供法國酒的消費者有一種等級的區分和品質信譽的保證，因而受到世界各國葡萄酒業的一致推崇。

　　葡萄酒是一種有生命力的液體，它會生病、變老、死亡，如果受到良好的照顧便可以延長它的壽命。釀酒是一種科學和藝術的結晶，它是由專門的從業人員從事「釀造」而非「製造」的工作，之後再經過細心的培養和陳年變化，一直到最佳的熟成階段再供人品嚐、飲用。就如西洋諺語所說：「讓你的酒成熟，不要讓它死亡。」

第一篇　認識葡萄

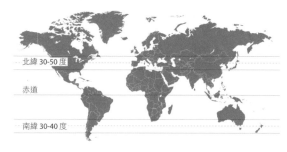

葡萄樹是葡萄科裡的一種爬藤植物，是葡萄屬系（genre vitis），大多數栽種的葡萄樹都出自於這個系統，它是一種非常古老的植物，生存於地球北緯 30-50 度、南緯 30-40 度之間，環繞了整個地球一周，在這些適合栽種的緯度帶上，都出產了不少的美好葡萄，但並不是所有的葡萄都可以用來釀酒。葡萄依其用途可分為三類：食用葡萄、做葡萄乾的葡萄和釀酒用的葡萄。世界上有一千多種不同的葡萄，雖然各葡萄的名稱、外表有所不同，但還是可以分成三個族系：「歐亞系統」（Vitis-Vinifera），好的葡萄酒都出自這個系統；「亞洲系統」（Asiatique）有十幾種；美洲系統（Américain）也有二十幾種不同的葡萄，不過多用來「接枝」（porte-greffe）。

全球有三分之二的葡萄樹都種植在歐洲地區，而且大多數集中在地中海沿岸，主要是因為該區有良好的生長環境以及溫和的氣候。

西班牙、義大利和法國是三個最大的葡萄酒出產國，其中又以法國的葡萄酒最具有「特性」，是其他產酒國難以相比的。法國除了有上述地中海區的優勢外，它的土質結構和地形的變化也較複雜，加上長期累積的釀造經驗、嚴格的品質管制，而且有特設的機關來督導、查驗酒品，各等級責任劃分得非常清楚，因此造就了法國葡萄酒的獨特地位。

不同的產區不同的剪枝

每種葡萄多少都有尋求適合自己生長環境的原始性，它們的特性也隨著氣候、土質等因素有所差異，酒農們累積了長期的栽種、釀造經驗，選擇最適合的葡萄種來種植，以便釀出更具有特性和風味的美酒。法國有法定產區管制（AOC）制度，也就是在規劃區內地上的生產物都在國家原產物管理局（INAO）的規定監管下（甚至於乳酪、醃漬物等其他的食品）。所以在法國這麼多種類的葡萄中，卻只有136種的葡萄可以用來釀造 AOC 級的酒。

｜ 葡萄樹

葡萄樹的生存能力很強，它可以在不同的環境和土地中生長，即使土壤很貧瘠，只要在排水良好、天氣不太冷、陽光充足的地方都可以生長。好的葡萄酒出自好的葡萄，酒農為了照顧他們的葡萄樹（園）可說是無微不至的，為了配合葡萄樹各階段的成長，他們辛勞地工作是全年固定性、週期性的。

巨無霸的食用葡萄是無法釀造葡萄酒的

　　葡萄樹每年的成長期分成四個階段，也就是在春、夏、秋、冬各有不同的工作階段：

光禿的樹幹可以抗禦嚴寒的冬天

冬天的休眠：翻耕期

　　一般植物的通性，樹葉會在 11 月時開始脫落，光禿禿的樹幹可以抗禦嚴寒的冬天，承受到零下 17℃ 的低溫。到了次年春天，天氣暖和，土地的溫度上升到 10℃ 左右時，光禿禿的樹枝就會慢慢地變色，並開始發出嫩芽，葡萄樹的生長循環也不例外。酒農在這段期間除了要清理採收後的葡萄園外，還要依各產區的規定做冬季的剪枝，為的是除去老化的枝蔓和過多的嫩芽，還要拔除老枯的樹藤，以確保來年的品質和產量。

　　在酒坊方面，則要清理、刷洗釀造過後使用的工具，同時要細心照顧新釀的葡萄酒，為其換桶、漂清酒中的渣滓物，並將混好的酒裝入木桶陳年。

春天的發芽：成長期

　　葡萄樹比一般果樹的發芽期較為晚，通常要等到 4 月時才開始發出嫩芽，樹葉生長會因天氣和地區而有不同的速度，這時還要留心

6 月初長出的葡萄花

突然的聚霜，過分地受凍會導致嫩芽（葉）的死亡。為了保護剛長出的嫩芽，在特別冷的日子，酒農會在園中置放人工暖爐增加空氣中的溫度，或用噴水法將新長出的嫩芽保護在冰膜內。葡萄田也要進行翻土、除草、防止蟲害等工作。在此期間葡萄樹的嫩葉和枝蔓也漸漸地成長增加，須依情況做必要的修剪。

夏天的繁殖；結果期

　　一直到了 6 月初，就可以發現白色細小的葡萄花，為了保證花粉受精率大，以獲得更多的果實，此時還需有適當的風力來散播花粉，它是決定當年葡萄收成量的關鍵，如果風力不足、下雨或是氣溫上升太快不穩定，都會影響花蕊受精，導致產量降低。要是受孕期拖長，造成園中葡萄的成熟時間不一致，增加採收工作的困擾。

　　花蕊凋謝後則轉變成為果實的雛型，以後的兩個月，果實會漸漸地增大。如果枝葉太過於繁茂就要修剪，避免吸取不該吸收的養分，才不會在釀出的酒中帶有青澀味；同時要讓支架間保持空氣流通，可增加葡萄的健康和近於成熟期的一致性。到了 8 月中旬，葡萄顆粒會停止增大，由青色轉變成它們的原本色，果皮也變得薄

採收後的田園

秋收

弱,果肉中的糖分提高,相對地果酸度也降低了,這就是成熟期。
這段期間陽光是非常重要的,也是決定當年產品質地好壞的關鍵時
刻。

秋天的成熟:收割期

一直到 9 月中旬,葡萄中的糖分已不再增加,除了一些要等到過
熟或貴腐的特殊需求外,通常是在開花後的第 100 天來收割。不過
採收日也要依照各產區的氣候、品種、葡萄田方位等因素,測定葡
萄的含糖量。採下的葡萄要盡快送到酒坊中壓榨處理。採收後葡萄
葉會變成棕黃色慢慢地脫落,樹枝也成乾枯狀,這時還有剪枝的工
作,留下光禿禿的樹幹,準備開始冬眠。

在酒坊內的釀造工作:把採收的葡萄去梗、挑選、壓榨後發酵,
每日都要品嚐監視整個發酵過程和各種酒的實際變化來決定以後的
混酒比例。

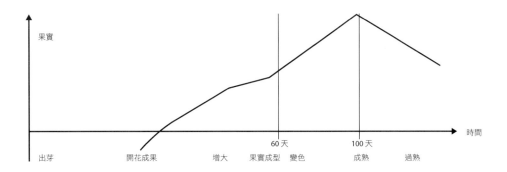

‖ 葡萄簡介

　　葡萄的種類繁多，它們都有自己成長的節奏，從發芽、結果一直到成熟，時間上都有差異，第一成熟期早熟型的葡萄到第四成熟期晚熟型的葡萄幾乎差了 70 天的時間，前者適合種植於北邊較涼的氣候，後者則反之。葡萄成熟時間差異大，會造成採收上的不便，不夠成熟的葡萄會導致釀成的酒中帶有青澀味。

　　一串葡萄是由細莖（梗）和顆粒兩部分組成的：

a. 細莖（梗）

　　是連接樹枝和顆粒的橋樑，傳送根部和樹葉吸取的養料到顆粒內。當我們嚼一口細莖可感覺到一股收斂的青澀味，這是因為裡頭含有單寧酸。在壓榨的過程中，細莖多半會和顆粒分開，釀造紅酒時會斟酌的情況略加少許，單寧（澀味）會影響到酒的口感及結構，過多時會影響到酒的平衡。

b. 顆粒

　　是由果皮、果肉和葡萄籽組成。顆粒的大、小隨著品種、氣候、採收率等略為不同。

- **果皮**：顆粒外表的一層臘質薄膜，重量約占葡萄顆粒的 10%，除了形成保護作用外，葡萄皮中的酚類質和單寧酸，對酒的氣味和結構起非常大的作用，花青素（anthocyane）是一種存在於紅色葡萄皮中的色素質，也就是在釀造紅酒的過程中，為了要吸取果皮

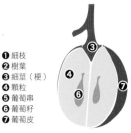

❶ 細枝
❷ 樹葉
❸ 細莖（梗）
❹ 顆粒
❺ 葡萄串
❻ 葡萄籽
❼ 葡萄皮

的顏色，必須壓榨、「浸泡」的道理。黃酮素（flavone）存在於綠葡萄皮中，雖然它沒有顏色，但是會為白酒增添大量的芳香質。果皮中的單寧比葡萄籽和細莖（梗）中的單寧更為細緻、高雅。

- **果肉**：釀酒用的葡萄比一般食用葡萄的汁液更豐盛，約占重量的 80 ～ 85%，其中包含了水分、糖類〔葡萄糖（glucose）、果糖（fructose）〕和酵母素（levulose）、礦物質、氮化物（azotée）以及各類的有機酸、維生素等。主要的酸類有酒石酸（acide tartrique）、蘋果酸（acide malique）、檸檬酸（acide citrique）等，含酸量的多寡隨著葡萄的成熟度、品種、產地、年份而改變，當中的含糖量也跟著成反比。在釀造過程中，每 17 公克的糖分會轉變成一個酒精度，由此可以推算正確的採收日。某些酸類在釀造時會自然的消失或減少，過多的酸會使口感不平衡；但是缺乏酸度，口感會變得平淡，而且會縮短酒的保存期限。

- **葡萄籽**：依不同的品種，顆粒內有 2 ～ 4 粒的小籽，含有大量的單寧、氮化物和油質物，在壓榨過程中儘量避免搗碎，否則會造成太多的苦澀味，妨礙酒的質地，口感上也不平衡。研究中指出：葡萄酒中有 70% 的澀（單寧）來自於籽中，20 ～ 55% 的酚類質也存在於葡萄籽中。

土地貧瘠、排水良好、向陽性強的葡萄田。

III 影響品質的因素

天然或是人為兩種因素，都會影響葡萄的品質。

天然因素

a. 土壤

葡萄樹對環境的適應力很強，不同的土質都可以栽種生長，若是選在某種特定的土地上，收穫就會特別好。從酒農長期累積的經驗中發現，葡萄樹性喜排水良好的貧瘠土地，根部必須向土地的深處尋找水分，穿過了不同層次的土壤，吸取了不同的養料、礦物質，都會反映在釀出的葡萄酒中，因此造成了各種葡萄酒都有不同的口感，再加上產量的控制，酒會更濃厚。如果種植在肥沃的土地上，雖然葡萄葉長得茂盛，但果實嚐起來變得乏味。

一般葡萄田多出自幾種類型土地：

- **屬於太古代第一疊紀的火成岩土、花崗岩土**，分布在薄酒萊（Beaujolais）北邊、隆河谷地（Vallée du Rhône）產區的北邊、普羅旺斯（Provence）沿海一帶、蘭格多克（Languedoc）的聖西尼仰（St. Chinian）、佛傑閣（Faugères）和巴紐（Banyuls）地方、羅亞爾河谷（Val de Loire）的安茹（Anjou）及阿爾薩斯（Alsace）部分地方。

火成岩土

- **第二疊紀的沉積岩土**，地殼的變動造成海水退卻，海底大量石灰質的沉積物隆起形成地面，出自於有機物殘片、貝殼等等，產生了石灰黏土、石灰岩、沉積岩土地，分布在布根地（Bourgogne）、侏儸（Jura）和夏布利（Chablis）區。屬於白堊紀的白堊土，分布於香檳區、干邑（Cognac）和梧雷（Vouvray）地方，在普羅旺斯的邦斗爾（Bandol）、蘭格多克（Languedoc）和隆河谷（Vallée du Rhône）某些地方也是此類型的土質，當中還混有很多小碎石。

石灰質的沉積土地

- **第三疊紀較晚形成的沖積岩地**，是由礫石、卵石構成，以波爾多一帶和隆河谷下游地方為主，最出名的以教皇新堡（Châteauneuf du Pape）產區的大卵石為代表。

  不同的土地（質）對釀出酒的特性會有不同的影響，例如：

  矽質地（silice）：酒味香、強勁、細緻。

  鈣質地（calcaire）：口感滑軟、結構堅強。

  黏（陶）土地（argile）：酸澀度大、酒醇，適於久存。

  砂土地（sableuse）：酒清淡、易飲。

  理想的種植環境是混有各種土質成分的土地，但也有葡萄樹不適應在此種土質上生長，如：佳美（Gamay）葡萄只喜歡火成岩土。

礫石土地

b. 氣候

  包括了陽光、溫度、風向、溼度（雨量）四種，各區的產品每年都受這四種因素影響，因為沒有一年的氣候是完全相同的。

- **陽光**：因地理位置不同，各地區的受光時間也不相同，日光強的地方種出的葡萄含糖量多，釀出的酒缺乏酸度，口感不夠細緻；相反地，日光弱的地方（北邊，背山處）出產的葡萄糖分少，釀

出的酒酸度大，酒精度低。南邊日光強，葡萄皮中的色素質多，釀出的酒呈深濃色；高緯度地方的酒，顏色較淺、芳香。

- **溫度**：如果 4 ～ 10 月份氣溫的平均值到達 16℃ 時所出產的酒品質普遍正常，超過 17℃ 時品質則會提高，低於 15℃ 的酒品質則平凡。8、9 月份的氣溫和雨量特別重要，也是決定當年產品質地好壞的關鍵時刻，氣溫太高，葡萄成熟得太快，酒不夠細緻；氣溫低，熟得慢，糖分不足，酒欠圓潤。寒冷的冬天可凍死一些害蟲，有利於隔年葡萄樹的健康，春天太熱或太冷也會損及葡萄花的成長，影響收成量；最怕的還是突然的春霜凍壞了葡萄樹的嫩芽，或是夏季的冰雹打損果實。1956 年在波美侯（Pomerol）地區、1957 年在夏布利（Chablis）地區由於天氣的驟冷以致沒有收成。

- **風向**：在繁殖期（5 ～ 6 月）要靠風力散播花粉，花蕊受精率大，葡萄產量就會提高。如果風力過強，使得乾燥度提高，會不利於幼苗生長，風力不足又怕花苞腐爛。某些地方有特殊的地理環境，加上適時的風力，都有利於葡萄的成長和收成，例如阿爾卑斯山向南吹的冷風，經過了隆河谷變成劇烈的密斯托強風（Mistral），酒農必須栓牢幼樹；到了晚秋，剛好又有地中海吹過來的焚風（Sirocco），造成空氣乾熱，這種「及時風」都有利於葡萄的成長。

優良的方位

- **溼度（雨水）**：每年的 4 ～ 10 月雨量的平均值是 310mm，表示
  當年酒的品質正常；如果這段時期天氣炎熱、乾旱，雨量下降到
  266mm，產品較醇也易於保存；如果雨量超過 388mm，酒則淡薄。
  冬末、初春枝葉成長時是需要水分的，在葡萄的成熟和採收期，
  要避免過多水氣，否則顆粒增大，汁液稀釋，糖分降低，酒會變
  得不醇。

c. 葡萄田的方位

方位就是面向陽光的方向，葡萄田如果朝向東南、西南或正南
方，每天接受的日光時多，有利於葡萄生長；山陰則不適合栽種，
山坡地以中段區位較佳，因為山頂的水量少，而山腳下排水過
慢，溼度大。葡萄田的海拔高度也會影響葡萄的生長，如南邊海
拔度高的葡萄田，其產物同樣可以獲得酸度。如阿爾薩斯的麗絲玲
（Riesling，北邊的葡萄品種）種植在西班牙巴塞隆納附近的高山上
一樣長得很好。至於緯度低的地方，葡萄田處於什麼方位並不是很
重要。

人為因素

接枝過的樹苗

a. 葡萄樹的剪枝

整枝（用單枝、分枝、架棚）完全依地區的天氣、地形而定，主
要是平衡枝葉和果實的生長，如樹葉茂盛，枝幹就會不勝負荷，同
時又消耗果實中的養分；枝葉剪得過多，果實中的糖分則會不夠。

b. 品種的選擇

氣候和土地都要配合葡萄的特性，這樣就可以獲得最大的生產量
和優秀的品質。在法定產區（AOC）的條文中，明確規定了使用的
品種。

c. 種植的密度

每公頃栽種的株數隨著等級不同而有差別，INAO 均有詳細的規定。

d. 接枝（porte-greffe）

為了防止根瘤蚜蟲（phylloxéra）災害，幾乎所有的葡萄田都採用美國品種的樹幹（抵抗力強）和歐洲品種的樹枝（品質佳）來接枝，以增加葡萄樹的抵抗力。如果栽種在沙質土地上就不用接枝了，因為根瘤蚜蟲無法在這種環境中生存。

e. 釀造技術

累積了傳統的釀造經驗和現代化的科技設備，都可以改善各方面的缺陷。

f. 混酒

採用同產區內不同地段上的產物或是不同品種的葡萄來混合，釀成一種新產品（cuvée），會具有更多的風味。

陳年木桶

g. 陳年

某些類型的酒釀成之後酸澀度大，需要放置在木桶中陳年培養，這段時期因酒和木桶壁接觸，一邊緩和地氧化，一邊又吸收了材質中的色香味，使酒變得圓潤、芳香，更具誘惑力。存放的時間、容器體積的大小，也是根據酒的特性和投資資金做不同的選擇。新桶香、澀味重，高品質的酒才能承受，一般結構單薄的酒為了保有更多的果香味，多採用舊桶或用大槽（木質、搪瓷、水泥、不銹鋼）來儲存陳年，費用低而且比較容易控制陳年時的溫度、氧化度和清理工作。

如果木桶使用過度，則有一股木渣味。AOC 等級的酒，禁止使用刨木花浸泡，以防變成「橡木茶」。

Ⅳ 葡萄樹的保育

老葡萄樹

　　保育的目的是為了獲得最高品質的葡萄來釀酒，以達到更多的經濟利益。酒農們根據累積的耕作經驗，加上科技的幫助，在葡萄生長的週期中，有些措施去處理他們的田中物。

　　建立一座葡萄園，首先要選擇適合當地氣候和土地狀況的葡萄種；此外，對於種植的密度、樹型的剪枝、肥料的使用與界限的規劃……等，INAO 對每個產區均有詳細的規定。

　　枝葉的剪修是固定性、技術性的工作，樹葉太多會減少葡萄的收成，增加支架的負荷；樹葉不夠則葡萄中的糖分減少，剪枝不當會造成葡萄乏味。除去過多的枝葉，一方面是方便採收，不會磨傷到葡萄，另一方面會使空氣流通，保持葡萄的健康。

　　葡萄樹雖性喜在貧瘠的土地上，但經過一段時間也需要施肥，最好是使用天然肥料，每年固定翻耕，一方面鬆土吸取氧氣，一方面又可除去雜草。

　　一般葡萄樹大約在 30 ～ 50 年的樹齡後，葡萄的生產率會下降，但出自於老葡萄樹的酒特別甘美，這時，酒農必須在品質和產量之中擇一。在有限的土地下，一般酒農都會部分地更換果樹，以保持一定的收成水準。

　　葡萄樹可能受到病菌感染或是蟲害的侵襲，如霜霉病（mildew、mildiou）、粉孢菌（oidium）的感染而腐爛，或病毒引起的卷葉病，又有甲蟲、蚜蟲、紅蜘蛛等小昆蟲的侵害，都有一些除蟲劑來防禦、消滅，或採用接枝法增加抵抗力。還有鳥類、野禽的迫害也不得不防範。雖然有許多藥物可以達到除蟲、去病的效果，但在管制的範圍下儘量避免使用，平時細心的照顧，就可以預防許多病害。

第二篇　釀造

現代化酒窖

　　釀造葡萄酒是由新鮮的葡萄汁液，透過酵母菌的作用，將其中的
糖分轉變成酒精，變為一種含有酒精度的飲料，稱為「葡萄酒」。
這是一種原理簡單的自然現象，但是在釀造過程中，因酵母菌作用
所合成的，或是原本存在於葡萄中的各種物質（如：芳香物、酸、
澀、礦物質等等），對於酒的品質和型態有著關鍵性的影響，這時
就需要倚靠釀造的技術了。

　　以下分別介紹紅酒、白酒、甜酒、氣泡酒等的釀造方式。

｜ 紅葡萄酒的釀造法

　　釀造紅葡萄酒是採用紅皮葡萄。秋收的成熟葡萄要立刻送到酒
坊，先做適當的篩選（triage），除去不合格的葡萄。之後有兩種選
擇：一是整串葡萄連梗一起壓榨（除非有特別的需要，現在已經很
少採用此方式了）；另一種是先去掉細莖（梗）只保留葡萄顆粒，
然後搗碎壓榨，連同汁液一起浸泡在大容器中，為的是要吸取葡萄
皮中的紅色素，以及果皮、肉、梗、核等渣滓物中的酸、澀和礦物
質。浸泡時間的長短也隨著葡萄品種和產地以及實際需要而定，通
常需一週到三週不等。雖然發酵是種自然現象，但在進行過程中也
有一些技術上的問題需要留意，諸如：

溫度的控制

　　通常酒精發酵是在常溫 15 ～ 32℃ 之間進行，溫度過低時，酵母動作遲緩甚至停止，但是低溫發酵則可使更多的果香味保留在酒中，這類的酒趁低齡時飲用最適合。高溫發酵的酒為的是吸取更多的澀味和濃厚的顏色，有利於長期保存，但是溫度過高時會導致酵母菌死亡而停止發酵。在發酵過程中會產生大量的二氧化碳和熱量，今有現代化的設備已比較容易控制。

　　有的產區允許在釀造時加入適量的糖分，加糖（chaptalisation）是為了幫助發酵和提高酒精的濃度。有時也會加點發酵劑（levure），為的是增加發酵速度。

淋澆（pigeage）

　　進入酒精發酵的後期或是將近結束時，一些渣滓物會漂浮在大容器的上層，這時需要浸壓、淋澆這些固體物質，這是為了要吸取更多的顏色和礦物質。直到發酵完全結束後，大容器內形成兩部分，上層是潮溼的渣滓物，下層則是釀好的純酒。把它導入儲存的器皿內，即是頭道酒（vin de goutte）。這時再把留在大容器內溼潤的渣滓物（約占全部體積的 20%）絞壓一次，擠出的液體即為二道酒（vin de presse），這種酒的酸、澀度高，宜於久存，而頭道酒比較醇，酒精度大，通常會把頭道酒和二道酒依比例混合。一般的佳酒（Grand Vin）則只採用頭道酒。

黏合（collage）

　　為了除去遺漏的渣滓物，釀好的酒還要經過澄清過濾手續，或是用古老的方式：加入打發的蛋白在酒中（多用在高品質的紅酒），此道手續就稱為黏合。

充填（ouillage）

　　高品質的酒都要存放在橡木桶中（或新或舊）歷經 6 ～ 24 個月陳年變化。這段時間由於木桶的吸收、酒精的揮發會失去部分的分

量，這時還要添加同樣的酒來填補木桶內部產生的空間，為的是避
免酒和空氣接觸而變質。

換桶（soutirage）

陳年期間橡木桶靜放在酒窖中，酒中仍然有極微細的渣滓沉澱物
積在木桶的底部，每隔一段時間還要倒換木桶，做過濾工作，此階
段稱為換桶。

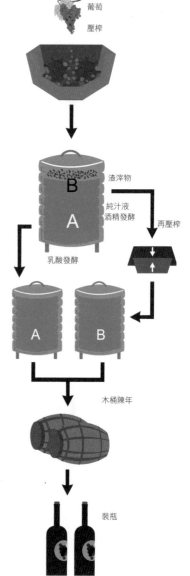

葡萄

壓榨

紅酒釀造程序
紅葡萄→去梗莖、壓榨→浸泡
→酒精發酵之後分成兩部分→區別
A 純汁液→澄清過濾
　　→（必要時做乳酸發酵）→木桶陳年→瓶裝
B 溼潤的渣滓物再壓榨兩次取汁液→澄清過濾
　　→（必要時做乳酸發酵）→木桶陳年→瓶裝
通常是 A、B 兩者依比例混合，再做陳年培養、
瓶裝。

渣滓物

純汁液
酒精發酵

再壓榨

乳酸發酵

木桶陳年

裝瓶

乳酸發酵（fermentation malolactique）

有些產區因葡萄品種的關係，釀出的
酒非常地酸澀，酒農還要做一次發酵手
續，方法是把酒桶放於溫室中加熱，利
用存在酒中的天然乳酸菌（les bactéries
lactiques），把原本不可口又有刺激酸味
的蘋果酸（acide malique），轉變成穩定
可口的乳酸（acide lactique）。經過乳酸
發酵後的紅酒沒那麼酸澀，白酒則變得更
清鮮活潑。

現代化設備：到達→篩選→去梗→壓榨→置放容器中發酵→陳年→充填

II 白葡萄酒的釀造法

釀造白葡萄酒是採用白葡萄或是紅皮白果肉的葡萄，採收後的葡萄要立刻送到酒坊，利用壓榨器或新式的汁液分離器壓榨，在操作過程中儘量避免葡萄籽破裂，以免籽中的苦澀味滲入果汁中。此時的果汁非常敏感，而且容易氧化，通常會加入少量的二氧化硫（SO_2）來保護果汁而不至於腐壞。接著是澄清果汁，去除壓榨過程中不慎遺留的殘渣，以免果皮中的色素、苦澀味留在果汁中。釀造白酒只要葡萄汁做酒精發酵即可，不必再用固體渣滓物來浸泡，這就是與釀造紅酒不同之處。把澄清過後的果汁導入巨大的容器內，酒精發酵時會產生大量的熱量，如果用現代化的設備很容易控制其溫度，釀造白酒是採用低溫發酵，以便攝取更多的果香味。發酵完畢經過分析，每公升的酒中含低於 2 公克的糖分，就是普通的干酒（sec），再經過漂清手續就可以瓶裝上市了。高品質的白酒還要經過一次乳酸發酵（fermentation malolactique）以穩定酒性，必要時還須再做一次酒石酸處理。之後置放於瓶中或橡木桶中做陳年變化，時間依酒質而定，一方面可增加風味，另一方面則有利於保存。

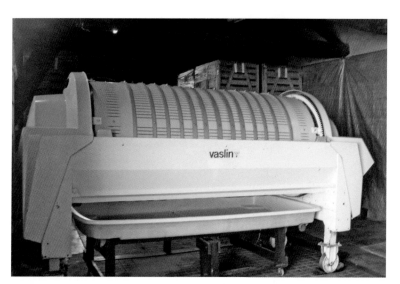

離心壓榨器

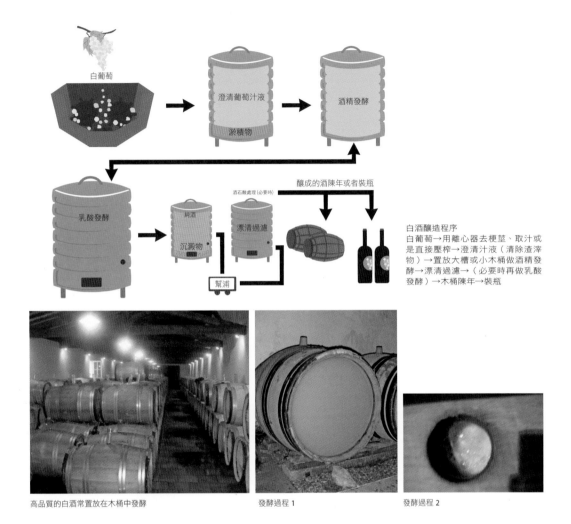

白葡萄

澄清葡萄汁液

淤積物

酒精發酵

乳酸發酵

純酒

酒石醶處理（必要時）

漂清過濾

沉澱物

幫浦

釀成的酒陳年或者裝瓶

白酒釀造程序
白葡萄→用離心器去梗莖、取汁或
是直接壓榨→澄清汁液（清除渣滓
物）→置放大槽或小木桶做酒精發
酵→漂清過濾→（必要時再做乳酸
發酵）→木桶陳年→裝瓶

高品質的白酒常置放在木桶中發酵　　　　發酵過程 1　　　　發酵過程 2

III 玫瑰紅酒的釀造法

　　在法國禁止用白酒和紅酒攪混的方式來獲得玫瑰紅酒，但是香檳區例外。它必需要用自然的方法來釀造。有兩種方式可以獲得玫瑰紅酒：

- 使用紅皮白肉的葡萄來釀造，因為壓榨過程中汁液會和果皮接觸，多少都混有一點果皮的顏色溶入果汁中，然後再做酒精發酵，釀造方式和釀造白酒一樣，所獲得清淡顏色的玫瑰紅稱為"Vin Gris"。

- 為了要取得更美好的顏色，紅皮葡萄壓榨後，把固體渣質和葡萄汁液一起浸泡極短的時間，直到變成滿意的顏色後，再把兩者分開做酒精發酵，方法和釀造白酒一樣，此即為玫瑰紅酒。

- 另外一種以粉紅皮的葡萄，經過壓榨浸泡後，採用和釀造紅酒相同的手法，也可以產生玫瑰紅酒。這只有在侏羅（Jura）地區才可以見到，以普莎（Poulsard）葡萄釀造出的玫瑰紅酒，產量雖然不大，卻很出名。

IV 特別的釀造方法

a. 白甜酒

釀造白甜酒的方法和釀造普通白酒沒什麼差別，只是採用含糖量較多的葡萄而已。釀造時沒有轉變成酒精度的糖分仍然留在酒中，一般干白酒的含糖量只有 2 公克 / 公升，而甜酒中遠超過此含量，因此喝起來甜口。

有兩種不同的方法可獲得高糖分的葡萄來釀造：

- 依靠天然的環境，葡萄可以達到過熟或是出現貴腐現象（pourriture noble）：有些地方因為地理環境特殊，種植的葡萄可以延遲到秋末冬初，葡萄過熟時才收割，而且顆粒健康狀態仍然良好，這時葡萄中的水分減少，相對其中的糖分濃度就會提高，釀出的酒也特別甜口，這種酒稱之為晚收割的葡萄甜酒（Vendange Tardive）。

這些成熟的葡萄如果在溼潤的空氣中，遇上白黴菌（又稱葡萄孢，botrytis cinérea）的侵襲，就會改變它們的生態，當白黴菌落在葡萄顆粒的外表皮上，細長的菌絲穿過表皮吸取內部的水分，濃縮了果汁，糖分顯得提高，表皮變成褐色乾皺狀，並散發出大量的焦烤味，這就是「貴腐現象」。如果天氣太過於潮溼，白黴菌造成灰黴病，葡萄就會全部腐爛掉，因此同時間還要有充裕的陽光和風力來保持葡萄間的乾燥度，白黴菌掉落在顆粒上的多寡

和侵蝕速度並不一致，而風力的散播又可達成白黴菌感染的一致性，所以白黴菌、陽光、風力這三種因素是構成「貴腐」的條件。在採收時要非常耐心地一小撮一小撮的先摘取已被完美侵蝕過的葡萄粒，所以採收量並不是很大，接著再把這些葡萄送到酒坊壓榨、發酵釀成甜酒，稱為顆粒挑選葡萄甜酒（Sélection de Grains Nobles, SGN）。在發酵的過程中到達 15 個酒精度時，酵母菌停止活動了，多餘的糖分就無法轉變成酒精度而留存在酒中，喝起來有強烈的甜口感和非常重的果香味，像是乾果、蜂蜜、桃子、杏子等等。波爾多的索甸區（Sauternes）、羅亞爾河谷的萊陽區（Coteaux du Layon）等地區都是貴腐甜酒的出產地。

- 人工乾燥方式：有些產區因為地形的關係風力特強，酒農們把採收的葡萄一串串地懸掛在屋簷下或置放在竹篩上，利用天然的風力或乾燥器任其風乾，葡萄汁會變得濃縮，因而大大地提高內部的糖分，出產地諸如阿爾卑斯山麓的侏儸區（Jura）、隆河谷的艾米達吉（Hermitage），都用這種方法來獲得釀造白甜酒的葡萄。

以上都是在釀造過程中自然停止發酵，而剩有部分的糖分，習慣上稱這種超甜型白酒為 "Vin Liquoreux"。白甜酒應用化學方法而獲得的甘味，不可歸入 AOC 等級內。

白黴菌

b. 強化甜酒

普通的干白酒每公升含低於 2 公克的糖分，而甜酒、半甜酒中的糖分都高於此分量，因此在口感上有微甜或甜味的感覺。釀造時（酒精發酵）汁液中每 17 公克的糖分會產生 1 個酒精度，如果每公升的葡萄汁液中含有 340 公克的糖分，應產生 20 個酒精度，但是酵母菌在 15 度左右時就會停止活動而死亡，此時還有 85 公克的糖分沒有轉變成酒精而留在酒中，因此喝起來會帶有甜味。但在非常稀有的情況下，葡萄才會留有如此豐富的糖分，想要獲得甜口的酒，必須設法在釀造過程中停止發酵，保留部分糖分。方法就是在葡萄汁液中加些烈酒，讓酵母菌死亡，發酵作用才會停止，這種方法稱為中止法（mutage）。

葡萄利口酒（Vin de Liqueur, VDL）和天然甜酒（Vin doux Naturel, VDN）就是利用這種技術釀造而成，兩種酒中都保存了大量的糖分而感到甜口。

● 葡萄利口酒（VDL）

當葡萄汁液在酒精發酵之前，或是剛開始發酵時加入烈酒阻止葡萄汁液繼續發酵，其中的糖分就可以保留下來，這時它們的酒精度常在 17 ～ 22 度之間。如：皮諾甜酒（Le Pineau des Charentes）是產於夏恆特（Charente）地區，在葡萄汁液添加了當地出產的干邑（Cognac）而獲得的利口酒。其他地區如：哈塔菲雅甜酒（Le Ratafia）（香檳區）、福樂克甜酒（Le Floc de Gascogne）（雅馬邑區）、卡達介納甜酒（Le Cartagène）（蘭格多克和乎西雍區）。

● 天然甜酒（VDN）

釀造天然甜酒是在發酵過程中加入了烈酒，它阻止了酵母繼續發酵，因此葡萄汁液中還有一部分的糖分沒有轉變成酒精度（發酵）而保留在酒中，因此變甜口。所採用的葡萄必需要有 252 公克 / 公升以上的含糖量，釀成的酒通常是 15 度。大部分的 VDN 都出產在地中海沿岸的蘭格多克和乎西雍地區（Languedoc 和 Roussillon）。如果採用蜜思嘉（Muscat）葡萄釀造的白酒，瓶裝之後要盡快飲用，如果用黑格那希（Grenache noir）葡萄釀造的

紅酒，則可以存放一些時間，如：巴紐（Banyuls）、莫利（Maury）、麗維薩特（Rivesaltes）等。

c. 碳酸浸漬法（Macération Carbonique）

採用此種方式釀造是為了要使酒中保留更多的果香味和大量清鮮度。葡萄採收後要保持顆粒的完整，置放在有二氧化碳（CO_2）封閉的大桶中 3～15 天，讓葡萄顆粒內部發酵，之後再壓榨取汁，完成酒精、乳酸發酵。特別是薄酒萊地區（Beaujolais）多採用此法釀造。其他的地方如隆河谷的教皇新堡區（Châteauneuf du pape）、西南部的加雅克區（Gaillac）也有部分的酒農採用此種方法釀造。

d. 氣泡酒的釀造方法（Vinification du vin d'effervescent）

氣泡酒的特徵是開瓶時有大量的二氧化碳（CO_2）氣體跑出，而這些氣體是釀造時刻意製造而產生的，它們的產品中幾乎都是白酒和少數的粉紅酒，紅酒非常有限。

一般不採用酒中灌入二氧化碳的方法，否則標籤上須註明二氧化碳氣泡酒（Vin mousseux gazéifie），AOC 級的酒是禁止使用這種方法釀造的。

- **香檳法**（méthode Champenoise）

   白酒（粉紅酒）添加蔗糖和酵母菌後，第二次瓶中發酵產生的氣泡溶解在酒中，當開瓶時，由於壓力的變化，氣泡再散發出來。此種方法是在十七世紀出自於香檳區。現在一些出產氣泡酒的產區內，也都採用這種方法釀造（參見第四篇香檳產區）。

- **傳統鄉村法**（méthode Rurale）

   這是一種非常古老的方法，在「香檳法」還沒使用前，這個方法就在民間使用了。即在釀造的過程中不添加任何的糖分和酵母菌，而是趁葡萄汁液中的糖分還沒有完全發酵之前便瓶裝，因此它們就會在瓶中繼續完成發酵，這時密封的瓶內會產生二氧化碳，當開瓶時就會有氣泡跑出。現在除了少數地區還採用外，已經面臨被淘汰的邊緣。

V 陳年培養

　　剛釀成的葡萄酒仍然是混沌不清的，並帶有微量的二氧化碳，這時就要進一步的精煉，也就是盛放在大酒槽（cuve）或是小木桶（barrique）中培養一段時間後再裝瓶。培養期間酒質會漸漸穩定，也會呈現出一些芳香質，從最初的葡萄原味、釀造過程中產生的氣味，到久置後產生的香味，依序稱為第一、二、三氣味，在品嚐術語中，前兩者稱為 arôme；後者為 bouquet，這時的酒也趨於清澈、穩定，口感變得柔和，澀味也沒那麼尖銳。

　　當紅酒中的酚類分子開始產生聚合作用（polymérisation），死亡的酵母菌、極微的渣滓物都會慢慢沉積在容器底部，在適當時間，還要做一次或多次的倒換工作以便分開這些酒渣，一方面可排除二氧化碳，另一方面在倒換過程中攪和了微量的空氣，有助於酒的氧化，如果空氣是急驟、過多的攪和就會增加氧化的危險性。為了穩定酒質、降低酸度，必要時還要再做一次乳酸發酵。

　　容器的體積、材質也隨著酒的類型和投資成本有所選擇，如欲保持酒中的果香味，則採用大木桶、水泥或是搪瓷槽。一些高品質的酒多儲存在小橡木桶中，以便吸取更複雜的香、澀味，依照酒質結構再做多次的新、舊換桶工作，不同的材質、容積、新舊度，都會影響到葡萄酒的未來（參見第三篇橡木桶章節的介紹）。

不同材質的陳年培養皿

VI 葡萄酒的成分

葡萄酒是由葡萄的汁液經過發酵後而獲得的飲料，其中的糖分部分或全部轉變成了有酒精度的飲料，經過這種變化時也會產生多種化學物質，目前發現的化合物約有 600 種，雖然分量極微，但對酒的影響也占相當重要的一環。另外，還有一些物質出自於不同的土地或是葡萄本身，加上每年天氣的變化不一樣，日光的強弱、雨量的多寡、品種的不同，它們成分的比例也略有差異，因此形成了各種葡萄酒的獨特性格。

葡萄酒的主要成分：

水分：藉由樹根從土地中攝取而來，占成分的 80 ～ 90%。

糖分：包括葡萄糖（glucose）、果糖（fructose），酵母素（levulose），它的分量要看葡萄的成熟度而定，發酵後則轉變成酒精，多餘的部分會留在酒中（大約 0.5 ～ 50g/l），因此形成了干性、半干、甜酒不同的口感。

酒精：由糖分發酵而成的乙醇，占 10 ～ 15%，略帶甜並有芳香味。

酸：有的出自於葡萄本身的酒石酸（acide tartrique）、蘋果酸（acide malique）、檸檬酸（acide citrique），或是在酒精發酵、乳酸發酵時產生的乳酸（acide lactique）、醋酸（acide acétique）、琥珀酸（acide succinique）等等。酸是酒中重要的一環，它會增添酒的清鮮活潑，特別是構成酒的平衡和保存。

酚類化合物（composés phénoliques）：主要的化合物是單寧（澀味），它存在於葡萄皮、籽和細梗當中。葡萄皮中的花青素（anthocyane）決定酒的顏色，也是重要的元素之一，隨著時間澀味會變得柔和而融於酒中，顏色也會變淡。

甘油：釀酒時的副產物，呈油質狀，有點甜，但不是主要的成分。

礦物質：少量的鈣、鎂、鉀、鐵等等。

香料質：極微量且具有揮發性，因產地和品種而異，其中有酯（ester）、乙醛（acétaldéhyde）、萜烯（terpène）等等。

營養素：胺基酸（acide aminés）、蛋白質、維生素（C、B_1、B_2、

B_{12}……）。

酯類：酵母菌中含有可生產酯類的酶（enzyme），發酵後會有不同的酯類物質，造成酒的香味。

釀造完成的酒加入微量的二氧化硫，不但可以穩定酒質，還可以使酒變得清鮮，常會有微少的氣泡產生，如果高於 600mg/l 就可以感覺得出來。

葡萄酒是一種健康性的飲料，適量的飲用可以給人體帶來額外的健康和精力，加上那詩情畫意的內涵和豐沛的芳香味，令人喝了心情舒暢。

VII 葡萄酒的等級劃分

在法國對於葡萄酒的釀造和生產方式的要求特別嚴格，都有一些專門的機構來負責督導，以保證永久性的品質水準。

依照歐盟的規定，葡萄酒可分成為兩大類，日常餐酒（Vins de table）和產自特定地區的葡萄酒 VQPRD（Vins de Qualité Produits dans une Région Déterminée）。因為法國酒的種類太多了，兩大類中還要再各分兩小類，因而法國的葡萄酒有四種等級：

1. 日常餐酒（Les Vins de table）
2. 地區餐酒（Les Vins de Pays）
3. 優良地區餐酒（Vins Délimités de Qualité Supérieure, Les AO VDQS）
4. 法定產區餐酒（Vins Appellation d'Origine Contrôlée, Les AOC）

除了日常餐酒外，其他三種等級的酒都規定了使用的葡萄品種、種植的界限，在法定產區餐酒中，又因一些葡萄園具有「小地理氣候」，酒的品質更好，又歸列成級，其方式也因產區而異（參見各章節中的介紹）。

日常餐酒（Les Vins de table）

這是一種日常性的飲料，只要求品質的穩定性，但是一些釀造的規則還是必須遵守的。釀酒的葡萄出自於法國某個地區，或是混

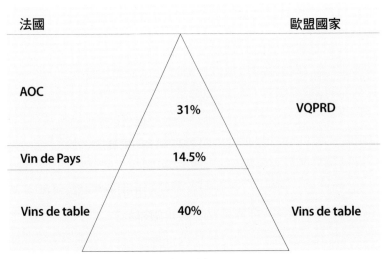

尚未包括 14.5% 的各種列酒（2011 年 VDQS 已合併 AOC 級）

合幾個不同地區的葡萄釀造而成，酒標上只要註明 "Vin de table de France"，不必再標明詳細的來源地區。葡萄也可來自歐盟的會員國，但必須在法國境內釀造（非歐盟國是被禁止的）。葡萄酒的酒精度至少要 8.5 ～ 9 度，不得超過 15 度。這種酒通常是以一種特別的品牌（商標）出售。酒商、酒農們可採用數種不同品種的葡萄釀造，以保持固定的品質和大眾化的口味。

地區餐酒（Les Vins de Pays）

這類酒屬於在某些特定區內較好的葡萄酒，而且具有特性，釀酒的葡萄必須出自於當地，並有固定的品質保證，不涉及任何的混合成分。自然發酵後酒精成分至少 9 ～ 9.5 度，但是在地中海沿岸一帶的產品，則最少要有 10 度，而且酒標上必須註明出產地區。上市前要經過國家酒業檢驗所（Office National interprofessionnel des Vins, ONIVINS）組成的委員會品嚐通過才可以上市。

優良餐酒（Appellation d'Origine-Vins Délimités de Qualité Supérieure, Les AO VDQS）

這類的酒受到 INAO 的監管，一些條文規章都由農業部制定，例

如：產區界線的規劃、葡萄的選擇、釀造、採收率、酒精度數等只要符合規定，釀出的酒再經過品嚐通過後，就可獲得 VDQS 的小印花票，標示於酒標上。（註：2011 年併入 AOC 級）

法定區餐酒（Vins Appellation d'Origine Contrôlée, Les AOC）

AOC 是法國對於葡萄酒的一種管制和品質上的要求，1935 年成立「法定產區」，所有上好的酒都會被法定產區條列所管制，其中包括了產區範圍、界線劃分、使用的葡萄種、酒精度、採收率等等，此外對於葡萄樹的剪枝方式、釀造過程、木桶陳年時間都有所規定。產品通過分析檢驗和品嚐後，INAO 就會發張「法定產區」證明，如果產品沒有通過檢驗，或是不依規定釀造，就無法獲得 AOC 級證明，只能降級出售。1992 年 AOC 的制度又推廣到一些農產、乳酪、醃漬物及其加工品上，也就是在特定地理區內的產品都須依規章種植、生產，並要帶有原產地的傳統獨特性。歐盟定在 2011 年底前完成調整生效，改寫為 AOP (Appellation d'Origine Protegée)，意義是相同的。

VIII 法國管制酒類的機構

從栽種葡萄到收成、釀造上市，每個階段都由農業部或是經濟部和財政部的一些專門機構來監督管制。

國家原產物管理局（Institut National des Appellations d'Origine des vins et eaux-de-vie, l'INAO）：對於法定葡萄田的釐定、品種選擇、採收率、種植方式、釀造等等的管理和監督。

國家酒業檢驗所（Office National Interprofessionnel des Vins, l'ONIVINS）：對於日常、地區級餐酒的管制，如葡萄樹的種植、密度、品嚐等等。

酒業競爭、消耗、防冒管理處（Direction Générale de la Concurrence, de la Consommation et de la Répression des Fraudes, la DGCCRF）：在釀造過程和銷售產品中抽取樣品分析、查驗其正確性。另外也負

責 Vin de Pays 和 AOC 級的酒在上市之前分析、化驗它們的品質。

稅務管理處（Direction Générale des Impots, la DGI）：接受一切有關葡萄酒的稅務申報、查核，有關葡萄品種、栽種、採收、儲存方面的申報。

附錄：Cru

在葡萄酒的文獻記錄上常見到 Cru 這個字，法文中本意為產區、產物或是未煮熟的意思，它代表了酒和 terroir（地貌＋土質＋氣候）的結合，遠在古羅馬時代有文獻記載到某些地方、地段出產的酒就是品質優良美好，人們開始留心並區分這些地方。即使在同樣的地區、同種的葡萄，但是不同的方位和高度，釀出的酒還是大有差異。中世紀時，教會的僧侶們開始精確地尋找、劃分出一些上好的葡萄田。1644 年就已鑑定出四個頂級葡萄園。幾個世紀以來一些列級的 Cru 並不是為了聲名，而是品質的證明。

在各產酒區中，Cru 代表了不同的意思。香檳區是以葡萄滿意的程度來衡量等級的尺度（見香檳篇），其中 17 個村鎮上的收成葡萄定為特級品（grand cru），另外 43 個村鎮的種植物為一級品（premier cru），在香檳區，Cru 代表村鎮。

布根地區的土地結構、地形變化十分複雜，區內的特級酒（grand cru）有自己獨立的 AOC，也是地籍的名稱，例如香百丹（Chambertin）是哲維瑞 - 香百丹（Gevrey-Chambertin）產區中的特級葡萄園，只要註明了 Chambertin 就可代表一切。鄉村級產區（AOC communale）內的一些高品質田地訂為第一級葡萄園（premier cru），在布根地產區，Cru 代表一塊土地（lieu-dit），本地的酒農習慣稱它們為 "Climats"，一個 Cru（葡萄園）可能處在一個鄉村 或是跨越幾個村子上，它可能是一位酒農所具有或是多位酒農所共有，一級葡萄園也都冠一文字名稱（地籍名），它們不能像特級葡萄園的 AOC 一樣單獨的存在，例如夏姆（Charmes）是梅索（MEURSAULT）產區中的一級葡萄園，Charmes 必須和 MEURSAULT 寫在一起："Charmes-MEURSAULT"。

阿爾薩斯區有兩種等級的酒 AOC vin d'Alsace 和 AOC vin d'Alsace grand cru，後者出自於 50 塊特定的土地上，採用四種不同的葡萄釀造。Cru 代表了地籍。

1855 年波爾多的梅多克（Médoc）地方做了官方等級劃分，它們是城堡（Château）、莊園（Domain）之間的比較，之後聖愛美濃（St. Emilion）地方也做了等級劃分，1984 年修訂為 AOC St.Emilion 和 AOC St. Emilion grand cru 兩種等級（後者包括了昔日的 1er grand classé A 組和 B 組、以及 grand cru classé）。在格拉夫（Graves）區分為 1ergrand cru classé、grand cru classé 和 AOC graves 三種等級。索甸（Sauternes）有 1er cru Supérieur（特級）、1er cru（一級）、second cru（二級）和 AOC Sauternes（普通級）四種等級。在波爾多產區，Cru 代表了每個城堡（Château）或莊園（Domain）的出品，葡萄可能來自相同或是不同的土地。（參見第四篇波爾多產區）要提醒的是，不一樣的大產區並不能以同樣的等級來比較它們的品質。

第三篇　品酒的藝術

❝ 品酒不是批判葡萄酒的「好」與「壞」 **❞**

葡萄酒是一種具有生命力的液體，在它的生命旅程中，有若干階段性的變化，速度的快慢、時間的長短會隨著葡萄的品種、出產的土地、氣候、釀造方式而不同。對於一些葡萄酒出產國來說，他們把葡萄酒當成一門學問來研究發展，同時也可帶動農業、運輸、餐飲等各行各業的發展，促進經濟繁榮。葡萄酒業也是科技和藝術的結合，就像在前章所述：「在人類文明的進化中，葡萄酒不只是一種帶有酒精的飲料、一種重要的經濟作物，而且還蘊含了精神上的抽象意義。」喜愛喝葡萄酒的人們，並不一定要弄懂葡萄酒，不過想要享受品酒的樂趣，最好還是要具備一點葡萄酒的基本認識和一般品酒的藝術，就像球員在比賽之前要知道打球的規則一樣，一杯瓊漿玉液喝到口中，才不致辜負了酒農們的辛勞，也不會產生「誰知盤中飧，粒粒皆辛苦」的感歎。粗俗地說，品酒就是有點學問的喝酒，淺酌而非牛飲，透過自己的感官和認識，來分析判斷酒的特性和每個階段的變化，藉由品嚐可以知道該酒的品質、結構、味道的和諧、高雅和一些缺陷。但要記得「品酒不要批判葡萄酒的『好』與『壞』。」

怎樣才能算是佳釀？成功釀造出來的紅酒是酸、澀、酒精（甜）三方面的平衡，白酒則是酸、酒精的平衡，而不應該凸顯某一方面，

佳釀的酒體就如同房屋的棟樑。

一般好品質的葡萄酒都應有這些要素，它們堅強有力地支撐著酒身，如同人的骨骼支撐著整個身體一樣，這些要素是會隨著時間而遞減的。各種顏色、類型的葡萄酒，就像地球上的人類，有不同的膚色、體型、氣質一樣。佳酒（Grand-Vin）不但有酒體，還有自己的獨特性，這些來自土質、氣候、釀造技巧等等因素，構成了酒的靈魂，同時又受到時間、環境的影響，變化萬千，這也就是需要品嚐的原因了。

　　品嚐是視、嗅、味、覺上的認知，首先觀看顏色的濃厚度、色調的變化以及清澈、明亮度，續而聞酒中的第一、二氣味（arôme）或是有第三氣味（bouquet）的存在，再從味覺上找出酸、甜（酒精）、澀味的平衡，以及酒的厚薄和後口感（餘香）停留的時間。在品嚐的過程中，為了講求客觀起見，常做「遮掩品嚐」，就是把酒標掩蓋起來，或是斟倒於醒酒壺中，品嚐者才不會受到心理和感觀的影響。

　　在品酒時須注意一些細節：

- 一般人的感官在飯前比較敏感，職業品嚐通常在上午 10 ～ 12 點之間。
- 不同類型的葡萄酒，依口感的輕重、酒齡的高低（很少例外）排出次序，以免口感上的干擾。
- 飲用了烈酒、吃過乳酪、喝過咖啡或是抽菸、抽雪茄後切忌品嚐，但嚼塊小麵包不會使味覺麻痺。
- 每次品嚐的瓶數不宜太多，6 ～ 8 種為宜。
- 地點要明亮、環境要安靜，除了室溫，酒溫是非常重要的，溫度太低，香味不易散發，反之則難以聚合，而且酒精味變重；濃厚芳香、單寧多的酒溫度要高些，愈甜的酒溫度要愈低，香檳酒溫度也要低。
- 低齡酒可提前開瓶醒酒，老酒儘量延遲開瓶，如果溫度太高，超過 20℃ 時香味不易聚合，而且酒精味變重。
- 酒杯最好選用高腳大肚型，杯口向內微縮，呈鬱金香狀，在杯內散發出的香氣才容易聚合。

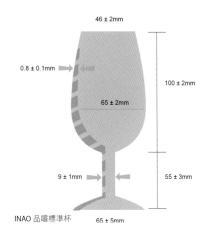

INAO 品嚐標準杯

- 手持高腳杯一方面可避免手溫傳入酒中，又可握住杯子的平衡點，在搖晃酒杯觀察酒的顏色時，也易於操作。
- 為了加深品嚐的記憶，也可依視覺、嗅覺、味覺方面做成筆記，最後再綜合判斷，作為日後的參考，陳年老酒也可察看出階段的陳年變化。
- 套餐佐酒乃是求酒、菜相襯的和諧性，與品酒無關。

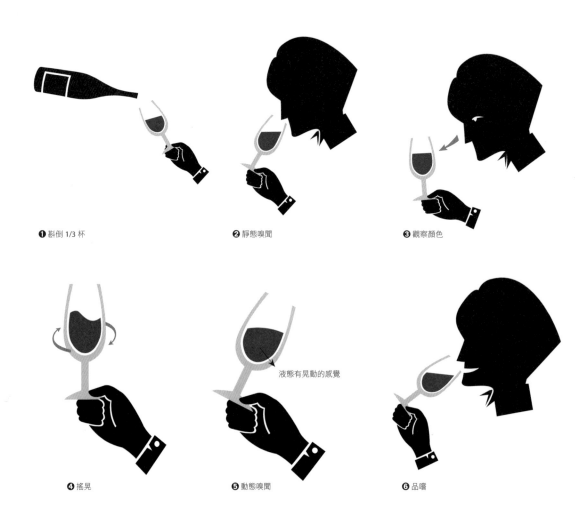

❶ 斟倒 1/3 杯　　　　❷ 靜態嗅聞　　　　❸ 觀察顏色

❹ 搖晃　　　　❺ 動態嗅聞　　　　❻ 品嚐

液態有晃動的感覺

| 如何認識葡萄酒

　　品嚐葡萄酒是藉由視覺（觀察）、嗅覺（氣味）、味覺（口感）
上一系列的認知。

a. 視覺 —— 觀察（Visuel-L'oeil）

　　品嚐葡萄酒多採用高腳杯，要透明潔淨，容易觀看又便於操作，
手握住杯腳溫度才不會升高得太快，在搖晃過程中易於掌握平衡
度，觀察顏色時，酒杯後用白色的紙、布巾來襯托，容易反光查看。
斟入的酒量要適中，酒太少看不出名堂，酒太多搖晃時容易灑出
來。觀看時先從杯子上端「酒面」（disque）的中心點看顏色的濃厚、
清澈度，意示著它們的品質。質地好的葡萄酒都會閃爍著光芒，呈
現混濁的話則可能味道平凡。之後稍微傾斜酒杯，由側面觀看它的
明亮度。再由側上方看酒面的周邊，它和杯壁之間有一環霧氣，寬
窄和顏色的濃密可以顯示出酒齡，尤其在老的紅酒中特別明顯。

由酒面觀察顏色的濃厚與清澈度

　　從葡萄酒顏色的深淺、濃密度，可以得知一些酒中的訊息，如葡
萄的品種、出產地區、採收率、當年的天氣、釀造方式等，一般而
言，陽光多的地區酒色較深，採收率低酒色較濃、雨多酒則稀薄。
無論何種顏色的葡萄酒，都會因時間色調有所改變，白酒由蒼白成
為淡黃、稻草黃、淡金、紅銅色等；紅酒顏色差別變化極大，有石
榴色、深紅、寶石紅、紫紅、紫黑等；低齡時夾帶著紫羅蘭色，久
了則變成橘紅、磚紅、琥珀色，表示其生命也快消失了。每種酒變
化的速度不一樣，即使色澤極為相似，也不能相互比較酒齡。

由側面觀看明亮度

　　另外，在酒中也可看到一些狀況：

粗砂糖狀的結晶體：它們沉積在瓶底或黏附在瓶塞的一端，紅酒中
呈胭紅色，白酒中呈透明白色，是因酒中的酒石酸受到驟冷所致，
它們不會融解於酒中，但也不影響酒的味道和品質。

由側上方觀察酒齡

渣滓沉澱物：葡萄酒過了成熟最高點，一些特性都開始衰退，紅酒
中的單寧和色素質會產生聚合作用，分子間的凝聚除了會使顏色蛻
變外，聚合物最後變成酒渣沉於瓶底，它們並不影響酒的品質。陳

年存放的白酒，如果照顧不周就會出現一些雀斑狀的小點。

氣泡：所有的葡萄酒在酒精發酵過程中都會產生二氧化碳，「靜態」的葡萄酒也不例外。如果你發現酙酒時會有極微小的氣泡附著在杯壁或酒面的四周，這是某些酒農為追求口感上的清鮮和刺激，特意釀造出來的，在某些白酒和幾種年輕的紅酒中都可以看到。如果是傳統的紅酒也會有這種狀況，可能是釀造時發生了問題，不過在目前的科技下，不太可能發生這種事。

淚痕：搖晃杯中的酒後，會有一種油狀透明體附著在杯壁上，再慢慢地滑落，速度快慢不一，薄厚程度也不同，這代表酒中的甘油、酒精度和發酵過後剩餘的糖分，並不意味著品質的高下。

從葡萄酒的顏色中還可以得到一些其他的啟示。

酒色不夠濃厚的原因：

- 釀造時浸泡的時間不夠。
- 採收率過高，或是年輕葡萄樹上的果實。
- 多雨的年份。
- 葡萄沒有完全成熟就摘取。
- 發酵時溫度過低。

＊釀成的酒不能存放太久。

酒色深濃的原因可能是：

- 葡萄成熟度好。
- 釀造時浸泡時間足。
- 採收率低。
- 老的葡萄樹。
- 成功的釀造。

＊釀出的酒可以存放長久。

b. 嗅覺 —— 氣味（Olfactif-Le nez）

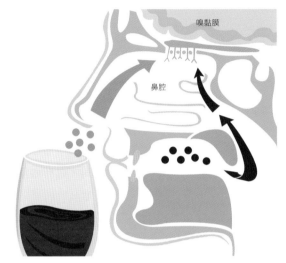

氣味由口腔、後鼻腔傳到嗅覺神經。

　　嗅覺就是以鼻子嗅聞的功能來認識葡萄酒，氣味（odeur）是物質內分子的揮發，由鼻孔傳到嗅覺神經，亦可經由口腔傳到後鼻腔（rétronasale）再達到嗅覺神經，人們再感辨出是哪種味道。葡萄酒能散發出多種不同的香氣（arôme），它們會因葡萄的品種、出產地、氣候、酒齡而有所差異，尤其是與空氣接觸後影響最大。平凡的葡萄酒香氣少又單調脆弱，好的葡萄酒不僅含有大量的香氣，而且深厚、細緻、高雅，還有層次上階段性的變化。

　　要從嗅覺上來認識葡萄酒，首先從靜態上著手。當酒酙入杯中之後，先聞它的原始氣味，可能是出自於葡萄本身的天然味道——花香、果香，如 Muscat、Gewürztraminer、Cabernet Sauvignon 等等葡萄都有自己的原始香味，INAO 對每個大產區使用的葡萄品種都有規定。由第一原始氣味也不難找出酒的原產地，還可能聞到一些酵母、醚、酯類的味道，它們是在酒精發酵過程中產生出來的，尤其在低齡白酒中最明顯。但這種香味不應該壓過每種酒的原始氣味，選擇低溫發酵可帶給酒更多的香味。

綜合香料瓶（布根地葡萄酒學校提供）

　　在品嚐藝術中，前者稱為第一氣味，後者稱為第二氣味，兩者合稱為 "arôme"。在陳年過程中它們都會漸漸地消失，而變成一種類似動物羶騷、化學味的陳年酒香，稱為第三氣味，習慣上叫 "Bouquet"。平凡的葡萄酒，很難經得起長年的儲存，在它香味沒有轉變之前就開始變質了。Bouquet 多存在於陳年老酒中，尤其是紅酒。

　　有的葡萄酒陳年時間不足，或本性太含蓄封閉，第一步的靜態嗅聞，並不容易找出它的原始氣味，這時再做第二步輕微的搖晃動作，讓杯中的酒和空氣多接觸，時間拖延、溫度升高後再看看酒的變化。如果還不能找出更多的氣味，不妨用另一隻手掩住杯口用力搖晃，使原本監禁在酒中的香味更容易散發出來，此時聞聞隱藏的香氣，再比較一下每個層次的變化。為了方便記憶，找出酒中的氣味，通常把日常生活上常碰到的味道作為描述的依據，歸成幾大類（族系），品嚐時先找出主軸，再慢慢地細分各系列中的香味。

果香味：以地區劃分，有寒帶水果（多半指歐美地區的出產）——蘋果、杏子、梨等；熱帶水果——荔枝、鳳梨、木瓜等；以顏色來劃分，有黃色水果類——桃子、杏；紅黑色水果——覆盆子、桑葚、茶藨子、櫻桃等；漿果類——檸檬、石榴柚、橘子等；乾果類——榛子、核桃、無花果等。

覆盆子　　　　　白醋栗　　　　　櫻桃　　　　　藍莓

紅醋栗　　　　　梓果　　　　　熱帶水果盤　　　　　茶藨子

花香味：各種各樣的花類，新鮮的或乾燥過的，聞起來非常愜意。氣味輕的如菩提花、葡萄花、茶花、山楂花等；氣味香濃的如玫瑰花、洋槐花、紫羅蘭、茉莉花等。花香味可以顯示出葡萄的出產地或是它們的品種。經過時間的流逝，花香味會轉成乾花的味道。像是紫羅蘭、茶花、鳶尾（iris），亦存在於紅酒中。

植物味：包心菜味、松樹、檀香木、剛修剪過的草皮味、菸草、稻草、菇菌類、青苔、陳舊味等。如果葡萄不夠成熟就摘採，釀出的酒常有一股植物的青澀味。

香料味：八角（大茴香）、小茴香、鮮茴香、丁子香、胡椒、香草、肉桂、月桂、百里香、松露（truffe）、甘草、迷迭香等。

迷迭香　　百里香
鮮茴香　　甘草

醚酯味：發酵過程中產生的氣味，特別是存在於白酒中。

化學味：二氧化硫、石油、硫化氫的氣味。

焦烤味：煙燻、火燒、咖啡、吐司麵包的氣味。

木材味：經過木桶陳年的葡萄酒帶有橡木、單寧澀味。

香酯味：在陳年老酒中帶有樹脂、香草味。

動物味：皮革、麝香、羶騷味等等，多存在老紅酒中。

礦石味：電石、白堊土、鈣土的氣味。

不正常的味道：發霉、腐爛、瓶塞的氣味。

c. 味覺 —— 口感（Gustatif-La bouche）

味覺就是用口腔的功能，去感觸葡萄酒的味道，除了舌頭上的味蕾能感覺味道外，口中的香味也會透過口、鼻之間的腔道傳到嗅覺神經。舌頭上的味蕾可以感受到甜、酸、鹹、苦四種基本味道，舌尖對於甜味比較敏感，舌緣對鹹味比較敏感，舌根對苦味比較敏感，舌頭兩側的上端對酸味比較敏感，舌中央感覺性差。同時口腔也有其他的感應能力：

- **流質的密度**：酒的厚薄度。
- **冷熱的反應**：酒精強，口腔、食道就會感到發燒。
- **化學的反應**：遇到酸、澀、鹹，就會流口水或收斂。

入口的酒因為溫度升高，會開始散發出新的香氣，品嚐時喝一小口，先在口腔內轉一圈，看看各部位的反應，如果沒有什麼強烈感受，再輕吸一口氣，藉此來散發香氣和滑潤一下味蕾，然後再決定口中的酒是要吞嚥或吐掉。第二步再喝一大口酒，像漱口般在口腔中滾動，一些封閉性的酒往往要十幾、二十秒後才會顯出其特性，然後用口腔的功能去感覺酒的味道和特性，之後吞嚥或吐掉，並計算一下存在於口中餘香味（cautalie）時間的長短，它並非是酸、澀的刺激性。餘香味也可能沒有，但是時間愈長，酒的品質愈好。

品嚐紅酒是尋求酒中酸度、澀度、酒精度（甜）三方面的平衡；白酒則是酸度、酒精度的平衡；貴腐甜酒則是酸度、糖分（酒精）的平衡外加上貴腐的程度。

甜度：葡萄中的糖分，在酒精發酵之後會轉變成為酒精度，多餘的糖分則保留在酒中，因而使得口感圓潤。如果酒中的甜度太高，沒有酸度來平衡時，口感會太甜膩；甜度太低，酒會顯得乾（酸）澀。在發酵過程中產生的甘油，也能讓酒有甜味，但它不是主要的成分。

酸度：它存在於葡萄中，有酒石酸、蘋果酸、檸檬酸，以及發酵時產生的乳酸、醋酸（經過乳酸發酵後蘋果酸會轉變成乳酸）。酸是構成酒中重要的成分之一，它們可以使酒清鮮、活潑，有力地支撐著酒身，就像骨架支撐著人體一樣。過多的酸刺激性會太強，酸度

不足，則酒顯得平淡乏味。

澀度：主要來自葡萄皮、葡萄籽和細梗中的單寧，它有收斂性，釀造後一直存在於酒中，低齡時較明顯，強烈度也大，隨著時間延長會轉為柔和；澀度太高時乾苦難飲，不足時軟弱無力。它們還有粗、細之分，這是與葡萄的品種、氣候、土質的影響有關。粗糙的單寧使酒顯得粗獷，細緻的單寧即使強勁也會像鵝毛般的絨柔，兩者都不會因時間的培養而有所改變。它是儲存上的重要因素，在陳年的過程中，單寧也像紅色素一樣，因聚合作用彼此凝結而溶於酒中，當單寧的澀味開始衰退，平衡狀況也會跟著變動，酒的生命力也開始走下坡，在儲存方面就要開始留心了。

　白葡萄酒的平衡建立於酸、甜兩方面，酸度太多刺激性高，酸度不足酒疲乏無力，不夠清鮮。即使白甜酒中也要有一定的酸度來平衡，否則過於甜膩，酒不夠細緻。

後口感：品嚐最後階段是探試「後口感」，含在口中的酒，經過口腔各部位接觸反應之後，或吞嚥，或吐掉，馬上計算餘留在口中「香氣」的時間長短，通常以秒為單位計算，平凡的酒香氣很快就消失了，一般級的酒也會停留個幾秒鐘，高品質的好酒後口感極長。

　每個人的感官靈敏度並不一致，對於同一種酒的評判尺度並沒有絕對的標準，除了口感的平衡，與顏色、香味三者之間是否相配調和，也是一種考量的尺度。葡萄酒的變化萬千、種類繁多，永遠也品嚐不完，初入美酒世界的朋友們，知道品嚐的方式後，等於在茫茫的酒海世界中有了一個索引指南。靠著自己感官的天賦慢慢地發掘香醇美酒的奧妙，接觸時日久了自然會找出自己喜愛的風格。

‖ 適量飲用（天使與魔鬼）

　1990 年某一美國健康雜誌刊登了一篇《法國奇蹟》的文章，談到法國人罹患心血管病症遠低於北美地區的人們，這和他們的飲食習慣，加上經常規律性地飲用葡萄酒有關，尤其在法國西南地區的民眾更是如此。1980 年代初，一些世界性健康雜誌上就已報導過：

地中海地區人們體內的膽固醇量都低於北邊的民族，因為他們食用了大量植物性的食油，和青菜、水果、含有多量 Omega3 的魚類以及飲用含單寧較多的紅酒。

就以法國而論，西南地區的人們常吃油膩的豬肉黃豆什錦砂鍋（cassoulet）—— 一種西南地區名菜，和鴨、鵝肝（醬）等食物，可是罹患心血管病症的比率甚至低於法國北邊的人們。這是因為在他們的日常生活中經常飲用葡萄酒，酒中的單寧含有抗氧化物質白藜蘆醇（resvératrol）及多酚物（polyphénols）有減少油脂沉積在動脈血管裡的功能，降低心肌梗塞的危險性，減少血小板（plaquettaire）凝聚，抵抗發炎和抑制細胞增加。

康乃爾大學植物生理研究人員也指出，白藜蘆醇（resvératorl）是一種天然抗膽固醇和抗真菌的多酚化合物，它存在於葡萄皮和若干植物中。當皮膚受到紫外線的照射或是被真菌侵襲後，多酚物會產生一種植物性抵抗力。加拿大醫生諾爾丘克反覆研究試驗也發現，在葡萄皮中類似苯酚的抗病活性物質可以使病毒失去活力，將人體內多種病毒殺死。

1995 年丹麥流行病研究中心報導，經常適量的飲用紅酒，罹患心血管病症的機率可降到 47%，過量的飲用（包括了啤酒、烈酒）反而會增加 22 ～ 36% 的罹患率。另一機構指出，如果每天飲用量不超過四杯（半瓶），可以減少 20% 的罹癌率。波爾多的研究人員也指出，適量的飲用葡萄酒可預防阿茲海默症（Alzheimer，一種老年健忘症），研究中也指出蘋果汁亦有同樣的效果。

雖然葡萄酒是一種健康性的飲料，可是它並非萬靈丹，不能治病，也不能延壽。葡萄酒中的成分來自於葡萄，釀成後還加上了酒精，它可帶來一種暫時的興奮感。飲酒也會變成一種習慣，久而久之便會上癮，一般的酒都超過 10 個酒精度，不當飲用會減少肢體上的反應力和思考力。老酒下肚透過了腸、胃的吸收進到血液裡，酒精在身體中循環甚快，通過肺部時一部分的酒精會排出體外，其餘的則在肝臟燃燒。酒精代謝的程度也因各人的體質而不一樣，一般女性較男性為弱，體重輕的人、孕婦和孩童也都比較慢，在用餐

中飲用葡萄酒比較容易被器官吸收。酒不能解渴，反而愈喝愈渴，酒精長期累積在身體內部，會損壞肝細胞的功能，久了會演變成肝硬化，進而影響神經系統。如果常期飲酒過量，又有菸癮的習慣，可能會有咽喉、胃部致癌的危險。

適量飲用葡萄酒不致危害到身體，可是酒精還是會暫時性地減緩肢體上的反應導致危險。所以一般的國家規定：駕駛人血液中的酒精含量不能超過 0.25mg ～ 0.5mg/l，否則會被禁止開車上路，超過此含量時就會觸法了。一杯 12 度 12.5cl 容量的葡萄酒（同樣的 5 度 25cl 的啤酒、40 度 3cl 的烈酒），都含有 10g 的酒精，兩杯老酒下肚就快達到規定的極限了，必須要有時間讓身體去吸收消化。

葡萄酒和葡萄中都含有同樣的礦物質和維生素，釀造後它可能還保留極微的天然成分，或是釀造時遺留的殘餘物（通常都會受到嚴格的檢控），都可能對一些飲用者造成過敏症狀，所以添加劑、野種葡萄的釀造都被管制在列。從 2005 年底起歐盟規定：凡是酒中若含有且超過 10mg/l 亞硫酸鹽（sulfites），都要明示於酒標籤上，這是為了保護有過敏症狀的消費者。

用紅皮葡萄釀出的紅酒，果皮內、籽中的單寧、酚類化合物的含量比白葡萄多出數倍。一些研究報導皆指出，葡萄酒有益於心血管的健康，理論上的成效是紅酒大於白酒，可是葡萄酒不是丹藥，也不能治病。飲用、品嚐葡萄酒是一種身心的享受，在搭配食物上尋求口感的和諧。香醇高雅、變化多端的白酒或是清淡易飲、複雜醇厚的紅酒，其特性各有千秋，無法並論，一昧堅持選擇酒的顏色則便失去品嚐的原意了。

享用美酒之前首先要知道自己的身體狀況，對於葡萄酒的選擇也要有一點認識，還有飲用的分量，對於什麼時候「停止」才是更重要的。

酒後飲用咖啡、猛吸冷空氣或是使用其他方法，並不能馬上改善身體的狀況。酒精在血液中每小時以 0.15g/l 遞減，兩三杯美酒下肚後則需要 4 ～ 5 小時來消化。飲用時最好是以半小時的速度喝完一杯，再加上和白開水交互飲用，以減少對身體的傷害。

適量的飲用：一般的體態（男士體重 80kg，女士 60kg）、身體健康者，建議每週七天中，男性每天飲用量不超過三杯、女性最多兩杯，偶爾可以逾限一週一次為原則。

III 年份（聽天由命）

年份（millésime）對葡萄酒來說，就是葡萄收成時當年的氣候狀況，由於每年天氣的變化，葡萄的生長狀況也不一樣，釀出的酒不可能完全相同，即使葡萄出自於同一塊土地上，並以同樣的方式釀造，外貌雖然也非常相似，可是它們的特性還是會有很大的區別。天氣不是人的能力所能操控的，在法國因為受了地形、地貌和地中海型氣候的影響，出產的葡萄酒，對於氣候的變化比較敏感，而一些氣候較熱或是田野較平坦的葡萄出產國，年份對於葡萄酒的影響相對較小。

每年春天 4、5 月的時候，葡萄樹就會發芽、開花，如果天氣熱，開花期就會提早，日光照射充足才不致於造成落花現象（coulure），此時還要有風力來散播花粉，受精率提高，生產量才足夠，如果天氣冷拖延了開花和結果期，不能趕在百日成熟期之內讓葡萄接受更充足的陽光，釀出的酒就顯得不夠豐厚了（ampleur）。

在葡萄生長期間如果有強烈的陽光照射，促使溫度升高，即使照射時間不長，葡萄成熟後含糖量也會增多，釀出的酒勁強、酸度小。如果陽光照射的時間長，但不強烈而氣溫適中，有利於葡萄長出漂亮的顏色，釀出的酒也會特別芳香。如果天氣較冷葡萄的糖分減少，釀出的酒味酸，酒精度也較弱。如果雨量過多，尤其在採收期，釀出的酒會較稀薄。

以上種種的氣候變化，都會波及到葡萄酒的特性，但是它們並不影響葡萄酒的品質高下，土地因素（terroir）才會反射出葡萄酒的等級之分。出自於上好土地的葡萄若遇上好的年份，釀出的酒結構佳，口感複雜，成熟變化慢，酒的生命也能長久；反之，普通年份的酒結構較單純，成熟變化較快，宜盡快飲用。年份只是給予消費者對於當年所出產葡萄酒的一種資訊，並選擇了最好的時刻來開瓶享用。

葡萄酒的瓶中成熟可分三個階段：年輕期、成熟期、衰退期，在每個階段都會出現不同的氣味和口感。好年份的出產品，成熟變化

較慢，可能剛過完第一階段時，普通年份的酒已走完它們的壽命了。

　　比較1980年及1982年波爾多的紅酒：

I 年輕期；II 成熟期；III 衰退期

　　要選擇一瓶普通年份剛好成熟最高點的葡萄酒（＊），還是同產區，好年份正在年輕期（＊＊），價格較高的酒，就要看個人的口味和觀點了。

好年份的產品，通常儲存的時間較久。

IV 酒標（驗明正身）

　　在眾多葡萄酒和烈酒的系列中，大多外貌極為相似，同樣的葡萄也因來源地、釀造方式、年份等因素，釀出的酒也有所不同。為了避免混淆和方便分辨，酒瓶上黏貼的酒標就起了很大的作用，它是一瓶酒的身分證明，也是驗明正身的指標。在那張小紙上，利用簡單的標示，能讓購買的人們在選購時很容易地辨認出瓶中物。

　　羅馬時代是用一種雙耳大肚的陶土壺（amphore）來裝運葡萄酒，並在壺的上面打了地方執政官的印記。在木桶使用後，烙上火印證明來源地，1729年從國王的告示中就能看到證明：凡出自隆河谷地區（Côtes du Rhône）的酒必須註明CDR三個字母以示區別。即使後來有玻璃瓶的發明和使用，也一樣會在瓶上記下標誌。1818年

波爾多的石版印刷商發明了酒標，在一張小紙上著色和畫圖，修飾得五花八門，充分顯示了一些藝術的氣息，為的是要吸引購買者，同時也提供商品的一些資訊。

　　這些印在酒標上的資訊中，有的是按規定必須要註明的；有的是釀造者、酒商自己添加非必要性的說明，能讓購買者更進一步認識酒況。為了避免混淆或舞弊，對於酒標上資訊的真實性，政府有關部門也訂立相關的罰則規章，以確保消費者的權益。

羅馬時代用來裝運葡萄酒的陶土壺

認識酒標

1. 產地：說明瓶中物來自的產區，一般用較大的字體或是正體字標示，如 Bordeaux（BORDEAUX）、Médoc、Margaux、Chambertin、Gros Plant、Aude、Riesling。產區名稱下邊都會有一小行字，註明了產區監制的級別，如 Vins de pays、Vins Délimités de Qualite Supérieure、Appellation XXX Contrôlée。XXX 表示法定產區的名稱，當中亦含各葡萄田的等級之分，例如：

- Appellation Bordeaux contrôlée　　　　波爾多產區監制－大區域級
- Appellation Médoc contrôlée　　　波爾多梅多克區監制－明訂區域級
- Appellation Margaux contrôlée　　　波爾多馬歌產區監制－鄉村級
- Appellation Meursault 1er cru Contrôlée　布根地梅索產區監制－第一級
- Appellation Chambertin Contrôlée　　　　香貝丹產區監制－特級

認識酒標

各大產區等級鑑別方式不同，不可互相比較。香檳地區的酒則不註明香檳區監制，酒標上只要有"CHAMPAGNE"字樣，外加廠牌的名稱就可以了。

　　在阿爾薩斯產區都是以葡萄品種命名，如 "Riesling" 酒標上只須註明 Appellation Alsace Contrôlée 即表示阿爾薩斯地區出的 Riesling 葡萄

釀造的酒。

2. 酒精度：因葡萄中的含糖量不一，釀出的酒其度數也略有差別，通常在 8 ～ 14.5 度之間。

3. 容積：以 0.75 公升作為正常瓶的基數，半瓶是 0.375 公升，除非必要，否則很少會被裝成半瓶，因為容積小，酒的變化快，另一方面成本也會提高。大瓶（1.5 公升以上）的瓶中變化慢，保存時間也較長。

4. 裝瓶的公司行號和地址：為了避免同名之累，其後加上郵遞區號以示區別。

5. 年份：表示當年的採收，地區餐酒不包括在內。

6. 法國生產字樣：外銷產品必須註明於酒標上，內銷則非必要，日常餐酒註明 Vin de table de France。

非必要可以添加說明的部分

只要是與瓶中物相符合的都可以標示於酒標上，如釀造的瓶號等等。

葡萄的品種：標出葡萄的名稱，以顯示其特性，尤其在 Vin de Pays 中較明顯。但阿爾薩斯區的酒例外。

酒的特性：vin de primeur（新酒）

釀造方式：cuvée spéciale（特別釀造）

裝瓶者：指明是合作社、酒商、釀造者入樽，或是註明 mis en bouteille au château 字樣。

V 橡木桶（棲身場所）

釀造等級葡萄酒的最後階段是「木桶陳年」，用時間來緩和酒中的酸、澀度。儲存在木桶中的葡萄酒，長期與木壁接觸，靠著木材透氣的功能，使桶中的美酒做適度的氧化，穩定酒的結構，同時吸收了木質中的單寧（澀味）、香味以及製造木桶過程中，因烘焙而產生的糖蜜、燒烤、菸草、香草等等氣味混入酒中，最後變成了瓊

漿玉液。木桶陳年並不是必需的環節，許多產區為了保持原有產品的風味和清鮮度，釀好之後就直接瓶裝上市了，如果再經歷「木桶陳年」的手續，則擔心木香味壓過了原有的酒香而失去平衡。但是結構堅強的葡萄酒，經過木桶陳年之後，酒則變得更具有複雜的香味，口感圓潤，順口易飲。

製造：一般多選用與酒相襯的木材來製造木桶，在法國各大產酒區附近就有很多橡樹林，這些橡樹自然地成為製造木桶的選材，而且效果很好。味道太澀或太香濃的木材，像是板栗樹、松樹等，也會被斟酌使用。歷史上並沒有記載木桶的發明者，早期人類就已經會使用挖空的樹段來存放東西，西元前 51 年高盧人對抗羅馬士兵的戰爭中，就在老舊的木桶中塞滿了燃燒的硝石和脂類物滾向羅馬人的陣營。克勞德（Claude）大帝出征時，在船上改用木桶搬運酒水，取代了土罈的功用，到了查理曼大帝時，更有桶業官史專司葡萄酒方面的事務。由此可見，木桶業在法國發展甚早。到了今日，專業師傅仍在那種簡陋的廠房裡，使用掛滿牆上的古老工具，在黯淡的燈光下靠著一雙手默默地製造木桶。

選木：每片樹林裡出產的木頭材質都不一樣，甚至不同的部位長出的樹形也有差別，因此會依照製造的需要做適當的挑選，然後將樹幹鋸成不同的尺寸，再送到工廠以手工劈成條塊狀，置放於戶外自然風乾三年，一來緩和橡木中的酸、澀味，二來防止日後木條變形。

組合：風乾過的木條再由專業人員查驗每塊木條是否能達到製造木桶的標準，每個木桶要使用 32 片木條，其中一塊木片比較寬厚，為的是穿鑿洞口。做桶師傅熟練地依木條的寬窄形狀拼合成一裙狀的木桶外殼，組好外殼的一端先用鐵箍固定。

成型：裙狀的木桶殼置放在一燃燒刨木花屑的小火盆上先做輕微地烘焙，目的是讓受熱過後的木材更具彈性，易於操作，之後再用一鋼索絞盤，慢慢地收緊桶殼的下端，同時加上鐵箍固定（現在多由機器操作），形成木桶的雛型，接著做第二次的烘焙。

烘焙：第二次烘焙的目的是清除木材中的雜質物，存在木質中的天然糖分也因受熱變成糖漿，散發出香草、糖蜜、菸草、茶等香味。火候的輕重是根據日後的用途來做決定。用作儲存干邑（Cognac）的木桶要比儲存紅葡萄酒的木桶烘焙得重些，而儲存白酒的木桶烘焙得較輕微。烘焙完成的木桶經過切割修整、加蓋、打光等手續，

劈砍的木材→風乾後切成不同尺寸的木條→組合→加熱成型→收底→二次烘焙→打邊加蓋→磨光完工

一個釀酒的橡木桶就這樣完成了。

容積：木桶容積的大小會影響陳年變化的速度，各產區都依葡萄酒的特性來選擇、決定儲存木桶的容積。一般布根地產區的木桶容積是 228 公升，波爾多產區是 225 公升。

選桶：選用新、舊木桶來存放葡萄酒的效果也不一樣，每片樹林的材質也不盡相同，儲放後的葡萄酒也略有差異。很多城堡在酒的陳年過程中，更換不同的木桶來吸收不同的木質香味以增加酒的複雜性。但是也要注意：全新的木桶中單寧酸強，香味也多，只有結構堅強、品質好的酒才能承受得住，一般的酒則多選用 1 ～ 3 年的舊木桶陳年就可以了，否則木桶味壓過酒中的果香味時會失去平衡。如果材質不良，木桶使用三年之後就不會再給酒帶來任何有利的變化。在法國多採用孚日（Vosges）、阿里耶（Allier）、通穗（Tronçais）、黎慕桑（Limousine）等山區高品質的橡木。

以往多用巨型的大木槽做酒精發酵的容器，現在多以不銹鋼槽取代，但後者投資昂貴，有些酒農無法負擔得起，尤其在法國東、南邊的產區，仍有不少酒農還在使用祖傳的工具，也別有一番風味。

VI 軟木塞（輔助工具）

葡萄酒是一種有生命的液體，瓶裝之後它還會隨著時間有各階段的變化，這是和烈酒不同的地方。變化的快慢除了本身的結構因素外，存放的地點、使用的瓶塞也占了相當重要的一環。

一般售價低廉不能存放的葡萄酒，多半以塑膠或鐵蓋當作瓶塞，其餘品質較好的葡萄酒幾乎都是用軟橡木來做酒瓶塞，它具有韌性，且柔軟易於操作，塞入瓶頸內可緊緊地貼著瓶頸的內壁，因長期受潮而膨脹，木質本身又有樹膠脂，即使橫放在酒架上，瓶中物也不致流到外邊。在漫長的歲月中，微量的空氣靠著纖細的木孔滲入瓶內和酒接觸，靜靜地變化。

產地：製造軟木塞的材料，來自於一種稱為烈日（liège）的軟皮橡木的樹皮，原產地是在地中海四周，這種樹木生長在不含鈣的矽質

土（silice）中，即使土地貧瘠也可生長，但它需要大量的陽光，不能太冷，而且要有相當的溼度，因此樹林多密集地在朝向大西洋的葡萄牙南邊和西班牙一帶生長，北非地方也有相當的量，法國南邊、科西加島和義大利只占極少的部分。

採割：Liège 這種軟皮橡樹高約 10 ～ 12 公尺，北非地區可長到 15 ～ 20 公尺高，樹齡約 100 ～ 200 年，如果沒有被剝過皮的樹木，可活到 300 年，一般幼樹要等到 25 年後才可做第一次的「剝皮」採割，之後每 9 ～ 12 年才能再採收一次。傳統上是以人工方式，用一種特製的利斧採剝樹皮，但是初期無法達到做瓶塞的水準，通常都拿來用於建築方面，直到第三次的樹皮收割才可用來做瓶塞。

製造：剝下的樹皮先露天放置約 9 ～ 12 個月，終止樹皮繼續生長，穩定內部組織，然後依形狀切割，送進鍋爐內做熱處理，一方面是殺死木材中所有的細胞，二來是要獲得相當的溼度，使木塞有強大的韌性。處理過的軟木板再依品質歸類。木質的優劣取決於樹林的位置和土壤的結構，產量的多少則和當年的氣候有關。軟木板送到製造商的手中，依其用途切成不同尺寸的薄條，再送入機器內切割成瓶塞，經過挑選，刪除不合格的產品後，還要經過清潔處理，避免黴菌生長。

處理過的樹皮切成條塊狀再壓下瓶塞

類型：

- 自然型：直接出於薄條的軟木塞，依品質可分為幾種等級，長度介於 30 ～ 54 公釐之間，較長的瓶塞通常使用在可以存放的陳年老酒上。

- 改良型：有些軟橡木的材質空隙多而大，所以製作瓶塞時會在它的外壁填入軟木粉末。如果酒瓶直立放置太久導致瓶塞乾縮，開瓶時，軟木粉末就可能掉入酒中，必須留心。

- 壓榨型：在切割的木條中，只有30%適合做自然型的瓶塞，剩下的會搗成粉末狀，混入膠水後再放入模內壓成瓶塞。

- 香檳瓶塞：它的直徑較粗，是為了抗壓。為確保瓶塞的密封度，

軟木塞的形狀隨著時間而產生變化

會在內端的表面加上兩層極好的軟橡木片。香檳塞在塞入瓶頸後因受到內部壓力的影響，開瓶後則成「裙狀」，如果香檳置放過久，開瓶後的瓶塞則趨向於直桶狀。

瓶塞味：在餐廳或酒館中，開酒後先要聞一下瓶塞是否有怪異味，如果不正常的味道存在於酒中，顧客有權利要求更換同類的酒。瓶塞有怪異味的原因很多，如放置的場所太潮溼導致軟木塞發霉、採用的樹木生病、釀造的葡萄出問題、儲存的木桶太舊或清洗不乾淨、或是受熱所致等等。長年儲存的葡萄酒，在地窖或酒櫃內與軟木塞接觸甚久，軟木塞應該是充滿酒香味才對。

VII 開啟和侍酒（最後等待）

各式各樣的開瓶刀

　　一般開啟軟木塞是用一種特製的摺刀，它有多種功能，摺刀的一端可以開鐵瓶蓋或果汁罐，另一端有一小刀，中間則是一螺旋型的拔木塞刀，每一部分都可摺疊藏入刀體內，開酒瓶軟木塞的螺旋刀，以有五個旋紋、6 公分長最為理想。如果不正確地開啟瓶塞套，就會不夠美觀，斟酒時也可能沾到金屬瓶塞套容易變味。

　　正確的開瓶法如圖：

a. 酒瓶開啟方式
用開瓶刀橫切瓶塞套位於瓶頸凸出的部位，擦拭後用螺旋刀對準軟
木塞的中央往下旋轉後，將軟木塞拔出瓶口。

b. 香檳開啟方式
拿掉瓶塞套上端的鐵絲罩，一手緊握瓶塞，另一手托著瓶底同時旋
轉酒瓶，靠著瓶內香檳的壓力把瓶塞套推出，斟倒約 1/3 杯。

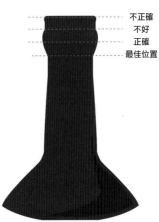

葡萄酒開瓶的最佳位置

　　有些陳年老酒因為久置酒窖中，在瓶套和軟木塞之間會有些污
垢，在拔瓶塞之前應先擦乾淨，之後再用螺旋刀對準軟木塞的中央
往下旋轉，但是要注意螺旋刀不能穿透軟木塞，否則軟木碎渣容易
掉在酒中。軟木塞拔出之後應先聞一下是否有不正常的木塞味，然
後才將酒斟倒於杯中。

　　開啟瓶塞的時間：較低齡的酒多在飲用前數小時開瓶（通常多置
放酒壺中），尤其是紅酒更需要與空氣接觸，以便呈現更多的香味
層次。陳年老酒最好在飲用前才開瓶，這樣酒中的香氣才可以維持
較長的時間，瓶子的內部經常會見到一些沉澱物質，這是由於酒中
單寧和色素質分子的聚合所致，並不會影響到葡萄酒的品質。一般
會在飲用前輕輕地倒入酒壺中來排除這些沉積物，只取清澈的部分
飲用品嚐。開瓶後，有時在瓶塞上或瓶底部會看到一些細小的酒石
酸水晶體（cristaux de tartre），這是忽然受到驟冷所致。

　　餐廳的酒單上通常是以各大產區分類，然後再依小產區內各城堡產品的價格排列，新世界（歐洲以外的地區）的產品多以葡萄品種標示，客人可依自己的喜好、財力來選擇。

　　侍者從酒架（窖）取出酒，再出示給客人過目，經同意後當面開瓶，侍者必須先嗅聞拔出的瓶塞有無異味，之後斟倒一些在杯中讓顧客試嚐酒溫，確認有無變質，是否需要在酒壺中醒酒、澄清或是降溫，一切正常便可示意斟倒，其量約為酒杯的 1/3，大杯以不超過 1/4 杯為原則。假使出現異常現象，顧客有權要求更換同樣的酒，如果不合自己的口味，要求更換就要另外付費了。在商店選購、餐廳點酒之前最好先對葡萄酒有點認知，不然可詢問侍酒師（sommelier）徵求建議，才會物超所值。

　　同樣的葡萄酒因不同的侍酒溫度、不同形式的酒杯、開瓶時間的不同，會散發出不同的氣味和口感，美酒當前時，要配合瓶中物的特性來拿捏最佳品嚐時刻。

VIII 酒瓶（搬運工具）

　　一千多年前埃及人已知道用玻璃來製造盛物了，類似碗狀，也非常地脆弱。瓶子這個字出現於十三世紀，用途非常有限，到了十八世紀才開始用來裝酒，形式也由圓形漸漸演變成長柱狀。目前各大產區都有自己獨特的形式。

古代埃及人使用類似碗狀的瓶子

布根地區：首先出現在法國一種圓肩圓柱形的酒瓶，之後流傳到全國各地使用，到了十八世紀末，才慢慢演變成今日「布根地型」的瓶子。羅亞爾河谷區也採用這種形式的酒瓶。

波爾多區：波爾多酒通常要儲存一段時間做瓶中變化，才會顯出其獨特的風味，時間久了自然會出現沉澱物，在斟倒時為了阻擋它們流入杯中，才加寬了瓶肩，變成一種細長寬肩圓柱形式。在西南產區及南邊地中海沿岸的蘭格多克和乎西雍產區也多採用這種形式的瓶子。如果是使用地中海地區的葡萄來釀造的酒，則裝在圓肩圓柱布根地型的酒瓶中。

普羅旺斯區：粉紅酒瓶有兩種形式；產區酒農自己瓶裝的酒，使用一種透明「葫蘆狀」的瓶子，酒商瓶裝的酒，則是用「西洋梨」狀的瓶子以示區別。它們並不代表品質的好壞。紅、白酒的瓶子則與波爾多地區相同，細長寬肩圓柱型。

隆河谷地區：中世紀以來為了防止膺品流行，隆河谷地區就有規定：凡搬運本區的產品，木桶上必須用火漆打上 CDR 三個字，這個規定一直沿傳至今。標準隆河谷地區的酒瓶是一種「大肚」圓柱形，標明了 "Côtes du Rhône" 字樣，不過目前並不被廣泛使用。而現今隆河谷地區的酒瓶多採用「布根地型」。

阿爾薩斯區：使用一種細長小圓肩的瓶子，稱為「萊茵之笛」。它的特級酒瓶略高，且顏色為墨綠色。

香檳區：早期香檳區只出產靜態葡萄酒，使用一種胖身細頸形式的瓶子。直到香檳酒發明後，因第二次瓶中發酵而產生巨大的壓力常常導致「爆瓶」，極不安全，後來慢慢地改進，增強了瓶子的厚度而成為今日的香檳瓶，深綠的顏色是為了隔絕光線。但玫瑰紅香檳為了呈現出美麗的顏色，則採用白色透明玻璃瓶，特別釀造的香檳酒則多裝在較花俏的酒瓶內。

每個產區的酒瓶有自己獨特的形狀（如圖）：

黃酒瓶

隆河谷地區

Châteauneuf du pape 地區（有紋印）

波爾多地區的紅、白酒瓶

Provence 地區的酒商裝瓶／酒農裝瓶

布根地地區的紅、白酒瓶

香檳地區

西南產區（左 波爾多葡萄種釀造；
右 地區性葡萄種釀造。）

阿爾薩斯的高級產品／一般產品

IX 酒窖（休養環境）

　　葡萄酒是一種很特別的飲料，和烈酒完全不同，它必須要有耐心地去等待，在最佳的變化成熟期再開瓶飲用。它是有生命力的，如果受到光線的照射、溫度的變化、聲音和震動的影響，在瓶裝之後都會有所變化，尤其是和空氣的接觸。普通的葡萄酒瓶裝之後，經過一段時間就不宜再飲用了，因為它們已有變成醋的傾向；然而好的葡萄酒則完全相反，它們必須經過一段時間的穩定變化，由生澀、辛辣轉變成圓潤、芳香，同時呈現出各產區的特性和風味。烈酒（生命之水）瓶裝之後，它的品質就已經固定了，並沒有「瓶中陳年」的需要，久存並不能改善品質上的變化。

　　好的葡萄酒都要存放幾年或十幾年，使酒質變得圓潤可口，達到成熟的最高階段，把所有的特性完全發揮出來，INAO 對於各產區都有釀造上的規定，以及酒槽或橡木桶中陳年的期限，之後才能瓶裝上市。瓶裝完畢的酒儲存在酒窖或是良好的場所，必須留心環境的變化，要避免震動或減少搬動。白酒置放在架子的下端，紅酒則放在較高的位置，讓酒靜靜地橫放在架子上，透過木塞中極微的細孔和空氣接觸，慢慢地陳年變化。

　　享用好酒（開瓶時）也要留心周圍的溫度，葡萄酒在超過 19℃ 時就會喪失許多原有的特性，如香氣不夠細緻，酒精味重等等。

　　安置酒窖要注意事項：

方位：理想的酒窖是朝東北方向，為的是避免太多的溫度變化，除此之外，也有一些狀況都是需要避免的。

- 不良的氣味：來自於鍋爐的石油、儲存的果葉、清潔劑等。
- 震動：電梯聲、馬路上的車輛等。
- 熱源：暖氣爐、熱水管等。
- 過堂風：空氣流動量大的地方。

溫度：酒窖的溫度以 12 ～ 14℃ 的溫度最為理想，如果溫度起伏變化不大，略高一點也無所謂，上下不超過 5℃ 為原則。溫度太低，會延緩酒的變化，而且容易產生一種結晶體（酒石酸）攀附在瓶塞

古老的酒窖

的一端；溫度太高，則酒成熟得快。

溼度：酒窖的理想溼度為 70 ～ 75%，空氣太乾燥瓶塞容易乾縮，易使空氣滲入瓶中；過於潮溼的話，瓶塞會變質發霉而滲入酒中，標籤也會受潮而致破損。

光線和空氣：微弱的光線最好，過多的光線會使酒的顏色產生變化。空氣要保持流通，但不可有過堂風，避免一些不良的氣味，如煤油、果菜、清潔劑等。

- 如果溫度過高：馬上用保麗龍板隔絕存放的地方，若效果仍不佳可用空調器加強。

- 如果太潮溼：改善通風狀況，搬離附近一些容易吸潮的物品，改放一些鋸木屑或使用除溼機，但須當心震動的聲音震幅會影響酒的狀況。

- 如果太乾燥：可置放一桶水。

- 如果有震動：加一層橡皮或是保麗龍板，置放於木箱底部，避免木箱接觸牆壁。

市面上有種類似冰箱的儲酒存放櫃，完全自動化，非常適合現代的建築物。

X 陳年（增加風味）

葡萄酒是一種有生命力的液體，它會生病、衰老、死亡，如果受到良好的保存可以延長它的壽命。瓶裝之後的葡萄酒仍有階段性的變化，當它到達成熟最高階段也是葡萄酒發揮最多特性的時候。剛釀好的酒生澀、堅硬，隨著時間會轉變成香潤可口，時間長短也隨著葡萄出產的年份、產區、品種和陳年方式有所改變。高品質的葡萄酒產量不多，但市場的需求量大，因此造成只漲不跌的價格，對於葡萄酒的愛好者，不妨在剛上市時以合理的價格收購存放，未來會有增值的空間。

很多種類的葡萄酒必須經過陳年醞釀，等到熟成期才能享用，但不是所有的葡萄酒都適合存放，大多數的白酒和粉紅酒在瓶裝之後的幾年內必須飲用，只有極少數的白酒適合在木桶或瓶中陳年存放；反之，紅酒除了新酒，一般都需要做不定期的陳年後再開瓶飲用，在眾多的因素中，年份是極重要的一環。

一般的葡萄酒陳年保存並不是必要的，何時開瓶完全看消費者的喜好，低齡時生、澀、原始風味多，為了一「嚐」為快，飲用前不妨提前開瓶或是置入酒壺中醒酒，激發出它的特性。陳年老酒為了保有它圓潤的口感和風味，最好飲用前再開瓶。

烈酒和利口酒則異於葡萄酒，它們瓶裝之後不因陳年而軟化酒質，在瓶中保存久了也沒有多大意義。開瓶後剩的烈酒或是利口酒和空氣接觸後仍可再置放一些時日，但是葡萄酒非常容易氧化而變質，開瓶後最好一次喝光。

X I 二軍酒（Second vin）（本是同根生）

一杯香氣誘惑無比的等級美酒（cru classé）吸引了許多的喜好者，但並非所有的消費者都能接受這種高昂的價格，於是有種想像的美滋好酒，和正牌酒有相同脈源的二軍酒（Second vin）便脫穎而出。雖然二軍酒在十八世紀時就已經出現過了，可是所見不多，二十世

二軍酒

紀初波爾多的拉菲城堡（Château Lafite Rothschild）推出一款出名的二軍酒——卡乎雅得（Carruades de Lafite）。到了 1980 年代以後，有一些波爾多區的城堡，尤其是擁有廣大土地的城堡或酒商也都陸續推出二軍酒，他們採用幼樹的葡萄，或是在釀造上未能符合佳酒（Grand Vin）的水準，進而研發出的第二品牌，於是二軍酒大量出現在市面上。

　　葡萄樹大約有 60 ～ 70 年的壽命，新栽種的幼苗必須等到 4 年後，它的採收才能進入 AOC 的門檻，最初生長的幾年樹根只是在淺土層中吸取有限的養分，釀出的酒很清淡，要過了 7 年後的收成才能進入正常狀況。一些城堡為了保持品牌的聲譽和水準，常把幼樹的產品以另一種品牌出售，這就是常說的副產品「二軍酒」。一些擁有廣大土地的酒莊，每塊葡萄園的方位都有差異，加上年份、樹齡等等，出產的葡萄都會影響到未來的釀造。有些城堡對葡萄極為挑剔，即使採用老樹上的葡萄，有時在天氣差的年份或是釀造上有瑕疵，而沒有達到滿意的程度也會以二軍酒的名義，或是降一等級出售。

　　過了 30 年的樹齡，葡萄的生產量開始下降，但出自於老樹的酒特別甘美，酒農必須在品質和產量兩者之中擇一，來符合市場的需求和經濟的效益。一般都會採取更換部分老樹來顧其兩全。

　　同樣的酒莊所釀出的二軍酒，較正牌的酒為柔和，存放的時間較短，但是它們有同樣的特性：高雅、芳香或是強勁，最大的區別在於價格上的懸殊。選購二軍酒時，首先要注意年份，好年份的出產品質水準極近，除非是業主、行家，一般人很難分得出它們的高下。在普通年份的二軍酒則會有些差距表達的空間。

　　在商場上競爭，各城堡也都不斷地提高自己品牌的水準，目前釀造二軍酒還有逐漸增加的趨勢，再也不限於等級酒莊（cru classé）之間，一些中產階級酒（cru bourgeois）的城堡也爭相跟進。更有些頂級城堡為了保持二軍酒的水準進而釀造三軍酒，但是為數不多。除了波爾多產區之外，別的產區也有二軍酒的存在，當地的酒農們仍然把釀成的二軍酒以正牌（酒莊）名稱命名，但是在酒標上會註

明「xxx cuvées 或是 xxx 法釀造」。

　　選擇一瓶頂級的二軍酒，還是等級、中產階級的正軍酒就看個人的口味了。

幼苗

MEDOC 地區的二軍酒

Premier grands crus classés（第一等級的城堡）

Pauillac

- Château Latour　　　　　　　Les Forts de Latour
- Château Lafite Rothschild　　Carruades de Lafite
- Château Mouton Rothschild　Petit Mouton

Margaux

- Château Margaux　　　　　　Pavillon Rouge

Pessac-Léognan

- Château Haut-Brion　　　　　Le Bahans Haut Brion

Deuxième grands crus classés（第二等級的城堡）

Saint-Estèphe

- Château Cos d'Estournel　　　Les Pagodes de Cos
- Château Montrose　　　　　　Dame de Montrose

Pauillac

- Château Pichon Longueville-Baron　　　　　　　　　Les Tourelles de Longueville
- Château Pichon Longueville-Comtesse de Lalande　　Réserve de la Comtesse

Saint-Julien

- Château Léoville-Las Cases,　　Le Petit Lion de Marquis de Las Cases
- Château Léoville-Barton　　　　La Réserve de Léoville-Barton
- Château Léoville-Poyferré　　　Le Ch.Moulin-Riche
- 　　　　　　　　　　　　　　　Pavillon de Poyferré
- Château Gruaud-Larose　　　　Sargent de Gruaud-Larose
- Château Ducru-Beaucaillou　　La Croix de Beaucaillou

Margaux

- Château Rauzan-Ségla   Ségla
- Château Rauzan-Gassies   Le Chevalier de Rauzan-Gassies
- Château Durfort-Vivens   Relais de Durfort-Vivens
- Château Lascombes   Chevalier de Lascombes
- Château Brane-Cantenac   Baron de Brane

Troisième grands crus classés（第三等級的城堡）

Saint-Estèphe

- Château Calon-Ségur   Marquis de Calon

Saint-Julien

- Château Lagrange   Les Fiefs de Lagrange
- Château Langoa-Barton   Lady Langoa

Margaux

- Château Boyd-Cantenac   Jacque Boyd
- Château Cantenac-Brown   Bio de Cantenac-Brown
- Château Desmirail   Initiale de Desmirail
- Château Ferrière   Les Remparts de Ferrière
- Château Kirwan   Les Charmes de Kirwan
- Château d'Issan   Blason d'Issan
- Château Giscours   La Sirène de Giscours
- Château Malescot St. Exupéry   Dame de Malescot
- Château Palmer   Alter Ego de Palmer
- Château Marquis –d'Alesme Becker   Marquis d'Alesme

Haut Médoc

- Château La Lagune   Moulin de la Lagune

Quatrième grands crus classés（第四等級的城堡）

Saint-Estèphe

- Château Lafon-Rochet,   Pélerins de Lafon-Rochet

Pauillac

- Château Duhart-Milon-Rothschild　　Moulin du Duhart

Saint-Julien

- Château Beychevelle　　　　　　　Amirale de Beychevelle
- Château Branaire-Ducru　　　　　Duluc Branaire-Ducru
- Château Talbot　　　　　　　　　Connetable de Talbot
- Château Saint-Pierre

Haut Médoc

- Château La Tour Carnet　　　　　Douves du Ch. La Tour Carnet

Margaux

- Château Marquis de Terme　　　　Les Gondats de Marquis de Terme
- Château Pouget　　　　　　　　　Tour Massac
- Château Prieuré-Lichine　　　　　Le Cloître du Ch.Prieuré-Lichine

Cinquième grands crus classés （第五等級的城堡）

Saint-Estèphe

- Château Cos Labory　　　　　　　Le Charme de Cos Labory

Pauillac

- Château Pontet-Canet　　　　　　Les Haut de Pontet
- Château Batailley
- Château Haut-Batailley　　　　　Latour l'Aspic
- Château Grand-Puy-Ducasse　　　Prélude à Grand-Puy-Ducasse
- Château Haut-Bages-Libéral　　　La Chapelle de Bages

　　　　　　　　　　　　　　　　　La Fleur de Haut-Bages-Libéral

- Château Grand-Puy-Lacoste　　　Lacoste Borie
- Château Lynch-Bages　　　　　　Echo de Lynch-Bages
- Château Lynch-Moussas　　　　　Les Haut de Lynch-Moussas
- Château Clerc-Milon
- Château Pédesclaux　　　　　　　Ch. Haut Padarnac
- Château d'Armailhac

- Château Croizet Bages   La Tourelle de Croizet Bages

Margaux

- Château Dauzac   La Bastide Dauzac
- Château du Tertre   Les Haut du Tertre

Haut Médoc

- Château Belgrave   Diane de Belgrave
- Château de Camensac   Closerie de Camensac

                                                                           Bailly de Camensac

- Château Cantemerle   Allées de Cantermerle

Ⅻ 各地區產品的保存時間

在法國，各葡萄酒產區的酒，都有它們自己的特性和風味，即使用了相同的葡萄來釀造，風味也會有所出入，陳年變化的時間也不一樣。一般而言：

香檳區：長期存放容易失去其清鮮度，如果瓶塞變成直筒狀極易漏氣；可是有年份的好香檳，保存良好的話可置放多年，不過風險太大。香檳酒沒必要長時間儲存，需要時立刻購買飲用即可。陳年老香檳可以存放極長久的時間，這是指還沒有處理，上市前存放在酒廠中的香檳酒。

阿爾薩斯區：通常可保存 2 ～ 4 年，甜酒和特級品（Grand Cru）可達到 10 年左右，好年份的甜酒可保存 20 年以上。

波爾多區：產品變化極大，一般白酒最好在 2 ～ 3 年內飲用，格拉芙（Graves）地方的白酒約 3 ～ 4 年內飲用。普通的紅酒視小產區 1 ～ 8 年，鄉村級的酒大多要 10 年左右的時間來熟成變化，一般可保存 20 ～ 30 年，好年份的佳酒（grand vin）可保存 30 ～ 50 年以上的時間。一般產區的甜酒也不能存放太久，但是索甸（Sauternes）產區和部分巴薩克（Barsac）的存放時間較長 20 ～ 30 年，特殊的好酒又遇上好年份，存放的時間可達到 50 ～ 100 年之久。但是別失望，這些美酒在低齡時就很甘美了，不必等待那麼久時間才去飲用。

布根地區：本區的產品極為複雜，一般而言，其產品不能像波爾多酒能存放那麼長的時間。普通級的布根地酒大約保存 2 ～ 10 年之久，薄酒萊（Beaujolais）地區的酒，最好趁低齡時享用，但是 10 個鄉村級的薄酒萊酒還是可存放一些時間。布根地產區的產品酒質好，一級葡萄田的白酒可保存較長的時間，其特級品可存放得更長久；同樣是 Chardonnay 葡萄釀出的白酒需要等待幾年後才適合開瓶，即使是干性的白酒也可保存 20 ～ 30 年之久，如蒙哈榭（Montrachet）、高登查理曼（Corton Charlemagne）。紅酒視來源地等級酒也要等十幾年後才能顯露出特性，保存期為 25 ～ 50 年，或許還更久。

阿爾卑斯山麓的酒：一般干性的紅、白、粉紅、氣泡酒都不宜久存，區內兩種特產品麥稈酒、黃酒可保存 50 年如果出自於夏隆城堡（Château Chalon）產區的黃酒，保存的時間更長，可達 50 ～ 100 年。

普羅旺斯區和隆河南邊產區的酒：地中海沿岸各產區多用數種不同的葡萄混合釀造，成分的比例不一樣，酒的特性也有差異，保存時間的變化也極大。一般紅、白、粉紅酒可保存 2 ～ 5 年，好的紅、白酒可保存到 10 年左右，教皇新堡（Châteauneuf du Pape）的酒可達 15 ～ 20 年。隆河北邊產區的酒，使用單一葡萄希哈（Syrah）釀造，它有 6 ～ 8 年的搖擺期，開瓶時應計算好，一般可保存 15 ～ 20 年。

西南產區：使用的葡萄種類極多，本土風味多，卡歌（Cahors）和馬第宏（madiran）的酒保存時間 10 ～ 20 年之久，其他的酒多在 2 ～ 5 年間，甜酒可保存 20 年。

羅亞爾河谷地區：蜜思卡（Muscadet）的酒最好趁低齡時品嚐酒的清鮮味。其他各產區除了一些特殊產品，干性的白酒可保存 2 ～ 5 年，紅酒約 10 年左右，好的年份也可達 20 年保存期。羅亞爾河區的甜酒要看收成的年份，通常可保存 20 年，特殊情況也可達一世紀之久。

第四篇　產區介紹

阿爾薩斯首府史特拉斯堡（Strasbourg）街景

第 1 章 阿爾薩斯區（ALSACE）

　　根據出土的化石顯示，阿爾薩斯地區很早以前就存有野生種的葡萄了，羅馬人占領此地後帶來了歐洲的品種，但到第三世紀時才准許種植葡萄。除了在第五世紀日耳曼人的入侵外，其餘的時間，葡萄園都不停地拓展，一直到了中世紀，教會擁有很多大塊的土地，教士們釀酒的技術也較高超。十五世紀時，一些大的地主和主教們，曾下令禁止種植非高貴品種的葡萄。在十六世紀，本區的產品利用萊茵河水運之便運銷到全歐各地，幾乎也成為當時最昂貴的葡

萄酒之一，極為出名。到了十七世紀一些新的中產階級、貴族們都加入葡萄酒的行列，葡萄園的拓展也由山坡地進入了平原地，擴展得十分迅速，葡萄酒已變成日常生活中的飲料。後來受到三十年戰爭的影響，加上啤酒的出現、南邊酒的競爭，葡萄園才停止了擴展。到了十八世紀時又有重建的新葡萄園，當時只重產量而忽略品質的觀念下，葡萄種植的面積已高達 28,500 公頃，但是只有 20% 的產品有品質可言。

　　1870 年德國占領阿爾薩斯時，帶來了他們的釀造概念和品種。1880 年此區碰上了惡劣的氣候和病蟲帶了一些災難。全國性的蚜蟲災在 1903 年時也蔓延到了本區，幾乎摧毀了所有的葡萄園。德國人要種植土品種葡萄，來代替被踐踏過的葡萄園，本地的酒農們則認為應採用「接枝」過的新樹苗才可提高葡萄的品質。1918 年阿爾薩斯重歸法國後，異議才得以解決，同時加速推進栽種，也提高了品質，部分平原地上的葡萄園被迫放棄，只保留好的部分。1945 年又限制了耕種的範圍，1962 年正式成立了「法定產區」（AOC），1972 年起規定所有阿爾薩斯的酒必須在本地裝瓶，以示品質保證，它們都採用一種細長頸型的瓶子，稱為「萊茵河之笛」（Flûte du Rhin）。

　　1975 年又成立「阿爾薩斯特佳級法定產區」（AOC Alsace Grand Cru）。1976 年再成立「阿爾薩斯氣泡酒法定產區」（AOC Crémant

萊茵河之笛

Marlenheim 是產區最北的小鎮——是進入酒路的大門。

d'Alsace），這是一種類似香檳酒的氣泡酒。1984 年再推出「遲採收的葡萄甜酒」（Vendanges Tardives）、「顆粒挑選的甜酒」（Sélection de Grains Nobles），兩種酒都受法定條例管制，並依附在上述前兩種 AOC 的酒之內。

　　透過阿爾薩斯葡萄酒發展的滄桑史可看出，在 1920 年以前可說是慘澹經營了三個困難的世紀，無論是環境的變動，或是天氣的影響，本地的酒農們還是走出了一條屬於自己獨特風格的路。

地理位置

　　阿爾薩斯位於法國東北角，與德國毗鄰，葡萄產區介於弗日山脈（Vosges）和萊茵河之間，南北長 170 公里、東西最寬處也不過 5 公里左右的狹長地上，蛇形般貫穿了 Vosges 山丘地帶的大、小村落，葡萄園多介於海拔 200 ～ 380 公尺之間的坡地上，面對著東邊的萊茵河，產區面積 15,000 公頃。

田野風光

氣候

弗日山脈像個天然屏風一樣，阻擋了西北的寒風和大西洋的溼氣，阿爾薩斯地區算是全法國產區中天氣最乾燥的地方了，雨量只有 500 〜 600mm，屬於半大陸型氣候，夏天乾熱，尤其是晚秋豔陽高照，全年的日照時數有 1,800 小時，冬天雖然寒冷可是有萊茵河水的調節、陽光的照射，緯度雖高仍然可以栽種，在這種氣候條件下逐漸成熟的葡萄給酒帶來大量的香味和細緻的口感。

土地

阿爾薩斯的土地結構非常複雜而且變化多端，像是一塊馬賽克的拼圖。有第一疊紀的火成岩，一直到第四疊紀的沖積土地都有。五千萬年前地殼大變動，形成了今日的阿爾薩斯平原，連接了弗日山和黑森林地帶。葡萄園大都處於山坡地上，面向東南或南方。

三種類型的土地：
- 山稜一帶土地性質較相同，主要是火成岩土、花崗石、砂岩、片岩、板岩（片頁岩）。
- 山坡的下端或一些小山丘地，主要是石灰岩土或是泥灰岩土混合了黏土、砂岩或火成岩。
- 平原地上則是比較肥沃的沖積土、砂質黏土、礫石土。

圖片中的山坡地是特級葡萄園

土質可反映出葡萄酒的特性

- 花崗岩土（granitique）：芳香，酸度適中。

- 石灰岩土（calcaire）：香茅味，酸度重。

- 泥灰岩土（marneux）：強勁，胡椒味。

- 砂岩質土（grèseux）：刺激。

- 黏質土（argileux）：澀味重。

- 片頁岩土（schisteux）：嚴峻，後口感長。

- 火成岩土（volcanique）：豐厚，煙味。

　　從一杯酒中找出一些上述的相關性，大致可以知道葡萄園處於什
麼方位。

葡萄品種

　　阿爾薩斯的酒都是以葡萄的品種來命名，這是和法國其他產區不
同的地方，而且都是以單一葡萄來釀造。但有例外：艾得斯維克
（Edelzwicker）是由幾種不同葡萄混合釀造出來的白葡萄酒。

　　習慣上把此地的葡萄依其特性和香味的濃度分成兩組：

基本品種（Cépage de Base）

夏斯拉（Chasselas）：以往產量極為豐富，高達全區產量的 40%，現在已經慢慢地消失了，目前只占 3%。多半用來釀造氣泡酒或是釀造 Edelzwicker 時混酒用，口感清淡，缺少酸味。

夏斯拉（Chasselas）

希瓦那（Sylvaner）：近年來有慢慢地取代 Chasslas 的趨勢，占全產量的 16%，部分用來釀造 Edelzwicker 和氣泡酒，部分單獨釀造時以"Sylvaner"名義出售。如出自特別的土地上酒味較濃，果香味也多。適合搭配各式各樣的前菜或德國燻豬腳、香腸酸白菜（地區名菜）。

白皮諾和歐歇瓦（Pinot blanc & Auxerrois）：占生產量的 20%，兩種葡萄混合釀出的酒皆稱為"Pinot Blanc"（如果酒中帶有灌木煙燻味可能出自於歐歇瓦葡萄），酒比較細緻，清鮮，酒精度也較醇，除乳酪外，可搭配任何的菜餚。

希瓦那（Sylvaner）

高雅品種（Cépage Noble）

麗絲玲（Riesling）：古老的葡萄品種生長在萊茵河兩岸，有「阿爾薩斯之花」的美譽，占生產量的 22.7%。屬於晚熟型的葡萄，性耐寒，非常適合阿爾薩斯地方的氣候，尤其是晚秋時可讓葡萄慢慢地成熟，釀出的酒更深厚，性干、細緻，果香、香料或礦物味重而且均衡，酸度高清鮮活潑，如果是德國的麗絲玲口感較甜，特性特別明顯，除了釀造干白酒外，好年份的收成物，也用來釀造「晚採收」或「顆粒挑選」的甜酒，或是「特佳級」（Grand Cru）甜酒。

白皮諾（Pinot blanc）

雖然過熟的葡萄含糖量偏高，但它仍能保持高酸度，釀出的酒香味濃厚，口感緊密，高雅大方，長期久存後口感更為複雜。適合搭配當地的招牌菜「豬腳香腸酸白菜」、「白酒煨子雞」（名菜），或是海鮮中的貝殼類及生蠔。一般可存放 10～15 年。

密思嘉（Muscat）：兩種不同的密思嘉葡萄；一種顆粒小、淺粉紅色的果皮，生長在地中海地區多用來釀造天然甜酒（VDN），而在阿爾薩斯地方是用來釀造干性酒，葡萄早熟，果香味多，具刺激性。另外一種密思嘉歐脫內（Muscat Ottonel）比較早熟，麝香味

麗絲玲（Riesling）

密思嘉（Muscat）

灰皮諾（Pinot gris）

格烏茲塔明那（Gewurztraminer）

黑皮諾（Pinot noir）

重，在本區普遍採用。通常是兩種葡萄混合使用，釀出的酒性干，果香味多，酸度不大，口感沒有麗絲玲那樣深厚，產量不多只占到2.7%。適合搭配清淡的食物，也是少數可以搭配蘆筍的酒。一般都做開胃酒用，不宜久存。

灰皮諾（Pinot gris）：它是 Pinot 葡萄系的一支，原產地是布根地，傳說是黑皮諾（Pinot noir）的變種，果皮呈現灰藍與淡紅色而有灰皮諾之稱（gris 法文中是灰色），釀出的酒酸度不大，細緻，酒精度高，並含有大量的果香味，尤其是菠蘿味。隨著酒齡變成熟透的水果味（杏、桃……白、黃水果味）口感圓潤，只占產量的7%。搭配鵝肝醬、白肉、家禽類為宜。特佳級的酒可配帶有羽毛的野禽味。

格烏茲塔明那（Gewurztraminer）：最早從義大利引進，1551年成為阿爾薩斯地區的代表。屬早熟型的葡萄品種，喜愛天氣清涼的地方，果皮厚，帶點紅紫色。釀出的酒活潑、細緻，酒精度高、勁強、結構十足，性干但微甜、芳香，尤其是果香味中的荔枝味特別明顯，還蘊含玫瑰、洋槐花香味以及肉桂、胡椒、麝香等香料味，憑人類的嗅覺辨認，在 Gewurztraminer 酒中已發現有 500 種不同的味道。

格烏茲塔明那為高貴品種之一，採收率低而不穩定，占生產量的19～20%。它的貴腐甜酒更是一種珍貴出名的甜酒。搭配菜色也廣泛：微甜晚採收的酒做開胃酒；貴腐甜酒配鵝肝醬；干性酒配前菜或是魚類、白肉類的主菜，佐以口味重或咖哩類的料理。特佳級的酒配野禽，一直到口味重的乳酪都可以，它也非常適合搭配辛辣的中國菜。

一種釀造紅酒或玫瑰紅的葡萄——黑皮諾（Pinot noir）。

黑皮諾（Pinot noir）：名貴的布根地葡萄品種，它非常成功地種植在阿爾薩斯地區，尤其適合釀造玫瑰紅酒，也是本區唯一用來釀造有色葡萄酒的品種，常從市場暢銷情況來決定，是要釀成紅酒或是玫瑰紅酒。

玫瑰紅酒中含有各種水果香味，尤其是草莓、櫻桃味並略帶點苦

味，是各種海鮮類食材及日常飲用最好的配酒。紅酒釀造完畢，常置放木桶一段時間陳年培養，因此口感微麻，有點木香味，酒力強勁，是搭配紅肉類很好的飲料。

認識阿爾薩斯

本產區面積 15,000 公頃，年產量 1 億 5,000 萬瓶，產量極為豐富，一般酒的採收率是每公頃 10 萬公升，特佳級酒（Grand Cru）每公傾 7 萬公升，幾乎是波爾多酒的一倍。占了全法國葡萄酒生產量的 7%，其中有 1/3 外銷，主要的是銷往歐洲各國，德國是最大的輸入國，占了輸出量的 70%。整個地區約有 8,500 位酒農，每人具有的土地面積不是很大或是很零散，因此常見到一個生產者有若干不同牌子的產品，各種阿爾薩斯酒的產量不多也極不規律。區內有很多的酒商、合作社打出自己的品牌出售產物。自耕農的產量只占 24%。

阿爾薩斯也是法國白酒產量最大最集中的地區。總生產量的 94% 為白酒，其餘是紅酒和玫瑰紅酒。它們都被裝在一種細長的玻璃瓶內，稱為「萊茵河之笛」，規定必須在本地原裝。

阿爾薩斯
ALSACE
特佳級葡萄園

史特拉斯堡市
Molsheim
下萊茵河區
上萊茵河區
Selestat
Colmar

1.	Steinklotz	2.	Engelberg	3.	Altenberg de Bergbieten	4.	Altenberg de Wolxheim
5.	Bruderthal	6.	Kirchberg de Barr	7.	Zotzenberg	8.	Wiebelsberg	9.	Kastelberg
10.	Moenchberg	11.	Muenchberg	12.	Winzenberg	13.	Frankstein	14.	Fraelatenberg
15.	Gloeckelberg	16.	Kanzlerberg	17.	**Altenberg de Bergheim**	18.	Kirchberg de Ribeauvillé
19.	Osterberg	20.	Geisberg	21.	Rosacker	22.	Froehn	23.	Schoenenbourg
24.	Sonnenglanz	25.	Sporen	26.	Mandelberg	27.	Furstentum	28.	Schlossberg
29.	Marckrain	30.	Mambourg	31.	Wineck-Schlossberg	32.	Florimont	33.	Sommerberg
34.	Brand	35.	Hengst	36.	Steingrubler	37.	Pfersigberg	38.	Eichberg
39.	Hatschbourg	40.	Goldert	41.	Steinert	42.	Zinnkoeplé	43.	Vorbourg
44.	Pfingstberg	45.	Spiegel	46.	Kessler	47.	Saering	48.	Kitterlé
49.	Ollwiller	50.	Rangen	↖ 50 個地籍（lieu-dit）的名稱					

釀造

　　阿爾薩斯的酒幾乎都是白酒，每年 9 月中旬過後，依照釀造的類型開始採收，之後葡萄送到酒坊壓榨取汁。本產區使用一種大而扁平的壓榨器，在壓碎顆粒時儘量避免汁液和雜質物、空氣有過多的接觸（現在多改為滾筒式離合器），然後將汁液導入不鏽鋼槽內做酒精發酵。較木槽桶容易控制發酵時產生的溫度，以免危害到酒的香味質，發酵過程中還要分多次撇清遺留酒中的雜質，是為了讓酒保持更多的清鮮度，之後再和一些極微細的殘餘渣滓一起浸泡，直到瓶裝為止，不再做乳酸發酵。瓶裝之前還要澄清過濾手續，地方的酒農們會使用一種矽藻化石（kiesegur），或是用低溫方式使酒清澈。需要陳年的好酒存放在瓶內儲存。紅酒、玫瑰紅依傳統方式釀造。氣泡酒（Crémant）使用香檳法釀成。

特級葡萄園

酒鄉之路

三種 AOC

- AOC Alsace
- AOC Alsace Grand Cru
- AOC Crémant d'Alsace

前兩種 AOC 的酒還包括特別釀造的晚採收（Vendanges Tardives）和顆粒挑選（Sélection de Grains Nobles）的甜酒。

傳統級的阿爾薩斯酒（Alsace 或 Vin d'Alsace）

凡是在阿爾薩斯地區內，依照規定使用上述 7 種葡萄之一，單獨釀造出的酒都可獲得此等級，占了總產量的 83%。例外的一種酒是 Vin d'Alsace Edelzwicker，它是由數種不同的葡萄混合釀造的。

特佳級阿爾薩斯酒（Alsace Grand Cru）

1992 年規定在阿爾薩斯地區內 50 塊特定土地上的採收，使用 4 種高貴葡萄品種：Riesling、Muscat、Pinot gris、Gewurztraminer 釀出的酒認定為特佳級。2001 年又有了新的規定，採收率由 70 hl/ha 降到 60 ～ 55 hl/ha，酒精度：Riesling、Muscat 提升為 11 度（以前是 10 度），Pinot gris、Gewurztraminer 為 12.5 度代替了以前的 12 度，上下不能超過 1.5 度，在種植、採收、釀造等等都有修正，每種酒還要經過品嚐，確定有自然的（出自於土地和環境的影響）特殊風格才可上市出售，只占總產量的 3%，價格也比傳統級的酒為高，同時酒標上也註明了地籍的名稱，這些特級葡萄園有的位於一個鄉村內，有些則跨在兩個村鎮上。

公園桌椅

阿爾薩斯氣泡酒（Crémant d'Alsace）

是一種以「香檳釀造法」第二次瓶中發酵而獲得的氣泡酒，主要採用 Pinot blanc 葡萄，有時也加些 Pinot gris、Pinot noir、Riesling 或

Chardonnay 葡萄，為法國氣泡酒中的佼佼者。玫瑰紅色的 Crémant
產量極少，單獨使用 Pinot noir 釀造的氣泡酒占了 14%。

阿爾薩斯的特別產品

晚採收的甜酒（Vendanges tardives）

出自於 4 種高貴葡萄種，採收日延遲到秋末冬初，這段時期靠著
氣候的自然狀況使葡萄中的水分降低，糖分變得更濃縮，釀出的酒
強勁、甜口含有複雜的香味。2001 年起，酒農想要釀製 VT、SGN
兩種甜酒，必須事先申報和產品的品嚐（18 個月後的收成）符合以
下的標準：

品種	含糖量	最低酒精度（預估）
Riesling	235 公克／公升	14 度
Muscat		
Gewurztraminer	257 公克／公升	15 度
Pinot gris		

顆粒挑選甜酒（Sélection de Grains Nobles）

就像在索甸（Sauternes）區一樣，秋收期間葡萄受到白黴菌
（Botrytis Cinérea）的侵蝕後，顆粒內部水分被吸收而濃縮，外表變
成褐色乾皺狀，稱為「高貴的腐爛」（Pourriture noble），此時顆
粒內的糖分大幅地提高，貴腐現象並不一定會同時發生在每一串每
一顆粒葡萄上，因此採收時要分幾次進行，逐次挑選已侵蝕感染的
顆粒非常費工，產量也稀少，通常 1 公頃的土地約有 30,000 公升的
收穫量，價格昂貴。這種酒的甜度更大、後勁更強、焦烤的果香味
重、後口感極長。

品種	含糖量	最低酒精度（預估）
Riesling, Muscat	276 公克／公升	16 度
Gewurztraminer, Pinot Gris	306 公克／公升	18 度

如果當年的天氣特別好，葡萄的含糖量更多，如 1988 年的產品自然酒精度已達 18 度，已經快接近利口酒了。

冰酒（Vin de Glace）

在一些特殊的天氣狀況下，葡萄保留在樹上一段很長久的時間而不腐爛，一直到了下雪結冰天才去採收，這時葡萄內部的水分已濃縮結冰，相對的含糖量也提高，釀出的酒即是「冰酒」（Vin de Glace），不過產量非常稀少，並不是每年都有收穫，也是本區特產之一。

第 2 章 香檳區（CHAMPAGNE）

　　一提到「香檳」兩個字總會讓人們有種豪華、振奮感，它的芳香、細膩和高雅的特性，非常容易入口，但是要當心後勁。用來自飲、待客，或是在各種喜慶宴會場合，總是藉著開瓶「香檳」帶來歡樂的氣氛和好運。

　　舉世聞名的「香檳酒」出自於法國的香檳地區，它是一種依照嚴格規定釀出的氣泡酒。在其他的各產酒區，甚至國外，也可以釀出同樣類型的氣泡酒，但都不能冠上「香檳」的頭銜，只能稱為氣泡酒而已（Mousseux 或 Crémant），對它們習慣性的稱呼只是一個代詞。

　　香檳區位於巴黎東北方約 200 公里左右，北緯 48 ～ 49 度的地方，是法國最北端的一個葡萄酒產區，幾乎快到葡萄種植的臨界區了，遠在羅馬帝國時代這片葡萄園就已經存在，部分酒農的祖先也是高盧人，釀的酒也盛行一時。到了中世紀，出名的奧密億勒（Hautvillers）修道院在漢斯城（Reims）附近建造，周邊的土地也

漢斯大教堂

被開發成葡萄園，出產的葡萄酒外銷到北方的鄰近國家，知名度和布根地的酒不相上下。

　　早年的香檳酒是不冒氣泡的，就像其他產區的紅、白酒一樣。一直到了十七世紀，氣泡酒才慢慢地幾乎取代了整個的香檳地區的酒。早期因為欠缺理論和釀造的技巧，忽略了葡萄酒中帶有剩餘的糖分，在隔年春天氣溫上升時，被密封在瓶中的酵母會再度活躍，又產生了氣泡的自然現象，。Hautvillers 修道院教士（Dom

Perignon）在這方面做了許多技術上的改進，成為釀造今日「香檳」氣泡酒的鼻祖。十八世紀剛開始起飛發展時，有些保守人士對這種新香檳酒有異議，但它還是流行於各王公貴族階層，甚至廣傳到了全歐各地。1729 年首家酒廠（Ruinart）創設之後，其他的酒廠代理也接踵而生。加上瓶裝技術的改進，安全度的增加，導致銷路更廣。到了十九世紀更多的酒廠、代理商興起，當中不乏名牌酒廠，「香檳酒」也銷售到了全球各個角落。

　　除了十九世紀末蚜蟲災的侵害及二十世紀初因戰爭受到一些影響，人們對香檳酒的喜愛（時髦）度從來沒有降低過。二十世紀初年產量 4,000 萬瓶，到了 1970 年已超過了 1 億瓶，1986 年又增加了1 倍，1995 年的世紀末，年產量已高達 2 億 5,000 萬瓶，到了 21 世紀年初，產量已接近 3 億 5,000 萬瓶。因此法國人常說：

> 香檳永遠是在最美好的時刻出現。
> Le champagne arrive toujours au bon moment.

氣候

　　大西洋的海洋性氣候和大陸性氣候的寒流交匯於此，受了兩股
氣流的影響，雨量增多，春霜和雨水會損害到嫩芽和開花，然而
附近的樹林對於調節氣溫起了很大的作用，全年氣溫平均約 10 ～
12℃，雨量 600 ～ 700mm，日光時約 1700 時／年，起伏變化不大。
由於地理位置偏高，幾乎已到葡萄種植的臨界，酒農們多選擇在向
陽性強的地段上種植，因此葡萄園顯得分散。

土地

　　幾千萬年以前本地還是一片汪洋，後來地殼變動海水退了，大部
分地方露出一層含有豐富石灰質的白堊岩（craie），上面覆蓋著石
灰黏土，這種白堊岩表面密布了許多細小的孔洞和縫隙，具有一種
調節溼度的功能，白天吸收熱能，夜晚散發出來，有利於葡萄的生
長，促進葡萄的成熟度，這就是香檳區特殊的地方。

香檳產區
CHAMPAGNE

產區

　33,100 公頃的香檳區占了全法國葡萄園面積的 2%，主要是生產冒氣泡的「香檳酒」，葡萄園多集中在產區北邊的漢斯（Reims）和埃佩爾奈（Epernay）附近。分成：漢斯山區（Montagne de Reims）、馬恩河谷區（Vallée de la Marne）、白丘區（Côte des Blancs）三大部分。偏西南邊的西棧丘區（Côte de Sézanne 細）和最南端的歐伯葡萄園（Vignoble de l'Aube），兩地的面積都不是很大。

葡萄種類

　香檳區採用三種葡萄來釀造，主要生產白色和極少的玫瑰紅氣泡酒，另外也出產一般干性的紅、白、玫瑰紅酒，但產量不大。

夏多內（Chardonnay）

　綠皮白果肉，鮮果味不多，但有大量的乾果味，酸度高、細緻，釀的酒適於久存，占生產量的 27%，多集中在 Epernay 市南邊栽種。

夏多內（Chardonnay）

黑皮諾（Pinot noir）

　紅皮葡萄白果肉，適合栽種在香檳區每個地方，釀出的酒強勁、堅實，酒精度大，可以保存，占全部生產量的 38%，有逐漸增加的趨勢。

皮諾莫尼耶（Pinot Meunier）

　紅葡萄白果肉，因發芽期較晚，常避過春霜的危害，成熟得也快，容易種植，釀出的酒蘊含的花香、果香味極多，酸度大，口感沒有

黑皮諾（Pinot noir）

純樸小鎮

白堊土地

皮諾莫尼耶（Pinot Meunier）

前兩種葡萄那麼細緻，占生產總額的 35%。

香檳酒通常是白色，即使以紅種葡萄釀造的也不例外，因它們的汁液呈透明色，壓榨時不和葡萄皮接觸，這種紅皮葡萄香檳酒（Blanc de noir）口感較強。如果只用單一白皮葡萄釀造（Blanc de blanc），口感清鮮，蜜汁香味多，通常都是用三種葡萄混合釀造以求平衡。

粉紅香檳是在釀造時混加了一點紅酒，也是全法國唯一准許紅、白酒混合釀成玫瑰紅的產區。另一種釀造方式是把壓榨出的汁液和葡萄皮做輕微的浸泡，待釋放出美麗的顏色後再釀造。兩種不同方式，釀造出的香檳口感就會不一樣。

葡萄園等級尺度

香檳區擁有 319 個種植葡萄的小村鎮，很多葡萄農將自己的採收物轉賣給各大酒廠、酒商去釀造，之後再以一種固定的品牌出售，為了維持市價和品質的穩定，十九世紀末期各鄉鎮都依照各種地理條件公布產品的級次，即為葡萄園等級尺度（échelle des crus），用百分比來表示（80 ～ 100%）。每年秋收時由香檳酒同業公會決定當年的葡萄價格（以公斤計算），如果滿意程度達到 100% 定為特別等級（Grand Cru），共有 17 個村鎮；滿意度介於 90 ～ 99% 定為第一等級（Premier Cru），共有 43 個村鎮；介於 80 ～ 89% 則為一般等級。

採收

香檳區的採收率是每公頃土地上的產物用公斤計算，這是和其他產區不同的地方。它是 13,000 公斤 / 公頃，大約 1.2 ～ 1.6 公斤的葡萄釀出一瓶香檳酒。每年秋收日期也比南邊各產區要晚。採收的葡萄盡快送入酒坊榨取汁液，香檳區使用的壓榨器非常寬闊，底面積 9 平方公尺，邊高只有 80 公分，這可避免在壓榨過程中，汁液不會被染色，現在多用新式的旋轉離合機取代。

釀造

第一次發酵

秋收的葡萄立刻送到酒坊壓榨，過去分三次進行壓榨，從 1988 年起，為了提高香檳的品質，每 4,000 公斤的葡萄只能壓榨 2,550 公升的釀酒汁液（過去為 2,666 公升）。分兩階段進行壓榨，第一次榨出的 2,050 公升稱為 La Cuvée，再次壓榨出的 500 公升稱為 La Taille。如果再次壓榨出的汁液釀成的酒不符合為 AOC 級香檳，只能為氣泡級的酒，或是送去蒸餾成烈酒。之後 La Cuvée 和 La Taille 分別導入大容器中，再做為期 10 ～ 20 天的酒精發酵，釀成 12 ～ 12.5 個酒精度的干性白酒之後再儲存起來。為了防止氧化，增添加少量的二氧化硫（SO2）抗腐是被允許的。必要時，再做一次乳酸發酵。

此為 Pommery 酒廠 75,000 公升大木桶，1904 年參加了密蘇里世博會，上面的雕刻意味著法美之間的友誼。

混酒

　　3 種不同的葡萄，出自於不同的土地，釀出的酒風味也不一樣，一些大廠牌、酒商向區內上千的酒農們收購葡萄來釀造，他們會依照顧客的喜愛、市場的利益，調配出一種定型的「招牌酒」定時上市，保持一定的水準是非常重要的。調配的工作是種高度科技和藝術結晶，各家獨特的風格也視為各廠牌的祕方。

　　每年秋收後，先把來自各地不同種的葡萄「分別」釀成干性白酒儲存起來，作為日後混合調配的「基酒」（cuvée）。混酒沒有年份上的限制，惟須斟酌使用基酒的分量，除了加入過去特選的基酒外，還要保留部分好的新產品以備來年使用，有些高品質的香檳常混合幾十種不同的基酒以示特殊的風味，這時也是品酒師發揮天分和專業的時候。一般香檳酒是沒有年份的，如果採用同一年份出產的葡萄釀造，表示那年的收成特好，可以在酒標上註明年份。

第二次發酵

　　每年初春就可把調好的香檳裝瓶了，此時要添加一種甘蔗糖漿和酵母組合成的發酵劑（liqueur de tirage），然後用一般的鐵蓋封瓶，置放在清涼安靜的地窖 1 ～ 6 年的時間，依酒的品質，做適當的瓶

中培養。添加發酵劑主要是激起發酵作用，瓶中發酵對香檳酒是非常重要的，如果發酵劑分量不足無法產生相當的壓力和氣泡，難以達到香檳酒的規格，這種有氣泡的酒只能稱為 Crémant。

經過了 6～8 週的時間，瓶中的發酵完成，會產生大量的氣體二氧化碳（CO_2）溶在酒中，死亡的酵母菌則變成一種白色的沉澱物留在瓶內，排除這種沉澱物有種特殊的「香檳方式」，即把酒瓶倒插入一種特製的斜面木架上（稱為 pupitre），定期由專業人員（remueur）以熟練的手法把酒瓶輕微地搖晃同時漸漸地向上推動，每次旋轉的軌跡為 1/4 圈，持續 6～12 個星期，直到瓶子幾乎成倒立狀，所有的沉澱物都積在瓶頸下端後，搖晃的動作才能停止。這是一種需要技巧及耐心的工作，從 1800 年起就已經存在了，熟練的工作人員一天要轉 5 萬瓶。1980 年開始許多廠商已採用機器（Giropalettes）搖晃，但一些名牌大廠仍使用傳統的手搖方式。這時再把倒立的瓶口部分做局部急速冷凍，這些沉澱物便形成一粒白色的小冰球，當打開鐵蓋時壓力改變，小冰球立刻彈出，同時間換上軟木塞再用細鐵絲箍緊。

更換軟木塞之前，再依香檳的性質和口味的需要，加入不定量的糖漿，一種稱為 liqueur d'expédition 的調味劑；添加糖漿的多寡，也決定了香檳的類型，它們可分為 Brut、sec、demi-sec、doux（干性、半干性、微甜等），都會標明在酒標上，每瓶的含糖量介於 3～55g/l。如果加入少許香檳區出產的紅葡萄酒，溶成美麗的顏色後就是「玫瑰紅香檳」，這也是在法國唯一可以用紅、白葡萄酒攙和變成玫瑰紅的地區。而其他產區的玫瑰紅酒必須用浸泡的方式來釀造。在香檳區也有廠商採用這種傳統方式來釀造「玫瑰紅香檳」，兩種不同方式釀成的香檳口感完全不同。

第二次瓶中發酵時會產生極大的壓力，香檳酒的規格是 6 個大氣壓（BAR），為了安全起見，酒瓶都使用極厚的玻璃瓶，加成深綠色是為了避免光線刺激。玫瑰紅香檳為了顯示出美好的顏色，例外地使用透明瓶身。

為了防止漏氣，瓶塞的另一端多加了兩層軟木片。

　　香檳酒在釀造過程中已經定型了，瓶裝之後就可馬上飲用，存放或瓶中陳年都不會帶來更多的改進，這是和其他葡萄酒不同之處。新裝瓶的香檳酒，瓶塞都呈「裙狀」，置放久了瓶塞會漸漸萎縮而成為直桶狀，法文中稱為「紅蘿蔔」（carotte），容易漏氣而使酒質受到影響。

侍酒

　　除了品嚐味道，觀看氣泡量和它的大小以及冒出的平均速度都是鑑定香檳酒品質的依據。一般飲用前 20 分鐘放入碎冰屑中，必要時加些粗鹽，迅速降溫至 4 ～ 8℃。如果置放冰箱中過久，不易襯托出它的氣泡。

　　開瓶時先解鬆細鐵絲，再以手握緊瓶塞不動，另一手托著瓶底，輕輕轉動瓶子，靠著內部壓力的幫助，聽到「噗」的一聲（不是發出「砰」的高聲），瓶塞很容易就打開，酒也不致噴到外面。

　　開瓶時瓶塞脫離剎那，時速可高達 320 公里 / 小時，須避免面對瓶口，以策安全。

瓶子的形式

- 1/4 瓶（20cl），容易變質，氣泡不夠。
- 1/2 瓶（37.5cl），容易變質，氣泡不夠。
- 1 瓶（75cl），標準瓶。
- Magnum（150cl），老化變化慢，最理想的品嚐瓶身。
- Jéroboam（3 公升）
- Réhoboam（4.5 公升）
- Mathusalem（6 公升）
- Salmanazar（9 公升）
- Nabuchodonosor（15 公升）

標籤

1. **廠牌名稱及「香檳」字樣**
2. **容積**
3. **業主和產地**
4. **酒精度**
5. **法國出產：**香檳酒標上不必註明 AOC（Appellation Champagne contrôlée）
6. **釀造者：**香檳酒標上都會出現 NM 或 RM、CM 等字來表示。

NM（Négociant-Manipulant）：酒商收購各地方的葡萄釀造、調配。大多數的廠牌都用此法。

RM（Récoltant-Manipulant）：酒農用自己採收的葡萄釀造、出售。

CM（Coopérative de Manipulation）：酒商們合作釀造，共同行銷產品，以便減少開支。

RC（Récoltant Coopérateur）：酒農們自己合作釀造、出售。

MA（Marque d'Acheteur）：酒廠依顧客的指定而釀造的酒。

SGM（Syndicat des Grandes Marques）：工會出產的名牌酒。

Blanc de Blanc：100% 白葡萄釀造。

香檳杯

香檳的氣泡散發得很快,多採用細長高腳、杯口略窄的杯子(鬱金香狀),這樣可集中氣泡和香氣。杯子一定要潔淨,否則不易襯托出氣泡。

認識、品嚐香檳

以顏色區分

- **白香檳酒**:混合了不同的葡萄或是單一白葡萄(Blanc de blanc),釀成的香檳有干、半干、微甜等口味。
- **粉紅香檳酒**:從 1777 年就已存在了,由 Cliquot 首創,有兩種方式可以獲得:使用「浸泡法」或是用紅、白酒對撬而成。一般前者價格會略高些。

以品質等級區分

- **招牌香檳**:廠商依照顧客的喜愛、市場的利潤,調配出一種定型的「招牌酒」,保持一定的水準且定時上市。
- **年份香檳酒**:採用同年份的葡萄釀造,也表示當年的氣候特別好,每個廠牌只能用到 80% 的收成量,價格也高。
- **特級香檳酒**(Cuvée Prestige):混合「年份香檳」之大成,品質高,口感更複雜,外表包裝也奇特,常被用來當成收集品,價格十分高昂。

以土地區分

此也意味著香檳酒的級別。

- 普通級(Champagne)
- 第一級(1er Cru)
- 特別級(Grand Cru)

以口味區分

- 柔和易飲型（Tendres et Suaves）
- 清鮮淡口型（Frais et Légers）
- 強勁豐厚型（Puissants et Charnus）
- 複雜成熟型（Complexes et Matures）

以特性區分

- **Champagnes d'Esprit**（腦力型）：一種清淡、性干、低齡的香檳，通常用白色葡萄釀造，酒明亮、有活力、細巧，含輕微的刺激，大量的漿果味，氣泡上升迅速。
- **Champagnes d'Âme**（夢幻型）：豐厚成熟型，通常選用特好年份的葡萄釀造，金黃、麥桿色，氣泡極細，有複雜的香料味。
- **Champagnes de Coeur**（親和型）：結構堅實，口感圓潤微甜，顏色較深，玫瑰花、熟水果、焦烤味都融合在一起。
- **Champagnes de corps**（動力型）：無論低、高齡都有強勁濃厚緊密的口感，濃厚的金黃色，含紫羅蘭、菸草、牛油、香料、松露（truffe）味，酒力醇厚、豐腴。

　　香檳酒適用於任何場合，慶祝、自飲或是在飯局中，從開胃酒一直到餐後甜點都可搭配使用，這也是和其他葡萄酒不同之處。可依使用場合、自己的喜愛和預算來選擇。

選擇搭配

- 開胃用酒：清鮮、淡口的香檳或「白葡萄香檳」（Blanc de blanc）。
- 開胃前菜：一般級的即可，如果是鵝、鴨肝，可選擇油潤一點的酒。
- 主菜分成兩類：海鮮類多採用口感微酸，高品質（1ᵉʳ cru、grand cru）或是「白葡萄」釀成的香檳。野味、紅肉類可採用結構堅實，較高等級、有年份的香檳酒。
- 點心：粉紅香檳。

氣泡酒（Crémant）

　　釀造香檳過程中的第二次瓶中發酵，原本添加 24 g/l 計量的「發酵劑」改用了 15 g/l 來代替，因此發酵完成後，瓶中的壓力沒有像香檳酒那麼強，這種氣泡酒稱為「香檳氣泡酒」（Crémant）。

香檳區的其他產品

　　香檳地區除了生產氣泡酒外，還釀造一般干性的紅、白、玫瑰紅酒、香檳烈酒（Marc de Champagne）、香檳區的利口酒（Vin de liqueur-Ratafia）。

- 香檳丘（Coteaux Champenois），香檳區內出產紅、白酒。酒都比較淡、果香味多。
- 利樹粉紅葡萄酒（Rosé des Riceys），採用黑皮諾（Pinot noir）釀造的粉紅酒。

香檳酒舉世聞名，深受德國人的影響，1/3 的業主祖籍是德國人。英國人最喜愛甜口香檳酒，年產量超過 2 億瓶，63% 消耗在法國，最大的幾個出口國：英國 7,500 萬、美國 1,500 萬、德國 800 萬、義大利 600 萬、比利時 500 萬，以人口比率劃分，比利時是最大消費國。

第 3 章 布根地區（BOURGOGNE）

自古以來一講到布根地（Bourgogne），就等同於好的葡萄酒。本地也是法國著名的美食區之一，傳統的佳餚和美酒，是一些老饕們夢寐嚮往之地，來此地的觀光客品嚐美酒佳餚的興致高過於遊玩觀看。布根地有它的歷史淵源，遠在幾位布根地公爵管轄的時期，本地就已經非常繁榮和富有了。

頗有釀酒天分的高盧人，在西元前一世紀時就選擇了一些良好的山坡、河谷地來種植釀酒用的葡萄。一直到了羅馬人開始徵糧，以及保護他們酒農的權益，多米恬（Domitien，西元 51 ～ 96 年）皇帝下令拔除所有高盧人的葡萄樹改為糧田，幸好只有部分地方執行。兩個世紀以後，波畢士（Probus，西元 232 ～ 282 年）皇帝取消了禁令，高盧人又得以重新開始種植葡萄。

西元四世紀初，羅馬康士坦丁大帝（Constantin，西元 285 ～ 337 年）正式公開承認基督教，在一些彌撒典禮上需要用到葡萄酒，更助長了人們對葡萄樹的栽種量。中世紀時布根地地區受到教會的影

響很大，僧侶們在各地設立教堂、建造修道院，隨即附近的田園也跟著開發。西元 910 年聖本篤會（Bénédictins）在克里尼（Cluny）鎮建立修道院，也是最早在布根地擁有大量葡萄園的教會。另外一個也具有影響力的就是西都會（Cîteaux），同樣擁有不少的土地。西元十一世紀初他們來到了梧玖鎮（Vougeot）闢建了梧玖莊園（Clos de Vougeot），十四世紀時又修建了出名的梧玖城堡。由於各教會的組織龐大，又具有各種優秀的人才和力量，並有餘力來從事研究葡萄的種植和釀造的技巧，當時也以修士們釀造的美酒最為著名。

貴族們也到處尋找上好的土地來栽種他們的葡萄樹和釀造好酒，更助長了此區葡萄酒業的發展。同時布根地的酒也靠著區內的河流，運銷到鄰近的法蘭德斯和日耳曼國家，尤其是梧玖莊園（Clos de Vougeot）的酒，受到駐在亞維濃（Avignon）教皇的喜愛而聲名大譟。當時由於運輸上的不便，本地的美酒出現在巴黎地區並不多，知名度也不高，夏布利（Chablis）幾乎成了布根地酒的代名詞。

1395 年菲利普（Philippe Le Hardi）公爵，曾下令拔除其他品種的葡萄樹，只准保留黑皮諾（Pinot Noir）葡萄樹，還建立了平分交租制度（Métayage，此制度一直沿用至今），還訂有一些法規及措施來維護釀造的品質，也都為酒業的發展奠定了良好的根基和革新。之後葡萄園不斷地發展，好景一直到了法國大革命，貴族們的土地被充公、拍賣，中間再經過傳襲、轉讓，葡萄園被分割得十分零散，一般酒農們所具有的土地面積都不是很大，尤其是在黃金坡地（Côte d'Or）。也有些農主具有數小塊的葡萄園分散在不同產區內，所以往往一位莊主、一個公司行號會出售各種不同的酒。雖然都是同樣業主的招牌，但是每種酒的品質往往也相差懸殊，這和波爾多產區以城堡、莊園的名聲來代表自己產物的品質完全不一樣。有些酒農的田地面積過小，沒有能力釀造自己的酒，改以委託酒商、合作社來釀造、行銷也大有人在。十八世紀初，一些影響布根地葡萄酒經濟的經銷商也開始崛起，並且扮演了重要的角色。

到了十九世紀中期，此區也難以倖免由美洲傳來的蚜蟲災，區內大部分的葡萄園被害蟲侵襲而摧毀，田園荒廢甚多，加上人口

外流，導致許多土地沒人翻種，二十世紀初又碰上戰爭和經濟危機，使得本區的酒業一直都滯緩不前，高品質的好酒產量少，一般的酒又賣不掉。1930 年代推動了中產階級家族把土地賣給小酒農們來建立他們自己的田園。1934 年成立了 La Confrérie des Chevaliers du Tastevin，主要介紹布根地的酒讓世人認識，並提高等級的層次。1936 年成立了原產區管制條例（Appellation d'Origine Contrôlée, AOC）將本區的酒分成五種等級，是全法國葡萄酒最複雜又詳盡的分級系統。

協會徽章

　近幾十年來，布根地葡萄酒在新科技加上傳統技術不斷改良下，已大有進展，並進入了世界市場。

　釀酒的葡萄幾乎全採用黑皮諾（Pinot noir）和夏多內（Chardonnay）葡萄，可釀出世界上最美好的葡萄酒，可惜的只是沒有「量」，種種的環境因素下，和同樣出產美好葡萄酒的波爾多產品相比，極難做市場上的競爭。

氣候

　布根地產區處於大陸性氣候和海洋性氣候的邊緣上，由於中央山脈阻擋了大西洋對氣候的調節，因此本區大陸性氣候比較明顯。北風乾冷，對於葡萄的健康非常重要，果實也比較不容易腐爛；西風中雖然常挾帶著雨水，但是烏雲的溼氣不容易到達山坡地上。大多數葡萄園都處於海拔 200 ～ 300 公尺高的坡地上，面向著日光充足的東方與東南方，溫度較高有利於葡萄的成熟度。初春常有霜害，夏、秋兩季常有驟雨，還會挾帶著小冰雹。

土地

　土地結構極為複雜，樹根往往要鑽到土層深處尋找水分，石礫地滲水性強，尤其在本區的北邊。土壤的層次結構和所含礦物質的成分一樣重要，當雨水滲入土中，經過不同的土層，挾帶著豐富的養分，全被樹根一起吸收。好的葡萄園多處於山坡地的中段，又加上

布根地產區圖 BOURGIGNE

Dijon 市
Saône河
————————————— Côte de Nuits
Beaune
————————————— Côte de Beaune
Chalon-s-sáone市
————————————— Côte de Chalonnaise
Mâcon 馬貢市
————————————— Mâconnais
Saône河
————————————— Beaujolais
LYON 里昂市　Rhône河
————————————— Lyonnaise
Rhône河

小地理氣候的特殊性，往往兩塊毗鄰的葡萄園，出產品質卻相當懸殊。

西北角上的夏布利（Chablis）產區，土質中含有大量石灰質的白堊土、泥灰岩土，加上侏儸紀晚期（Kimmeridgien）的卵石。

黃金坡地北邊為泥灰岩土、石灰岩土、石板岩及一種崩塌混合物，南邊是以石灰質的黏土為主，中間夾帶著礫石。

薄酒萊地區則是火成岩土中夾帶著燧石、矽石。最南端火成岩成分少，主要的石灰土，當中混合著泥灰土。

總體而言，整個產區的土地都是第二疊紀的沉積石灰岩土，只是各地形成時間上的差距，加上地形、地貌、向陽性構成布根地酒等級區分的複雜性。

葡萄品種

黑皮諾（Pinot noir）

遠在羅馬高盧時代，這種葡萄就已經出現在布根地地區了，第一收成期早熟型的葡萄品種，每年發芽期早，是一種非常驕氣的葡萄，對於成長的環境非常挑剔，天氣太冷葡萄不能成熟，太熱則成熟得太快，不能顯出它原有的特色。當葡萄成熟時，小而豐滿的顆粒緊湊在一起，每串葡萄也沒有一定的形式，從這時起葡萄極易腐爛，遇到潮溼和過熱時尤其如此。深紫色的外皮，內部果肉則為透明色，釀出的酒沒有卡本內（Cabernet）葡萄那麼澀，顏色較淺，酸度大，無特別代表性的香味，要依其出產地和時間的變化來辨認。當酒齡淺時則偏向紅色水果味，尤其是櫻桃、覆盆子等；酒齡較長則會變成帶有黑莓、香料味，再久則變成帶有動物羶腥、麝香、松露味。口感細膩堅實、勁強而高雅，一般都是單獨釀造。除了派

黑皮諾葡萄

司土贛（Passe-Tout-Grain）酒例外。此外還在阿爾薩斯、羅亞爾河區中部的松塞爾（Sancerre）地方、香檳區、阿爾卑斯山麓和南邊的蘭格多克（Languedoc）地區都有種植。在香檳區的 Pinot noir 是用來釀造氣泡酒，其餘的地方皆釀造紅酒或是玫瑰紅酒。

加美（Gamay）

原產地也是布根地區，主要種植在薄酒萊（Beaujolais）區，性喜生長在火山泥土或火成岩的土壤地上，為第一收成期早熟型的葡萄品種，皮薄，外觀約呈橢圓形狀，紫羅蘭色，怕冷。釀出的酒淡紫色，澀度小，果香味特強，尤其是香蕉味，一般都趁清鮮時飲用，在羅亞爾河地區、西南產區都有種植。此外，蘭格多克區（Languedoc）也有少量的種植。

加美葡萄

夏多內（Chardonnay）

原產地可能是布根地，為第一收成期早熟型的葡萄品種，適合各種類型的氣候，耐冷，容易栽培，土質對於酒的特性影響很大，肥沃的土地上採收率可高達 100 hl/ha，已在全世界各產酒地區普遍種植。但其性喜貧瘠的土地，如果當中夾帶著石灰質的泥灰土、白土更佳。葡萄成熟時，顆粒飽滿地緊湊在一起，外觀呈黃綠色，上面顯現著芝麻斑的小黑點，每串葡萄上的顆粒不是很多，對於卷葉病特別敏感。種植在寒冷地方，酒中的酸度則強，口感也重，其中夾帶著牛油、烤麵包味與青蘋果味。種植在暑熱地方口感較為柔和，熱帶水果味多。兩者陳年後都會出現乾果、榛子、核桃味等。阿爾卑斯侏儸區及蘭格多克區都有種植。

夏多內葡萄

阿里哥蝶（Aligoté）

原產地是布根地，為第一收成期的葡萄品種，釀出的酒非常酸，酒精度不高，性干，有榛子、白色花香味、檸檬味。白酒中加一點黑莓利口酒（crème cassis）則為出名的開胃酒"Kir"，採用 Aligoté 白酒調配最為正宗。

蘇維濃葡萄

蘇維濃（Sauvignon）

原產地可能是羅亞爾河或波爾多地區，為第二收成期的葡萄品種，香味隨著土質結構而有不同。釀成的酒酸度大，口感細緻，在布根地產區只栽種在樣能省（Yonne）的聖畢（St. Bris）附近。

希撒（César）

原產地是布根地，也只栽種在樣能省（Yonne）的歐歇爾市（Auxerre）附近。酒色深，澀味、土腥味也重。此外，在阿爾卑斯山麓也有種植。

另外，還有土梭（Trousseau）、普莎（Poulsard）、蒙得斯（Mondeuse）都是樣能省（Yonne）地方上的葡萄種。

布根地產區的級別劃分

幾世紀以來，布根地的許多葡萄園都操縱在各教會的手中，修士們也從事於葡萄的種植和釀造技術上的研究，當時也以他們釀出的酒最為出名、美好，長期以來，他們發現了各葡萄園的天然環境、地理位置，對於葡萄酒的特性有很大的影響，於是便開始區別各葡萄園之間的異同，導致今日布根地產區等級劃分的概念。1936 年成立「法定產區管制」制度 （Appellation d'Origine Contrôlée），區內的各葡萄園都受 INAO 的監管。布根地大產區內一共有 100 個不同等級的法定產區，其中 23 個是大區域性的法定產區，44 個是鄉村級的法定產區，33 個是特級葡萄園產區。

布根地產區分成四個等級：
（1）大區域性的法定產區（Les Appellations Régionales）

在布根地產區內凡是合乎 INAO 規定，釀出的酒具有一定水準，都可列入布根地一般性的「大區域性的法定產區」，如 Appellation Bourgogne Contrôlée /Coteaux Bourguignons。

它們還可以用葡萄的品種、釀造的方式或是冠上地方、村鎮、地

籍的名稱來標示。例如：

- 葡萄的品種－派司土贛（Bourgogne Passe-Tout-Grains）是混合黑皮
  諾和加美葡萄
  －阿里哥蝶葡萄（Bourgogne-Aligoté）。
- 釀造的方式：布根地氣泡酒（Crémant de Bourgogne）。
- 地方、村鎮、地籍的名稱：
  － Appellation Mâcon Contrôlée，布根地馬貢地方。
  － Appellation Bourgogne Hautes-Côte de Beaune Contrôlée，布根地
    上博納丘地。
  － Appellation Bourgogne Côte-St.Jacques Contrôlée，布根地的 Joigny
    鎮附近。
  － Appellation Bourgogne Epineuil Contrôlée，布根地歐歇瓦
    （Auxerrois）地方的小村子。

註：布根地「明訂區域性的法定產區」（Les Appellations Sous-Régionales 或是
Appellations semi-Régionales）已併入大區域性的法定產區。

（2）鄉村級的法定產區（Les Appellations Communales）

地方上習慣性地稱為 Village，它是出自於某些村鎮土地上的葡
萄酒，別具一番獨特的風味，品質管制的要求也相當高。例如哲
維瑞－香貝丹 Gevrey-Chambertin 村的 Appellation Gevrey-Chambertin
Contrôlée。

（3）布根地第一級葡萄園（Bourgogne les Premiers Crus）

在同一鄉村級的法定產區內，有部分園區受了小地理氣候的影
響，出產的酒常優於鄰近的葡萄園，雖然都是鄉村級的酒，可是品
質較高，風味也多，通常會在酒標上寫出它們的地籍名稱，或是註
明第一級的酒（1er Cru），有幾種不同的方法表示，在法規上都被
認可。如梅索（Meursault）鄉村級產區中的夏姆（Charmes）葡萄園，
酒標有以下幾種表示法：

- Appellation MEURSAULT-CHARMES Contrôlée，其中 CHARMES 字體不能大於 MEURSAULT。

- Appellation Meursault-Charmes 1er cru 或是 Appellation Meursault-Charmes Premiers Cru，表示瓶中物只出於 Charmes 的葡萄園。

- Appellation Meursault Premiers Cru 或 1er cru，並沒有明確指出夏姆（Charmes）葡萄園，那表示瓶中物可能來自於幾個不同的一級葡萄園。在布根地鄉村法定產區中一共有 562 個一級的葡萄園。

（4）布根地特級葡萄園（Bourgogne les Grands Crus）

　　集布根地酒之精華，自古以來就非常出名了，每塊葡萄園都有一個地籍名稱和獨立的法定產區監製權，在酒標上只要標明葡萄園的地籍名稱就可以代表一切了，這是和第一級葡萄園不同之處。有的特級葡萄園位於一個鄉村產區內，有的跨在兩個鄉村產區上。例如：香貝丹（Chambertin）葡萄園位於哲維瑞－香貝丹（Gevrey-Chambertin）產區內，蒙哈榭（Montrachet）則跨在普里尼－蒙哈榭（Puligny-Montrachet）和夏山涅－蒙哈榭（Chassagne-Montrachet）兩產區之間，因為它們都有自己獨立的法定產區監製權，在酒標上只要標明 Appellation Chambertin Contrôlée 、Appellation Montrachet Contrôlée 即可，表示布根地的特級酒出自於 Chambertin、Montrachet 葡萄園。布根地一共有 33 個特級葡萄園，其中包含夏布利產區的特級葡萄園。

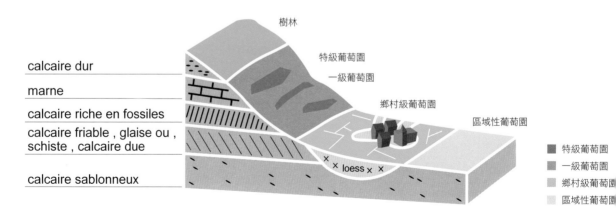

產區

　　布根地大產區內依酒的特性和地理
環境，劃分成四大部分：

Ⅰ 夏布利產區 （Chablisien）

Ⅱ 黃金坡地產區 （Côte d'Or）

● 夜丘區（Côte de Nuits）

● 博納丘區（Côte de Beaune）

Ⅲ 夏隆內丘地產區 （Côte Chalonnaise）

Ⅳ 馬貢內產區 （Mâconnais）

> 註：" Cru "
> 中世紀以來各教會的僧侶們就把一些上好的土地，依照出產葡萄酒品質的高下列出等級之分。1855 年 Lavalle 醫生依照過去的檔案和自己統計擬訂了一份黃金坡地上好葡萄園的名冊，Beaune（博納，布根地的首都）農業部門以此為借鑑做出了官方等級劃分，提供給 1862 年的巴黎世界博覽會。一直到了今日，這種等級劃分幾乎沒變動過。在布根地葡萄園代表一塊圈選的土地，配合小地理環境、釀造技巧構成了所謂的 "terroir"，再冠以地籍的名稱，本地人習慣稱它們為 "Climats"（本是天氣的意思），每塊葡萄園幾乎都是由多位酒農所共有，很少為一人所獨占。同塊土地各葡萄園的方位不一樣，加上酒農的理念，釀出的酒特性也懸殊，這就是「布根地」。

Ⅰ 夏布利產區（CHABLISIEN）

　　樣能省（Yonne）位於巴黎和迪戎市（Dijon）的中間，附近的夏布利（Chablis）葡萄園是法國古老的葡萄園之一，過去栽種的田地非常地廣泛，一直延伸到了黃金坡地（Côte d'Or）。十二世紀時西都會（Cîteaux）在彭惕尼鎮（Pontigny）設立修道院，也帶動了夏布利（Chablis）葡萄園的發展，當時古老的酒窖至今仍保存著。十八世紀時它的葡萄酒還外銷到北邊的國家。十九世紀末期也和全國其他的產區一樣，受到蚜蟲災的侵襲，幾乎摧毀了所有的葡萄園，雖然新發現的「接枝法」可以改善葡萄樹的抵抗力來增加產量，可是酒農只選擇可以生產高品質的土地來栽種。法定產區的面積是 6,830 公頃，目前只用到 2/3 的土地，它包含了以夏布利城為中心周圍 19 個小村鎮的土地。瑟漢溪（Serein）穿過夏布利（Chablis）城的北邊，附近的地形起伏變化大，山丘、河谷縱橫交錯，是非常理想的葡萄栽種地，也是布根地產區內以夏多內（Chardonnay）葡萄釀出最好的白酒之一，世界排名中也是頂尖的產品，尤其他的特級品（Chablis Grand Cru）更是行家和「族群們」夢寐以求、極為難得的珍貴美酒。

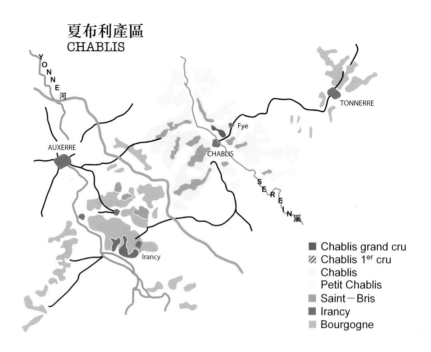

夏布利產區
CHABLIS

■ Chablis grand cru
▨ Chablis 1er cru
　 Chablis
　 Petit Chablis
■ Saint－Bris
■ Irancy
　 Bourgogne

地理位置

　　產區位於樣能省（Yonne）南邊、歐歇爾市（Auxerre）的東邊，Yonne 河及其支流貫穿全境，葡萄園多位於海拔 130 ～ 240 公尺的河谷兩旁，都出產了不少高品質好酒，可惜的是，它們和黃金坡地南邊的白酒放在一起，並不太顯眼。

土地

　　主要是石灰質的泥灰土（marno-calcaire）、石灰質的白堊土（calcaire-crayeux）和侏儸紀前期的灰泥岩。幾百萬年前侏儸紀晚期地殼的變動，海面高升而形成這塊耕地，地質類似英國 Kimmeridge 地方的土地，土中常見貝殼的化石。

氣候

　　夏布利（Chablis）位於布根地產區的北邊，半大陸性氣候，冬天

歐歇爾市

嚴寒，初春時常有寒霜的侵襲，時常導致嫩芽受到損害，甚至死亡，像在 1957 年就沒有任何的收成。當天氣特別嚴寒時，酒農們會使用各種方法來保護他們的葡萄樹，常見的做法是置放煤油爐來增加空氣中的溫度，不過有污染的問題，現在改用新式的「噴水法」，或是覆蓋帆布來保護嫩芽，但耗費都相當龐大。

夏布利酒中常見的氣味

香料味：八角、香草、胡椒、月桂。
植物：菩提樹、薄荷、羊齒草、黑莓葉。
水果：梨、蘋果、香蕉、檸檬。
乾果：杏子、榛子、核桃、杏仁。
食物：蜂蜜、牛油、牛奶糖。
花卉：玫瑰、牡丹、山楂花。
礦物：碘、火石。
烘焙：烤麵包味。

依據 INAO 規定，法國 夏布利酒所指的是：夏布利地方 6.830 公頃葡萄園上的產物。它是幾百年來經過教會、僧侶、酒農們的辛勞尋找及挑選出來的土地，生長出的葡萄都能釀出高品質的美酒。其和某些國家的夏布利酒完全不一樣，後者只是用來作為干白酒的代名詞。

小產區

- Petit Chablis
- Chablis
- Chablis 1er Cru
- Chablis Grand Cru
- Bourgogne Irancy
- Sauvignon de St. Bris （VDQS）

城鎮街角   Four chaume 葡萄田

（1）小夏布利（Petit Chablis）

　　位於夏布利產區邊緣的台地上，面積 783 公傾的葡萄園，向陽性差了一點，採收率最高為 60hl/ha，出產的酒口感清淡、較酸、 9.5個酒精度，清澈蒼白中帶點碧綠，沒有其兄弟——夏布利酒那麼芳香，但順口易飲。不能久存，否則會失去其誘惑力和清鮮度。一般當作餐桌酒，搭配些簡單的食物，或充當小酒館中的解渴酒。但也有非常好的小夏布利酒，它們多位於「第一級夏布利」葡萄園的邊緣，而且是老樹長出的葡萄。

（2）夏布利（Chablis）

夏布利地方一些方位較好坡地上的收成物，葡萄園面積有 4,032 公頃，採收率最高為 60hl/ha，酒精度至少 10 度，順口、潤喉、芳香四溢。等級鑑定高於小夏布利，品質較佳。通常在收成的第 2 ～ 3 年開始飲用，香味變得濃郁，口感也複雜，較好葡萄園上的出品可存放十年。遇上氣候不佳的年份，香味大減，口感非常地酸。

夏布利一般級的葡萄田

夏布利第一等級的葡萄田

夏布利一般級的葡萄田與夏布利第一等級的葡萄田地形之比較。

不同土地的特級葡萄園

（3）第一等級的夏布利（Chablis 1er / Premier Cru）

745 公頃的第一級葡萄園分散在夏布利市周圍較好的山丘、谷地上，面向南方或東南方向。部分葡萄園有自己的地籍名稱，其餘的只冠以第一級葡萄園（79 個第一級葡萄園中有 25 個具名，如 Mont-de-Milieu、Fourchaume、Vaillon 等），這些田地受日照時間較多，土質也好，酒的產品更具有風格，酒精度為 10.5 ～ 13vol、採收率也降到 58 hl/ha，酒力更醇厚，口感重，會有「唇齒留香」之感。過了五年，其複雜香味中夾帶著蜂蜜、洋槐、碘味、礦石味，尤其是榛子味。所有第一等級夏布利的酒除了有一般的通性外，由於葡萄園的方位、土壤層次、釀造方式的影響，還造成各葡萄園的獨特風格，尤其是位於瑟漢溪（Serien）北邊的葡萄園更明顯。

（4）特等級的夏布利（Chablis Grand Cru）

位於夏布利市東北邊 Fyé 村，漢溪（Serien）北畔的谷坡地上，約 100 公頃的葡萄園土質更複雜，由於部位的差異，其規劃成七個葡萄園，全部面向西南方，向陽性強，釀出的酒 11 ～ 13.5 酒精度，採收率低，只有 54hl/ha，口感更豐厚，通常要八年後才容易顯出其特別的風味，尤其是矽石（silice）、生蠔味。產量不多，價格比前者要多出 30 ～ 50%，仍是眾多喜愛者想要尋找的酒。7 個聚集在

一起的葡萄園，都有自己不同的風格，因為受到樹齡、剪枝、釀造技術等等的影響，即使行家在「遮掩品嚐」時，也極難分辨出原產的葡萄園。

夏布利特級葡萄田

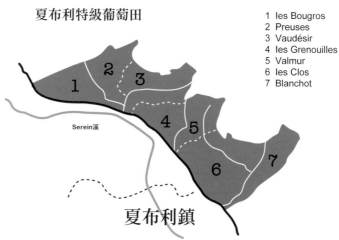

1 les Bougros
2 Preuses
3 Vaudésir
4 les Grenouilles
5 Valmur
6 les Clos
7 Blanchot

7 個特級葡萄園

- **布果（Bougros-15.07ha）**：活潑、圓潤，色調美好，帶有礦石味。

- **佩爾絲（Les Preuses-10.81ha）**：圓潤，口感也油滑，即使在氣候平常的年份也是如此。

- **渥岱日爾（Vaudésir-15.43ha）**：性干，酸度適當，是7個葡萄園中最細緻的酒。具本土味，優雅、高尚。

- **格奴易（Grenouille-9.38ha）**：位於特級葡萄園的最中間，具有強烈的香味，酒力充沛，口感豐厚。

- **瓦密爾（Valmur-10.55ha）**：酒力醇，結構好，可以存放較久。

- **雷可露（les Clos-25.87ha）**：堅實，口感平衡，具成熟的澀度，香料、電石味。

- **布隆構（Blanchot-12.68ha）**：柔軟、芳香，有時豐厚有時清淡，

但結構較脆弱。

夏布利產區內有 500 位酒農，一半是自耕農，占了生產量的 1/3，其餘是由地區合作社或是布根地的酒商經營出售。

（5）蘇維農－聖比（Sauvignon de St. Bris）

產區只有 133 公頃，已快接近羅亞爾河（Loire）的中央產區了，用同樣的 Sauvignon 葡萄釀出白酒，之後再做乳酸發酵，酒顯得更溫和、柔軟。

（6）布根地－依宏希（Bourgogne Irancy）

1998 年升格為鄉村級產區。以 Pinot Noir、Cesar、Tressot 釀出的紅酒，品質佳，顏色深，果香味多。如果降低採收率會使口感更濃厚，則為 AOC Irancy 級。

（7）普通的布根地（Bourgogne Grand Ordinaire）

出產於 Auxerre 市東南方的一些葡萄園，品質略優於普通級的布根地酒。使用的葡萄為：

紅酒、玫瑰酒：Pinot Noir、Gamay、Cesar、Tressot。

白酒、氣泡酒：Chardonnay、Pinot blanc、Aligoté、Sancy。

‖ 黃金坡地產區（Côte d'Or）

　　從前黃金坡地的葡萄園是從迪戎市（Dijon）附近開始種植，後來由於都市的拓展，葡萄園也逐漸消失了，目前只留存極少數零散的田地還在種植葡萄，消失的葡萄園一直延伸到了馬莎內村（Marsannay），也就是進入黃金坡地的第一個村鎮。然後葡萄園向南延伸，幾乎是與 74 號國道平行，綿延了 50 多公里，多處於狹長的山坡地上（海拔 200 ～ 300 公尺），朝向著東方或東南方。秋天葡萄成熟時，變黃的樹葉在陽光的照射下閃爍發光，遠望過去就像是一塊金色的大地毯。

　　黃金坡地法定葡萄園的面積有 6,000 多公頃，土地分成南北兩區：

- 北邊的部分稱為夜丘地區（Côte de Nuits）
- 南邊的部分稱為博納丘地區（Côte de Beaune）

金色地毯

A 夜丘地區（Côte de nuits）

　　從北邊的馬莎內村（Marsannay）到南邊的高構鑾（Corgoloin）鎮，在距離只有 20 公里長、有些地方尚不到 1 公里寬的狹長土地上，出產了世界上以 Pinot noir 葡萄釀出最美好紅酒的地方。區內 1,500 公頃的葡萄園地，地形、土質變化極為複雜，紅色的石灰土、泥灰岩土、黏土、石礫土、棕色的流泥混合在一起，坐落在岩床上。可耕地土層淺薄、樹根常從岩土的縫隙往深處中尋找水分，甚至達到幾公尺之深，吸取了各層次的養料。土質狀況和比例上的不同，造成各葡萄園獨有的風格。好的葡萄園都處於山坡的中段，山坡下部分土中的黏土比例高，滲水性差，出產的酒口感淡，再往下是平坦土地，其出產物只能列入「大區域性的產區」（Appellations-Régionales）或是用來耕種穀物，山坡的高端土層太淺，養分供應量不夠，種出的葡萄品質反而沒有山坡中段的好。

在夜丘地（Côte de Nuits）產區內有 9 個鄉村級的小產區
（Appellation Communale），其中又有些葡萄園的地理環境特殊，
其產物優於鄰近的園地，則歸屬為第一級葡萄園（1ᵉʳ cru）、特級
葡萄園（grand cru）。

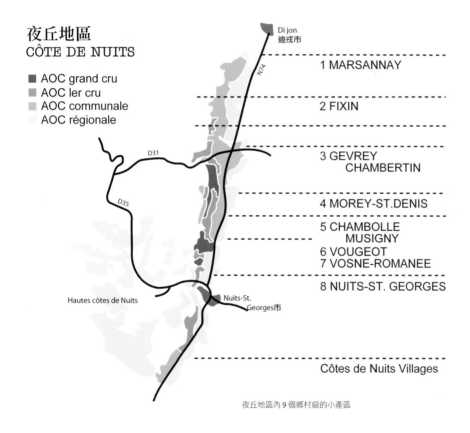

夜丘地區內 9 個鄉村級的小產區

9 個鄉村級的小產區

由北到南分別如下：

- 馬莎內（Marsannay）

- 菲尚（Fixin）

- 哲維瑞－香貝丹（Gevrey-Chambertin）　　其中有 9 個特級葡萄園。

- 莫瑞－聖丹尼（Morey-St. Denis）　　其中有 5 個特級葡萄園。

- 香波－蜜思妮（Chambolle-Musigny）　　其中有 2 個特級葡萄園。

- 悟玖（Vougeot）　　　　　　　　　其中有 1 個特級葡萄園。
- 馮內－侯瑪內（Vosne-Romanée）　　其中有 8 個特級葡萄園。
- 村莊夜丘（Nuits-St. Georges）
- 上夜丘地（Côtes de Nuits-Villages）

（1）馬莎內（Marsannay）

　　它是由北邊的迪戎市（Dijon）進入黃金坡地後，第一個布根地鄉村產區，1987 年獲得了法定管制（AOC）權，本區自古以來就供應了迪戎市民日常的飲用酒，早期也以種植 Gamay 葡萄為主，後來為了要與南邊的酒競爭，改種 Pinot noir 葡萄。

　　本區也是布根地玫瑰紅酒的重要產地，釀造時經過輕微地浸泡後，溶成鮭魚肉般的顏色，夾帶著花香、熱帶水果香味，性干、口感軟，有美好的後口感。白酒是採用夏多內（Chardonnay）、博侯（Beurot）葡萄釀造，因此有大量的牛油香味，這是和布根地其他白酒不同處。紅酒比起其他夜丘地區（Côte de Nuit）的酒顯得清淡，但是以品質和價格的比例來看，還是非常吸引人的。自從升格 AOC 級以來，紅酒的產量逐漸地增加，慢慢地取代了過去以生產玫瑰紅為主的趨勢。

酒節

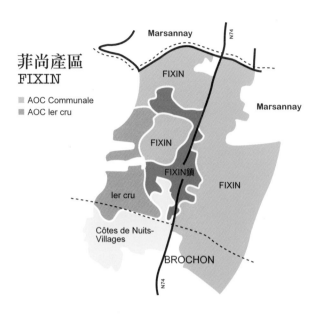

（2）菲尚（Fixin）

這是一個具有歷史性的小鎮，村外發現的陵碑有四千年的歷史了，本區沒有遭受過歷史性的災難，很多古蹟都得以保存，當年挖鑿的礦泉，十九世紀時改為公共洗衣場，拿破崙紀念公園等等，這裡也是羅馬人最早開墾的葡萄園之一。

　　葡萄園位於山坡地的中段。白酒的產量極少（約占 5%），紅酒的顏色深暗、酒精味重、粗獷、結構堅實，釀好後的第一年非常地生澀，難以入口，經過了一段時間的陳年變化後，則出現了黑莓和櫻桃酒（kirsch）的味道，其特性非常接近哲維瑞－香貝丹（Gevrey-Chambertin），但是沒有那麼香醇和細緻、平衡。如果產品是出自於好的一級葡萄園，則和 Gevrey-Chambertin 極難分辨得出來，可以長期儲存 15 ～ 20 年。

哲維瑞－香貝丹產區
GEVERY CHAMBERTIN

Brochon

Gevrey-
Chambertin

GEVREY
CHAMBERTIN

CHAMBERTIN
GRAND CRU

GEVERY-CHAMBERTIN
AOC REGIONALE　區域性的法定產區
AOC COMMUNALE　鄉村級的法定產區
AOC IER CRU　第一級葡萄園
AOC GRAND CRU　特級葡萄園

九個特級葡萄園
1. RUCHOTTES-CHAMBERTIN
2. MAZIS-CHAMBERTIN
3. CHAMBERTIN CLOS-DE-BEZE
4. CHAMBERTIN
5. LATRICIERES-CHAMBERTIN
6. CHAPLLE-CHAMBERTIN
7. GRIOTTE-CHAMBERTIN
8. MAZOYERES-CHAMBERTIN
(9). CHARMES-CHAMBERTIN

（3）哲維瑞－香貝丹（Gevrey-Chambertin）

　　由 Fixin 進入本鎮首先映入眼簾的就是一塊用大木板做成的廣告招牌，上面寫著「哲維瑞‧香貝丹的特級酒是香貝丹酒中之王」，這也是本區最上鏡頭的廣告，這幾個字無可置疑地代表了香貝丹（Chambertin）的一切。名作家也是品酒專家 Hubert Duyker 對香貝丹（Chambertin）有了這樣地描述：具有高登（Corton）的堅實和醇力，蜜思妮（Musigny）的細緻，侯瑪內（La Romanée）的絨柔，梧玖莊園（Clos de Vougeot）的芳香……。幾個簡單有力的字反映了一切。

　　哲維瑞－香貝丹（Gevrey-Chambertin）鄉村級產區的葡萄園散布在哲維瑞－香貝丹（Gevrey-Chambertin）和伯匈（Brochon）兩個村子上，也是唯一在 74 號國道左邊有鄉村級法定葡萄園的產區。幅員廣闊，土質和各葡萄園的地理環境差異大，加上各酒農的釀造技

哲維瑞－香貝丹非常歡迎您的蒞臨

巧，產品的好壞相差非常懸殊。一般來說，山坡丘陵地上的產品顏色濃厚、芳香，口感堅實、強勁；平坦地上的產品則是高雅、清香，兩者都有一種甘草味，這是和鄰近產區不同之處。498 公頃的葡萄園分為三種等級：

- Gevrey-Chambertin 鄉村級：採收率最多是 40hl/ha，酒精度至少 10.5 度。
- Gevrey-Chambertin 1er Cru 第一級：共有 26 個葡萄園，酒精度至少 11 度。
- Gevrey-Chambertin Grand Cru 特級：共有 9 個葡萄園，採收率不能超過 35hl/ha、酒精度至少 11.5 度，其中兩個特別出名的葡萄園：貝日莊園（Clos de Bèze）和香貝丹（Chambertin），採收率最多為 30hl/ha。

產區內的 9 個特級葡萄園

a. 乎修特－香貝丹（Ruchottes-Chambertin）

葡萄園在產區坡地的最高處，只有 3.3 公頃的土地，酒非常細緻，各方面都很平衡，為典型的布根地特級酒。

b. 瑪意斯－香貝丹（Mazis-Chambertin）

8.97 公頃的葡萄園位於 Clos de Bèze 北邊，釀好的酒在很短的時間內就容易發揮出其特性，細緻、清淡、平衡、輕巧，屬於較女性化的酒。

c. 貝日香貝丹和 d. 香貝丹(Chambertin-Clos de-Bèze & Chambertin)

它們是兩塊鄰接的葡萄園，其中貝日莊園（Clos de Bèze）開發得較早。最初屬於 Bèze 修道院，西元 630 年時為 Amalgaize 公爵所有，七個世紀後賣給了 Langres 教會，再租給一些佃農們耕種，十八世紀時全部為 Claude Jobert 所擁有，目前 13 公頃的葡萄園歸屬於十幾位酒農。

和它一路之隔的另一塊葡萄園香貝丹（Chambertin），早年為一名叫做 Bertin 的鄉下人所有，在 Clos de Bèze 出名時，他也常想把自己土地上的產品釀得和 Bèze 一樣出名，雖然他生前沒達到目

的，但最後也沒有讓他失望。其過世之後，土地被教會收購，結果釀出的酒比 Clos de Bèze 更好、更出名。這也是拿破崙最喜愛的酒，他酷愛香貝丹（Chambertin），大概是當年駐紮在黃金坡地當砲兵官時有關，甚至成名之後每次出征遠行都念念不忘他的香貝丹（Chambertin）。16 公頃的葡萄園為十幾位酒農所共有耕種，每人的產品都依照土地的結構、樹齡、釀造技術而定，除非同時品嚐，否則也極難分出高下，總之都是非常地美好。深紅寶石的顏色隨著時間反射出一點橘子色，強烈的香氣中夾帶著熱透的茶藨子味，混合了甘草、香料或動物的羶腥味，力道強勁，結構十足，澀味高雅，可以久存。Close de Bèze 酒的特性幾乎與 Chambertin 相同，有些年份在結構上，比同年出產的 Chambertin 更為明顯。兩塊土地上的產品，都可稱為香貝丹酒。

e. 拉提歇爾－香貝丹（Latricières-Chambertin）

在香貝丹（Chambertin）南邊一塊 7 公頃大的葡萄園，中世紀時才開墾出來，位於和緩的山坡上，土地中帶有微量的矽石土，顯得有點堅硬。酒的特性也極像 Chambertin，但是沒有那麼醇，味道也比較輕。

f. 夏貝爾－香貝丹（Chapelle-Chambertin）

中世紀在教堂受洗時用的酒，這種酒比其他特級酒都輕淡，但是水果味極多，酒醇，後口感長，產地為 5.5 公頃，產量也不大。

g. 吉優特－香貝丹（Griotte-Chambertin）

有一種黑色的櫻桃叫做 Griotte，酒名可能由此而來，酒中有一種極強的熟櫻桃味，酒醇、勁強，產地為 2.69 公頃，產量不多，產品也不易求得。

h. 夏姆－香貝丹和 i. 瑪若耶爾－香貝丹（Charmes-Chambertin & Mazoyères-Chambertin）

兩個毗鄰在一起的葡萄園，共有 31 公頃的土地，也是本區特級酒中最大的葡萄園，好的酒出自於老葡萄樹，顏色深紅中帶點青光，味道微甜、細緻，澀度適中，夠勁。通常 Mazoyères 葡萄園的產品多以 Charmes 的名義出售，反過來則不可。

（4）莫瑞－聖丹尼（Morey-St. Denis）

一個簡樸的小村莊，三十年戰爭中全村被摧毀燒光。葡萄園也開發得相當的早，96.5 公頃的土地上種植了 Pinot Noir 和 Chardonnay 葡萄，可釀出相當水準的紅、白酒，但不太出名，主要是產量少，又受到鄰近產區 Gevrey-Chambertin 名氣的影響，在市場上難與其競爭。

白酒產量非常稀少，只占產量的 2 ～ 3%，發酵時會散發出木香和野薔薇香，久了則變為乾核桃味，黃金般的顏色極類似梅索（Meursault），置放久了也不易失去其清鮮的果香味。

GEVREY-CHAMBERTIN

1
1
2
3
MOREY-ST.DENIS
5
Morcy St.Donis鎮
4

CHAMBOLL-
MUSIGNY

五特級葡萄園
1. Clos de la Roche
2. Clos-St.Denis
3. Clos des Lambrays
4. Bornes Mares
5. Clos de Tart

▢ AOC RÉGIONALE
▨ AOC COMMUNALE
▤ AOC IER CRU
▆ AOC GRAND CRU

紅酒有兩種類型；一種非常清淡、欠缺特性，多半是由合作社、公司釀造，但是產量有限。另一種強勁、堅實、芳香、細緻、平衡。其特性介於哲維瑞－香貝丹（Gevrey-Chambertin）和香波－蜜思妮（Chambolle-Musigny）之間結構也不錯，隨著時間酒則變得滑軟、散發出草莓和紫羅蘭的香氣。紅酒有三種等級：

● 鄉村級的 Morey-St. Denis。

● 第一級的 Morey-St. Denis，共有 20 個葡萄園。

- 特別級的 Morey-St. Denis，共有 5 個葡萄園。

5 個特級葡萄園

a. 蘭貝雷莊園（Clos des Lambrays）

中世紀就已開發出蠻有名氣的葡萄園，面積有 7 公頃，到 1981 年才升格為特別級。釀成的酒顏色深、濃厚、有果醬般的香味、結構也好，但有些強硬，顯得缺少了細緻性。

b. 邦瑪爾（Bonnes-Mares）

16.2 公頃的葡萄園橫跨在兩個鄉村產區上，但在 Morey 村內只有 1 公頃多的田地，出產的酒性圓潤、澀味明顯，隨著時間會溶入酒內，可以長期儲存。

c. 塔爾莊園（Clos de Tart）

7.5 公頃的葡萄園由唯一的酒廠所獨自耕種，釀造方面也別出心裁。酒的特性接近於 Musigny，細緻、高雅，顏色深濃、果香味十足，酒醇，後口感也長。

d. 聖丹尼莊園（Clos St. Denis）

6 公頃的葡萄園產量並不多，它有美好的顏色和香味，酒軟，水果味重，口感比鄰近葡萄園的產品輕淡。

e. 羅希莊園（Clos de la Roche）

葡萄園的向陽性好，酒性比鄰近產區的衝，傾向於 Chambertin，強勁但不失高雅，果香味中散發出蔓越莓（airelle）、核桃、草莓味，還帶有紫羅蘭的清香，16.9 公頃的葡萄園也是 Morey 最大的特別級法定葡萄園。

（5）香波－蜜思妮（Chambolle-Musigny）

香波（Chambolle）是一個很小的村鎮，附近的小溪時常受到突然的驟雨氾濫成災，因而波及到鎮上。Chambolle 源自於古拉丁文，字義中也含有「煮滾的田野」的意思。也因為轄區內蜜思妮（Musigny）葡萄園的知名度，後來本村就定名為香波－蜜思妮（Chambolle-Musigny）。坐落於兩個非常出名的葡萄園：香貝丹（Chambertin）和侯瑪內－康地（Romonée-conti）的連線上。本葡萄園的土質中含有高比率的石灰岩，地下層又是非常硬的岩土，這種結構雖然降低了採收率，但是酒的特性非常明顯，女性化的細巧，豐盛的果香味，尤其是櫻桃、茶藨子味，細緻的口感也和其他夜丘

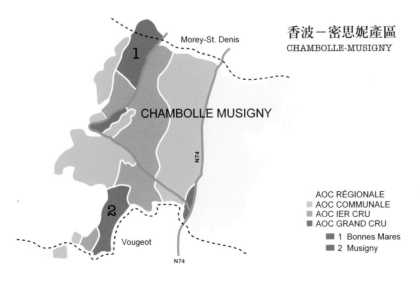

香波－密思妮產區
CHAMBOLLE-MUSIGNY

AOC RÉGIONALE
AOC COMMUNALE
AOC IER CRU
AOC GRAND CRU
1 Bonnes Mares
2 Musigny

地區（Côte de Nuits）的酒成明顯對比。152公頃的葡萄園中有23個
一級葡萄園，2個特級葡萄園：邦瑪爾園（Bonnes-Mares）和蜜思妮
（Musigny），後者還出產極少的白酒。

2個特級葡萄園：

a. 邦瑪爾（Bonnes-Mares）

特級葡萄園跨在兩個鄉村產區上，但是大部分的土地還是在
Chambolle村內，約有15公頃多的土地，出產的酒強勁、具有豐厚
的花、果香味，尤其是草莓和黑醋栗味特別明顯。

b. 蜜思妮（Musigny）

是另一塊特級葡萄園，也是在 Côte de Nuits 唯一出產特級白酒的
葡萄園，但產量非常稀少，釀造後置放於木桶中，做極短時間的陳
年，以保持 Chardonnay 葡萄原有的特色。但是絕沒有紅色 Musigny
那樣的水準。

本區大多數的土地還種植了 Pinot noir 葡萄，釀出的紅酒有絲綢
般的細緻、高雅，帶有草莓、覆盆子的果香味，玫瑰、紫羅蘭的花
香，是非常女性化的紅酒。

（6）悟玖（Vougeot）

悟玖（Vougeot）是黃金坡地內的一個小村鎮，和 Chambolle-
Musigny 鎮只有一河之隔，村內有座極為出名又帶點神祕性的梧玖
莊園（Clos de Vougeot），以及坐落在莊園內，於十五～十六世紀間
建造的修道院，每年都吸引了大量的觀光客。十世紀時，梧玖村首
次出現於文獻記載上，過去它只是個小轉運、收費站，附近除了樹
林就是荒地，只有極少數葡萄樹種植在山坡上，釀的酒也只供給本
地地主。

一直到了十二世紀初，西都會（Cîteaux）的僧侶們來到了此地，
他們利用附近的石材、樹木，建造了修道院和教堂，以便從事神職
的工作。但他們也沒有忘記葡萄園的開發和種植事業，由於教會組
織龐大，具有各種人才，更有餘力研究葡萄的釀造和種植方面的技
術，所以他們釀造的酒，品質更為高超，並且還外銷到鄰近的國家。

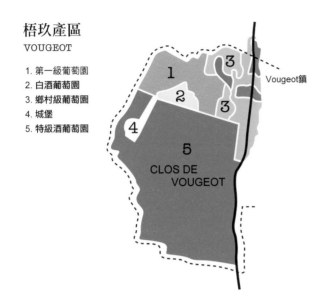

梧玖產區
VOUGEOT

1. 第一級葡萄園
2. 白酒葡萄園
3. 鄉村級葡萄園
4. 城堡
5. 特級酒葡萄園

梧玖產區有三種等級的葡萄園：梧玖產區（Vougeot）葡萄園的面積只有 15.87 公頃，其中 2/3 是第一級葡萄園（Vougeot 1er Cru），1/3 是鄉村級的葡萄園（AOC Vougeot），主要出產紅酒和少量的白酒。反觀特級葡萄園——**梧玖莊園**（**Clos de Vougeot**），它擁有50.59 公頃的土地只出產紅酒，而且面積也大過一般級的葡萄園，這是其他產區沒有的現象。

梧玖莊園（Clos de Vougeot）

十三～十四世紀時，在梧玖（Vougeot）從事葡萄耕種的僧侶們有一個新的美好計畫，就是把一塊上好的土地用石牆圍繞起來，取名為 Clos de Vougeot，其面積是 50 公頃 59 公畝 10 分，一直到今日都沒有變更過。當年的園主是西都會，法國大革命後，它的命運也像許多其他的葡萄園一樣被充公、叫賣。兩百年來葡萄園歷經了世襲、轉讓、繼承等原因，土地被分割得十分零散狹小。有些土地種出的葡萄不夠釀出好酒的水準，因此常出售給別人一起去釀造，但也不代表具有大塊土地者就可釀出好酒。過去僧侶們描述梧玖莊園有三種類型的酒：教皇級（Cuvée des Papes）、國王級（Cuvée des Rois）和僧侶級（Cuvée des Moines）。這種軼事的真實性也沒人求

十二世紀壓榨器

功成身退   梧玖莊園內院

梧玖莊園全景

大廳

證過。不過 50 多公頃的葡萄園所種出的葡萄相差也大，在山坡地的上端傾斜度大，褐紅土中夾雜著碎礫卵石，排水良好，土中含鈣量也少，出產的酒品質好；下端深褐色的黏土，土地肥沃，出產的酒優良，酒精度小。其他欠缺斜度的地方，如土中碎石少則溼度大，春天容易受凍，如下雨過多極易受到卷葉蟲（midiou）的侵害，這部分的葡萄可釀出好酒，但缺少活潑力。但是也不能一概而論，還要看樹齡、剪枝系統、釀造技巧等因素，最後才能決定酒的品質。更重要的是經營的理念，有些酒農的土地位於葡萄園坡地下端，可是他們的產品往往要比位於上端葡萄園的出品還要好。

同年份的酒有的清淡，有的濃厚，有的口感重，有的平凡。本區就是整個布根地大產區的縮影，土地因素全反射在酒中，選購時也要特別留心。

好的梧玖酒性堅實、強勁，酒醇，口感細緻，有絨毛般的柔軟、和諧，複雜的香味可散發出玫瑰香、紫羅蘭、覆盆子、松露、薄荷、甘草、菸草、木犀草（réséda）等味道。一般最適合搭配味重的肉類（黑肉類）、乳酪，如果是更好的產品，只要配點白麵包和礦泉水，慢慢地品嚐更棒。

（7）馮內－侯瑪內（Vosne-Romanée）

一個位在夜丘地區（Côte de Nuits）內簡樸的小村子馮內－侯瑪內（Vosne-Romanée），介於梧玖莊園（Clos de Vougeot）和夜－聖喬治（Nuits-St. George）之間，村內的葡萄園早年就被僧侶們開發出來了，後來被布根地的大家族接手，到了十七世紀時才被人們注意到。馮內－侯瑪內（Vosne-Romanée）有布根地之珠的美譽，村內 8 個特級葡萄園，就像鑲在戒指四周的鑽石，光芒四射、耀眼照人。153.6 公頃的法定產區跨在兩個村莊上，大部分的葡萄園是紅褐色的石灰質土壤並含有大量的鐵質。區內還有 12 個一級葡萄園，它們的產品都非常良好，由於本區的特級葡萄園太出名了，反而讓這些葡萄園被忽略了。馮內－侯瑪內（Vosne-Romanée）的酒有著黑鬱金香絨柔的顏色，宛若紅寶石般的燦爛，在酒齡低時就散發出紅色

特級葡萄園
a. Richebourg
b. Romanée-St. Vivant
c. Romanée-conti
d. La Romanée
e. La Grande Rue
f. La Tâche
g. Echézeaux
h. Grands Echézeaux

馮內－侯瑪內產區
VOSNE-ROMANEE

RÉGIONALE 大區域性葡萄田
COMMUNALES 鄉村級葡萄田
PREMIERS CRUS 1ER 級葡萄園
GRANDS CRUS 特別級葡萄園

水果的香味，外加牡丹（pivoine）、苔蘚味，隨著時間的增長則變成櫻桃酒（kirsch）、梅子、果醬、菸草、烘焙味，甚至動物的羶味、皮草味等等。口感充實、圓潤、豐厚而絨柔、平衡，酒醇又細緻，澀味完全溶於酒中，後口感十足。

產區內的 8 個特級葡萄園

a. 麗須布爾（Richebourg）

Richebourg 和侯瑪內－聖維旺（Romanée-St. Vivant）毗鄰，位於侯瑪內（La Romanée）和侯瑪內－康地（Romanée-Conti）北邊的一塊葡萄園，處於坡度較高的地方，葡萄園是黑褐色的石灰土，攙著或多或少的黏土，分量依坡度和方位而定。酒的顏色比 Romanée-Conti 略深，酒齡低時就已散發出麝香、皮革、檀香味，之後則變為山楂花、桃花味、紅色水果味，或是苔蘚、草菇等味，酒細緻、

力醇，果香味也多，後口感長。

b. 侯瑪內－聖維旺（Romanée-St. Vivant）

與侯瑪內－康地（Romanée-Conti）和麗須布爾（Richebourg）為鄰的一塊 9.43 公頃大的葡萄園，中世紀時就已經存在了，曾屬於聖維旺（St.Vivant）修道院而得名。葡萄園位於山坡的下方，褐色的石灰土中有不少的黏土、灰泥土、石礫混在一起。酒性也比較特殊，低齡時散發出玫瑰、櫻桃香，久了則變成樹脂、無花果、薄荷、胡椒味，再久就有松露、羶腥味，是布根地的特級好酒之一，口感較麗須布爾（Richebourg）拘謹、高雅，但沒有侯瑪內－康地（Romanée-Conti）那樣道地。

c. 侯瑪內－康地（Romanée-conti）

侯瑪內－康地（Romanée-Conti）可以說是布根地酒的龍頭，舉世聞名，是中世紀才被開墾出的田園，最早屬於西都會，之後屬於 St. Vivant 修道院，七個世紀以來只換過九次地主，目前為 Romanée-Conti 酒廠所獨有。該酒廠分屬於兩個家族，在布根地區內他們也有別的葡萄園，分散在各小產區內。另一塊葡萄園塔須（La Tâche）也是他們所獨具。侯瑪內－康地（Romanée-Conti）是座稀

侯瑪內－康地葡萄園內所種植的葡萄。

地標

有的特等葡萄園,也是最後一塊保持法國種的葡萄園,雖然安全度過了全國性的蚜蟲災,但幾十年來的栽種,土地疲乏了,樹齡老了,生產量也減少了,所以在 1947 年開始做了全面性的更換,新接枝的葡萄樹苗經過一段時間的成長,又達到以往的水準。1.63 公頃的土地年產量只有 6,000 多瓶,求之不易,價格非常的昂貴,這也不是因為市場壟斷、產量稀少等原因,最主要是因為廠方對品質上的嚴格要求。其除了有先天優良的地理環境、土質和老的葡萄樹外,在摘採方面也投下相當大的人力,幾乎達到顆粒挑選的地步,採收率也不高(25-30hl/ha)。在釀造過程中只有部分葡萄去掉細莖,以確保美好的澀度,釀好的酒導入全新的橡木桶中,做為期兩年的陳年培養,瓶裝之後酒廠至少會保存一年才上市。

酒齡低時多呈嫣紅色,成熟後則轉變成桃花木的褐栗色、閃爍發亮,散發出玫瑰花香,或是乾燥過的玫瑰香、野薔薇、桑葚、紫羅蘭、櫻桃、青苔、灌木、松露等香味,再久了則有麝香、皮革、動物羶腥味。口感絨柔細緻、結構緊密、平衡,口後感特長,置放多年後再開瓶味道更佳。

d. 侯瑪內 (La Romanée)

比 Romanée-St. Vivant 年輕的一塊葡萄園,0.85 公頃的土地,是法國最小的一塊獨立法定葡萄園,由一位酒農所具有,種出來的葡萄都委託酒商釀造、出售,酒堅實,品質非常地好、特性變化沒有 Romanée-St. Vivant 那樣複雜。

e. 大街（La Grande Rue）

葡萄園位於 Romanée-Conti 和 La Romanée 葡萄園的南邊，狹長的土地只有 1.65 公頃大，1991 年才升格為特等葡萄園，像所有 Vosne-Romanée 特級酒的特性一樣。它有女性化的特性，酒中花香味極多，誘惑力大，後口感也長。

f. 塔須（La Tâche）

和 Romanée-Conti 的特性非常近似，可是沒有那麼多的絨柔、光亮，但它的本土風味加上了野草的清香，混合了香料、草菇味，有自己獨樹一格的風味，後口感沒有 Romanée-Conti 那麼長，5 公頃的葡萄園、年產量約 1,700 箱，也是非常稀有的好酒。

g. 埃雪索和 h. 大埃雪索（Echézeaux & Grands Echézeaux）

兩塊緊鄰的葡萄園，位於甫拉界－埃雪索（Flagey-Echézeaux）村的一塊山坡地上，也是 Vosne-Romanée 法定產區內的特級葡萄園。埃雪索（Echézeaux）葡萄園處於陡峭山坡的上端，海拔 250 ～ 300 公尺，斜度也較陡峭，土質是巴柔階岩層（bajocien）的泥灰土，覆蓋著礫卵石。產區又劃分成 11 塊小土地，都有地籍的名稱，但是它們沒有自己獨立的 AOC，有時地籍也會註明在酒標籤上以示所出。36 公頃的葡萄園在布根地的土地中算是大的了，區內的產品同質性懸殊，購買之前要先品嚐。

山坡的下端是一塊 9 公頃大的葡萄園，地勢平坦，土質是巴柔階岩層的石灰土、黏土，出產的酒稱為大埃雪索（Grands-Echézeaux），酒比前者 Echézeaux 濃厚、夠勁，它有梧玖（Vougeot）的勁道、馮內－侯瑪內（Vosne-Romanée）的細緻和高雅，好年份的產品幾乎接近於塔須（La Tâche）的酒，產量不是很多。

（8）夜－聖喬治（Nuits-St. Georges）

夜－聖喬產區
NUITS ST.GEORGES

☐ AOC REGIONALE
■ AOC COMMUNALE
■ AOC Ier CRU

Vosne Romanée

Nuits-St. Georges

Côtes de nuits-Villages

一牆之隔的兩個不同產區

　　離開了馮內－侯瑪內（Vosne-Romanée）村，沿著74號國道穿過了一些葡萄園之後就進入了夜－聖喬治鎮（Nuits-St. Georges），馬上會感覺到不同的氣氛。本鎮是地方首府政經中心，一些廠商的酒窖、辦事處都在此設立，帶動了商業的氣息。旅館、商店雲集，吸引了大量的觀光客及葡萄酒的喜好者，一番興旺的景象。這裡又是Confrèrie des Chevaliers du Tastevin的行政機構所在地，每年春天，濟貧院在此舉辦的拍賣會，也是布根地酒的愛好者和經銷商聚會的大日子。

　　遠在一千年前，本區就已經種植葡萄了，306公頃的葡萄園分成南、北兩部分，跨在夜－聖喬治（Nuits-St. Georges）和培摩（Premeaux）村鎮上，幅員廣闊。山坡上部分的土中含有大量的石灰土，下端為較深的淤泥土，中間是褐色的石灰土混著礫卵石和黏土，多半是第一級葡萄園所在。本產區內沒有特級葡萄園，但有41個第一級葡萄園，從北到南散布在各角落，每個葡萄園的地理

秋收時節洋溢一片歡愉的氣氛

環境和土質的差異，出產的酒都有些自己獨特的風格，這也是夜－
聖喬治（Nuits-St.Georges）酒的特色之一。

　　一般而言，出自於北邊葡萄園的酒細緻、清淡，南邊葡萄園的酒
堅實，顏色深，果香味多，單寧重，有點焦糊味，衝勁也大，可以
保存，是典型的夜－聖喬治酒（Nuits-St. Georges）──口感、結構
都很平衡。

（9）村莊夜丘（Côte de Nuits-Villages）

位在夜丘區（Côte de Nuits）最南邊的幾個小鄉村：培摩－庇榭
（Premeaux-Prissey）部分土地、貢布朗香（Comblanchien）和高構鑾
（Corgoloin），加上北邊的伯匈（Brochon）和菲尚（Fixin）部分土
地上的出產物，都有自己獨立的 AOC。品質方面也較布根地大產
區的酒為優越，尤其是不可疏忽的價格。

（10）上夜丘地（Hautes-Côtes de Nuits）

上夜丘區是大區域性的法定產區（Appellation-Régionale），位在
夜－聖喬治（Nuits-St. Georges）產區西邊的山地上，有 16 個村莊的
出產品，紅酒口感較輕，帶著黑莓和覆盆子的果香味，也出產非常
美好的玫瑰紅和使用阿里哥蝶（Aligoté）葡萄釀成的白酒。

B. 博納丘地區（Côte de Beaune）

出了高構鑾（Corgoloin），進入了拉都瓦－瑟利尼鎮（Ladoix-
Serrigny）就算是博納丘產區（Côte de Beaune）了。葡萄園處於由東
北向西南走向的緩和山坡地上，一直到桑特內（Santenays）鎮，全
長 25 公里，面積有 3000 公頃，地勢也較平坦。本區的土地較夜丘
地區（Côte de Nuits）形成為晚，多以泥灰岩和上侏羅紀的石灰土為
主，加上氣溫的差距，有利於白色葡萄生長。它的白酒在布根地區

內更出名，也是全球以 Chardonnay 葡萄釀出最好白酒的地方了。紅酒亦採用 Pinot noir 釀造，口感平衡，但是比 Côte de Nuits 的紅酒容易達到成熟的最高點。

　　由於土質、地形變化極大，加上向光、滲水性等因素，鄉村產區等級劃分得更細，尤其是它的一級葡萄園，都具有不同的風格。8個特級葡萄園幾乎都是跨越在兩個產區上，其中的高登（Corton）出產紅酒和極少量的白酒。

20 個鄉村級的葡萄園

- 拉都瓦（Ladoix）　　　　　　　　　　有兩個特級葡萄園。
- 阿羅克斯－高登（Aloxe-Corton）　　　有三個特級葡萄園。
- 佩南－維哲雷斯（Pernand-Vergelesses）　有兩個特級葡萄園。
- 薩維尼－博納（Savigny-lès-Beaune）
- 修黑－博納（Chorey-lès-Beaune）
- 博納（Beaune）
- 玻瑪（Pommard）
- 渥爾內（Volnay）
- 蒙蝶利（Monthélie）
- 奧塞－都黑斯（Auxey-Duresses）
- 聖侯曼（Saint-Romain）
- 梅索（Meursault）
- 布拉尼（Blagny）
- 普里尼－蒙哈榭（Puligny-Montrachet　　有四個特級葡萄園。
- 夏山尼－蒙哈榭（Chassagne-Montrachet）　有二個特級葡萄園。
- 聖－歐班（Saint-Aubin）
- 桑特內（Santenay）
- 瑪宏吉（Maranges）
- 博納丘地（Côte de Beaune）
- 博納村莊丘地（Côte de Beaune-Villages）
※ 上博納丘地（Haute-côte de Beaune）

博納丘產區
Côte de Beaune

1. Ladoix
2. Aloxe-Corton
3. Pernand-Vergelesses
4. Savigny-lès-Beaune
5. Chorey-lès-Beaune
6. Beaune
7. Pommard
8. Volnay
9. Monthélie
10. Auxey-Duresses
11. Saint-Romain
12. Meursault
13. Blagny
14. Puligny-Montrachet
15. Chassagne-Montrachet
16. Saint-Aubin
17. Santenay
18. Maranges
19. Côte de Beaune
20. Hautes Côte de Beaune

鄉村級葡萄田法定產區
第一級葡萄園
特別級葡萄園

（1）拉都瓦（Ladoix）

其為進入博納丘地（Côte de Beaune）後的第一個鄉村級產區，葡萄園都位於拉都瓦－瑟利尼（Ladoix-Serrigny）村莊內。紅酒細緻、清香、澀度適中，可以存放，尤其是它的價格特別吸引人。白酒產量極少，口感上有點酸，但有複雜的香味。一般的產品多以 Côte de Beaune-Villages 名義出售，用 AOC Ladoix 名義出售的並不是很多。在村內還有 13 個一級和 2 個特級葡萄園，屬於高登－查里曼和高登（Corton Charlemagne & Corton）葡萄園小部分土地的延伸。

（2）阿羅克斯－高登（Aloxe-Corton）

遠在高盧羅馬時代就已經存在的古老葡萄園，在中世紀時受到重

視。葡萄園處於海拔 200～350 公尺高的山坡地上，地勢像個古代
露天的競技場，葡萄園受光的面積也特別地廣，區內孕育出不少的
好酒。山坡高端的坡度陡峭，泥灰土成分高，有利於白色葡萄的生
長。中段是石灰質的氧化土，多呈紅色，混著碎卵石和含有大量鉀
的泥灰土，非常適合 Pinot noir 葡萄的栽種，特級葡萄園都坐落於
此。再往下直到 74 號國道，多為褐色的混合土（石灰土、黏土、沉
積石、矽土等），這一帶多為鄉村級和幾個一級的葡萄園，部分葡
萄園還延伸到 Ladoix-Serrigny 村內。

紅棕色石灰質的氧化土

寧靜的村鎮

　　阿羅克斯－高登（Aloxe-Corton）出產的幾乎全都是紅酒，白酒產
量極微。紅酒低齡時散發出大量紅色水果味和一些植物味，之後則
轉變成濃郁的香味，再出現松露、皮革、動物羶腥等味。如果出自
於山坡較高部位的葡萄園，酒比較強勁，口感也平衡，仍然有大量
的果香味；如果出自於黏土成分多的葡萄園，酒較澀，封閉性大；
出自於礫石土上的產品，酒軟細緻。
　　產區內有幾個一級葡萄園，出產的酒品質非常高超，幾近於特
級葡萄園的出品。還有三個特級葡萄園：高登（Corton）、查里曼
（Charlemagne）和高登－查里曼（Corton-Charlemagne），後兩者只
出產白酒。查里曼（AOC Charlemagne）的名稱幾乎是不再採用了，
它的酒多以高登－查里曼（Corton-Charlemagne）名義出售。

小鎮的街道

鳥瞰全產區

3 個特級葡萄園

a. 高登（Corton）

　　高登是阿羅克斯－高登產區（Aloxe-Corton）內的特級葡萄園，大部分的土地位於 Aloxe-Corton 內，少部分延伸到 Ladoix 和 Pernand-Vegelesses 鄰近產區，在布根地算是一個比較複雜的葡萄園，它也是由十幾塊小葡萄園組合成，每塊地籍都有一個名稱（註），有時在酒的標籤上會指出地籍名稱，如 Corton-clos du Roi、Château Corton Groncey（Louis Latour 酒廠特許的），或是簡單的 Corton。

　　Corton 酒在低齡時帶有大量花的清香和果香味，甚至一些植物、磨菇的清腥味，非常澀口，要有耐心去等待陳年，之後會散發出薰衣草香、肉桂、皮革、麝香或梅子浸漬等味，口感也變得圓軟、平衡，可以久存。一般而言，它有北邊夜丘區（Côte de Nuits）酒的強勁和精壯的活力，有南邊博納丘地（Côte de Beaune）酒的柔和，醇而不衝。

　　白酒產量非常稀少，有濃郁的紫羅蘭、熟桃子味，久了則出現蜂蜜、肉桂、核桃、皮革、松露等味，其特性非常接近 Corton-Charlemagne。

高登山全景

b. 高登－查里曼和 c. 查里曼（Corton Charlemagne & Charlemagne）

　　位於阿羅克斯－高登（Aloxe-corton）產區內山坡較高的部位，兩塊出產白酒的特級葡萄園，其中的查里曼（Charlemagne）葡萄園延伸到佩南－維哲雷斯（Pernand Vergelesses）村內，高登－查里曼（corton charlemagne）則跨過三個村子。這塊土地在查理曼時代也像其他的葡萄園一樣，種植了紅種葡萄，是查理曼大帝最喜愛的酒，因此葡萄園被稱為高登－查里曼（Corton Charlemagne）。為了怕紅酒會染髒了國王美麗的大鬍子，所以皇后下令堅持改種白種的葡萄。一直到了十九世紀，本地的酒農覺得一直種植阿里哥蝶（Aligoté）葡萄沒有什麼前景，就試用高貴的夏多內（Chardonnay），沒料到有意想不到的好效果，釀出的酒也無出其雙，是布根地最好的白酒之一。

地界：上帝為證。高登－查里曼跨在佩南－維
哲雷斯、阿羅克斯－高登兩產區的地界。

酒中複雜的香味，尤其是肉桂和烤過的杏仁味，有時會出現甘
草、樹脂味，性干，結構堅強，口感複雜平衡，後口感極長。一般
都要等上十幾年才開瓶（白酒！），好年份的產品可以存放幾十年，
酒齡低時千萬不要開瓶飲用。AOC Charlemagne 雖然存在，出品多
以 Corton Charlemagne 名義出售，偶爾也有酒農會用 Charlemagne 名
稱。

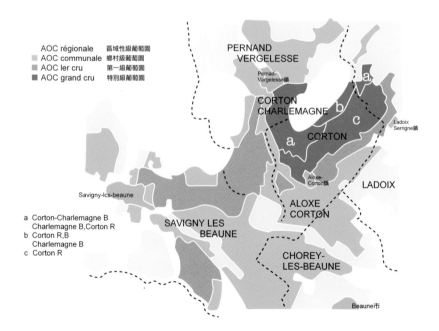

AOC régionale　區域性級葡萄園
AOC communale　鄉村級葡萄園
AOC 1er cru　第一級葡萄園
AOC grand cru　特別級葡萄園

a Corton-Charlemagne B
　Charlemagne B,Corton R
b Corton R,B
　Charlemagne B
c Corton R

（3）佩南－維哲雷斯（Pernand-Vergelesses）

阿羅克斯－高登（Aloxe-Corton）西北邊的一個小山城名叫佩南（Pernand），由於出名的葡萄園維哲雷斯（Vergelesses）而得名。135公頃的田地都處於面向西南的山谷上，土質非常適合種植 Pinot noir 葡萄來釀造紅酒，只在一點特殊的白堊土地上種植 Chardonnay 葡萄。好的葡萄園都位於維哲雷斯島（Ile des Vergelesses）和下維哲雷斯（Basses-Vergelesses）兩塊土地上，它們都是第一級的葡萄園。

佩南－維哲雷斯（Pernand-Vergelesses）紅酒有著紅寶石般的顏色，紅色水果的香味，尤其是覆盆子味，久了則變成香料、麝香、皮革味。單寧柔和、細緻，後口感不長，可以久存。白酒有著白色的花香、青蘋果味。

> 地籍名稱：
> ·位於高登（Corton）產區內：
> 有 15 塊土地（葡萄園），只出產紅酒。
> La Vigne au Saint、Les Chaumes *、Les Combes、Les Meix、Les Fiètres、Les Perrières、Les Grèves、Les Bressandes、 Clos du Roi、Les Renardes*、Les Maréchaudes、Le Rognet et Corton*、Les Vergennes、Les Grands Lolières、Les Moutottes。
> ·位於高登－查里曼 Corton Charlemagne、查里曼（Charlemagne）產區內，出產白酒和極少數的紅酒。
> 　Charlemagne、Les Pougets、Les Chaumes*、Les Languettes、Le Corton、Les Renardes*、Le Rognet et Corton*、 Hautes Mourottes、Basses Mourottes
> 「*」表示土地跨越兩個行政產區。

（4）薩維尼－博納（Savigny-lès-Beaune）

位於 Pernand 和 Beaune 市中間的一座古老小鎮，也是通往巴黎必經之路。附近葡萄園的面積有 348 公頃，當中被一條小河（Rhoin）分隔成南、北兩邊，河的南邊是石礫土的葡萄園，酒味清淡，採收日也較早些。河的北邊黏土成分多，出產的酒較強勁。但位置對於品質並沒

有什麼影響。品嚐 Savigny 的酒要看它們自發的天然特性（本土風味）。本產區 135 公頃的葡萄園中有 22 個一級葡萄園，沒有特級葡萄園。

紅色的薩維尼－博納（Savigny-lès-Beaune）於果香味中攙雜著花的清香、細緻，具有一種華麗感，當酒齡低時就易飲爽口。白酒清淡、熱帶水果味極多，不像鄰近產區的白酒高登－查里曼（Corton Charlemagne）必須置放後效果才好。

區內還有部分的土地屬於特級葡萄園 Corton-Charlemagne 和 Charlemagne

（5）修黑－博納（Chorey-lès-Beaune）

　　Beaune 城北邊的一塊葡萄園，134 公頃的葡萄園幾乎只出產紅酒，非常清淡。酒多以村莊博納丘（Côte de Beaune-Village）名義出售。沒有第一等級的葡萄園。

（6）博納（Beaune）

　　布根地的首府博納市也是黃金坡地的政經、商業中心，西元前 52 年建城，當時是羅馬士兵的駐紮營地，西元 1203 年城市獲得法律上的認可。歷年來也是布根地公爵們所喜愛的駐地之一，曾經是布根地議會所在地。

　　博納市是幾個最美麗的法國城市之一，也是觀光勝地，當然許多人是慕「酒」名而來，整個城市彷彿都瀰漫著酒香，城內宏偉的博納濟貧院（Hotel-Dieu），建造於西元 1443 年，為典型的布根地建築物，當年是慈善機構，現在已成為觀光勝地。在此每年 11 月第三個禮拜天固定舉辦的拍賣會，吸引了來自各地的愛酒人士，拍賣

大門

博納濟貧院 —— 典型布根地建築物

大廳

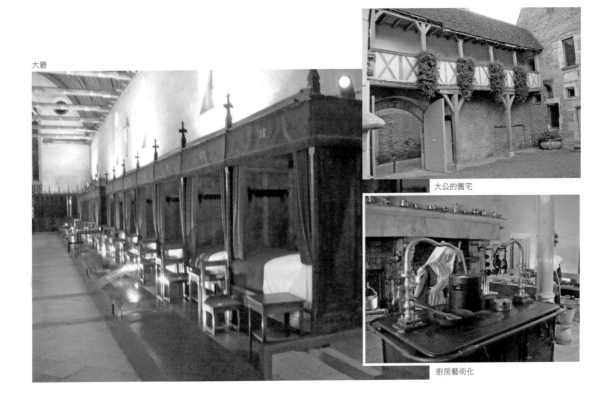

大公的舊宅

廚房藝術化

會上以桶為單位叫賣，購買者對酒要有相當的認識，才能判斷桶中物的未來變化。這也是世界上最大的慈善叫賣，目的不只是為了救濟貧窮，能夠獲得會場中的酒也是一種榮譽，亦能帶動布根地酒的市場。

　　產區的葡萄園多處於博納市西邊的山坡地上，面積約 412 公頃，算是黃金坡地最大的產區。出產的白酒口感清淡，結構良好，但絕不會到達梅索（Meursault）那種底線，產量也不多。紅酒變化較大，要看土地和葡萄園的方位及釀造的方式，一般而言，在城南邊的酒比較清淡，如果是第一級葡萄園的產品，酒比較細緻、豐郁。

　　整個博納酒（Beaune）的通性是有豐富的果香味，顏色淺但清徹，口感強勁，產品多不宜久存。本區共有 40 個一級葡萄園，其中的十幾個特別出名，生產品質也較優良，沒有特級葡萄園。

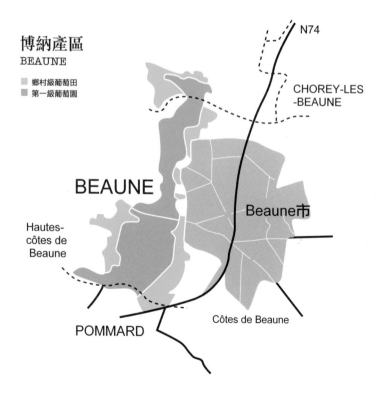

（7）玻瑪（Pommard）

出了博納（Beaune）城向南走沒有多遠就進入了玻瑪（Pommard）產區，322 公頃的葡萄園只出產紅酒，是布根地出名的紅酒之一。葡萄園處於海拔 280 公尺左右的山腰上，較高部分土質淺，出產的酒清淡，果香味強；位於較低部分的葡萄園出產的酒顏色較深，單寧強，可以久存。鄉村級的酒要置放 3 年，第一級的酒要等到 5 ～ 8 年開瓶後才容易發出玻瑪（Pommard）的特性。一般而言，Pommard 酒具有「男性化」的特質，酒堅實、強勁，單寧多而細緻，適合久放。在低齡飲用時，要在口中咀嚼幾秒鐘，可品嚐出蘋果和梨的果香味；酒齡較高時，則有熟成紅色水果香味，中間夾帶著松露、甘草、麝香、皮革、巧克力、熟梅子味，嗅覺上近於波爾多區的玻美侯（Pomerol）。但口感方面很難變得柔軟，因為 Pommard 特性就是如此。

城堡內保存十二世紀的壓榨器

古井

雖然這是出名的高品質好酒，但不可能和其他黃金坡地的特等葡萄園相比，因為它缺少了後者的細緻性。本區沒有特級葡萄園，但是有 28 塊第一級的葡萄園，其中有幾塊葡萄園產品特別好，品質幾近於特級葡萄園的產品。在布根地產區中玻瑪葡萄園的面積算是大了，但並非全部的產品都具有相同的品質，有些酒農會為提高

生產量而忽略維持酒的水準。

在玻瑪（Pommard）村內還有很多大區域性（Bourgogne Régionale）的葡萄園，由於地緣關係出產的酒也較有特性。一些酒農也釀造了不少高水準的白酒（如 Clos blanc 葡萄園所生產的酒），但不能算是鄉村等級產物。

（8）渥爾內（Volnay）

在玻瑪（Pommard）南邊的一個小鄉村，207 公頃的葡萄園幾乎塞滿了本區所有村鎮的土地，36 個第一級葡萄園的總面積超過了鄉村級的葡萄園，區內沒有特級葡萄園。近渥爾內（Volnay）城附近的田地，土中含有大量的石灰岩土，酒細緻。近 74 國道山坡的中間部分火成岩成分多，土中含有氧化鐵

一牆之隔兩個不同特性的產區

的紅色土，出產的酒顏色較深，有濃密的香味，口感也重，多為一級葡萄園所在。山坡的較低部分土地溼度大，酒的醇度較小。

　　不同類型的土地都會影響到各葡萄園產品的風格，本區只出產紅酒，風韻優雅、平衡和諧、結構也佳，尤其那種紫羅蘭的清香非常「女性化」，在布根地的酒中可能算是第二把交椅了，比起蜜思妮（Musigny）還是欠缺了一點細緻性，而且容易達到成熟點。不過樹齡、釀造技巧對酒都會產生影響。有些酒農喜歡清淡、容易銷售的酒，有些則喜愛濃厚、可以存放的酒，通常要等3、4年開瓶就非常柔潤可口了，但也可存放一段相當的年限。

　　渥爾內（Volnay）產區內還有一塊葡萄園松特諾（Santenots），延伸到梅索（Meursault）村內，出產了少量的白酒，用梅索（Meursault-Santenots）名義出售，出產的紅酒則為 Valnay-Santenots。

註：Volnay-Santenots 是紅酒。

（9）梅索（Meursault）

　　梅索是個商業古老小城，也是附近酒業的集散中心，剛進入博納丘地（Côte de Beaune）幾乎都是紅葡萄酒的世界，由此便開始進入了白酒的王國。這一帶土地中的石灰質大量地提高，梅索（Meursault）的葡萄園多為白的灰泥土混合了石灰土，部分還攙雜

著鎂、鐵等礦物質。葡萄園處於 260 ～ 270 公尺高的山坡上，朝向
著南方或東南方。394 公頃的葡萄園中沒有特級葡萄園，17 個一級
葡萄園占了總面積的 1/3，其餘的為鄉村級葡萄園。產區內也出產
少量的紅酒，則以布拉尼（Blagny）名義出售。

孤立的小鎮

市政廳廣場

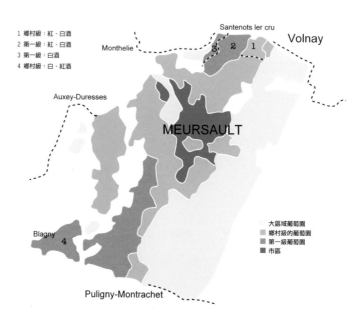

一路之隔：左邊是普里尼－蒙哈榭產區，小路通往布拉尼產區。

反之，它的白酒舉世聞名，非常具有特性，低齡時就散發出各種不同的花香〔馬鞭草（verveine）、山楂花（aubépine）、接骨木（sureau）、菩提、羊齒草等〕、果香（芒果、木瓜、杏子、檸檬等）、乾果（杏仁、榛子、核桃等），焦糊味（土司、咖啡等）、香料、牛油、蜂蜜、礦石味等等，口感圓潤，柔和而有活力，微甜而不失其清鮮度，後口感極長。成熟後，酒中則有松露、桃子、蜜蠟味，是幾種高品質的白酒之一，開瓶之前要有耐心地去等待它的成熟。

（10）奧塞都黑斯（Auxey-Duresses）

位於梅索（Meursault）西北方的一個古老小鎮，也是進入上博納丘地（Bourgogne hautes-côte de Beaune）產區的必經之路，葡萄園都面向著南邊，每天的日照時間也多，1970 年升格為鄉村級。在 134.6 公頃的葡萄園裡，其中 32 公頃是第一

級的葡萄園，出產的紅酒在低齡時非常生澀，存放後變得豐厚，沒有鄰近產區蒙蝶利（Monthélie）紅酒那般地高雅。有 1/3 的葡萄園種植了 Chardonny 葡萄，釀成的白酒口感微甜，無花果、杏仁、榛子味極多，酒的濃厚度非常接近梅索（Meursault）的酒，但是酒精度高，口感欠充實，後口感也沒前者那麼長，但是價格非常吸引人。

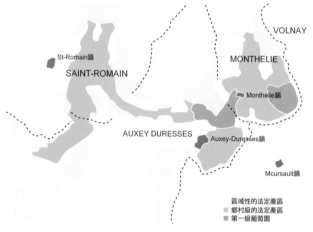

（11）聖侯曼（St. Romain）

一個面積不算小的鄉村，隱藏在奧塞－都黑斯（Auxey-Duresses）西邊的山區裡，開發出的葡萄園有 96 公頃，1970 年升格為鄉村等級。紅酒清淡，香味十足，口感也淡，但也有一些本土風味。白酒果香味多，有種淡紅色的櫻桃味，清鮮、刺激。

一牆之隔壁壘分明

採收後的葡萄樹

（12）蒙蝶利（Monthélie）

位於渥爾內（Volnay）西邊，梅索（Meursault）西北方向的一個小山城，有 140 公頃的土地被列入等級，但只有 120 公頃的土地用來種植。當中的 30 多公頃土地有 11 個第一級葡萄園。中世紀時很多本地的村民都是 Cluny 修道院的佃農，也算是開發早的葡萄園了。此區酒農們為了保持紅酒的高水準，寧願降低採收率來控制產量。

由於產量不是很多，知名度不高而被人們忽視了。

蒙蝶利（Monthélie）的酒很接近渥爾內（Volnay）的酒，但是沒有那麼柔和，兩者都細緻，近於「女性化」，酒的醇度夠，可以久放。

白酒產量非常稀少，口感圓潤活潑、平衡。酸度足的酒才能存放。

（13）布拉尼（Blagny）

接近梅索（Meursault）產區，一個地勢較高的小村子，坡地的上、下端土質不同，選擇種植的葡萄也不一樣，布拉尼（AOC Blagny）只保留給紅酒。

而產區內出產的白酒則以梅索－布拉尼（Meursault-Blagny）或是普里尼－布拉尼（Puligny-Blagny）名義出售，它們和梅索（Meursault）、普里尼－蒙哈樹（Puligny-Montrachet）兩種白酒的顏色接近，但香味、口感都難以相比。

（14）普里尼－蒙哈樹（Puligny-Montrachet）

過了梅索（Meursault）之後，就進入了普里尼－蒙哈樹（Puligny-Montrachet）產區，它們和南邊的夏山尼－蒙哈樹（Chassagne-Montrachet），三個產區形成了一個在世界上以夏多內（Chardonnay）葡萄釀造高品質的白酒王國而聞名。208 公頃的葡萄園，有121 公頃是第一級的葡萄園，多處於山坡較高的位置（270 ～ 320 公尺）上，17 個一級葡萄園，各有不同的風格，不過永遠都維持好的水準。

寧靜的 Puligny-Montrachet 鎮

一般白酒的通性：含有大量羊齒植物的清香、香茅、杏仁、青蘋果、核桃、礦石、牛油、蜂蜜味的香氣，高雅、細緻，結構十足，後口感也長，但沒有 Meursault 酒那麼油潤。Puligny-Montrachet 區內也出產極稀少的紅酒，果香味多，澀度圓潤，結構也不錯。

村內還有 4 個特級葡萄園，其中的兩個葡萄園：蒙哈樹（Montrachet）和巴達－蒙哈樹（Bâtard-Montrachet）是跨越普里尼（Puligny）和夏山尼（Chassagne）兩個小鎮的交界處上。

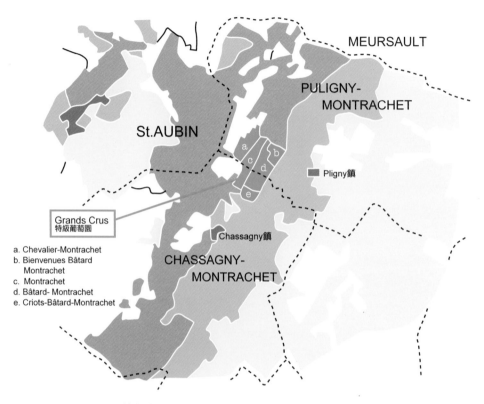

4 個特級葡萄園

Grands Crus
特級葡萄園

a. Chevalier-Montrachet
b. Bienvenues Bâtard
   Montrachet
c. Montrachet
d. Bâtard- Montrachet
e. Criots-Bâtard-Montrachet

a. 歇 瓦 里 耶 － 蒙 哈 榭（Chevalier-Montrachet）

位於 Montrachet 葡萄園西北邊的歇瓦里耶－蒙哈榭（Chevalier-Montrachet）葡萄園，面積 7.47 公頃，幾乎和前者的面積相等，出產的酒也非常近似，具有強烈的香味、飽和的口感，但還是較 Montrachet 酒為淡，而且沒有那麼圓潤。

b. 巴達－蒙哈榭（Bienvenues-Bâtard-Montrachet）

位於 Bâtard-Montrachet 葡萄園東北方的一
個角落上，面積只有 3.53 公頃。傳說是因為
古時候本地有位地主時常施捨給貧窮的人，
因此便命名為 Bienvenues-Bâtard-Montrache
（Bienvenue 在法文中是歡迎的意思）。其酒
較 Bâtard-Montrachet 淡，欠缺了一些深奧性，
香味十足中帶有蜂蜜味。

c. 蒙哈榭（Montrachet）

一塊狹長的產區，出產了以夏多內（Chardonnay）釀成馳名於世
的干白酒，可能算是世界之最了。蒙哈榭（Montrachet）字義中含
有「禿山」的意思，山丘上不要說種植樹木，就連荊棘這等野草都
長不出來，貧瘠的岩質土壤地，也只有試著耕種葡萄。葡萄園坐落
在堅硬的岩基上，薄層的土中含有大量的鈣，當中混合了相當的黏
土和碎石，排水良好，又有一脈狀紅褐色的灰泥土穿過葡萄園的中
央，加上地勢、向光性好，葡萄就在這種環境下孕育而成。

從幾個世紀以前，一直到法國大革命，這塊葡萄園都歸屬一個家
族，現在分別為十幾位酒農所共有。幾乎有一半的土地屬於三大酒
行，其他酒農則占了剩餘的部分。酒農們種植出的葡萄有的送到別
地壓榨釀造，有的委託酒商釀造出售，一般而言，大的園主有足夠
的葡萄量，在釀造過程中可以淘汰不完美的葡萄，因此釀出的酒也
比較好。整個產區只有7.99公頃，年產量有限，是非常難求的好酒，
品嚐它要等到 5 ～ 10 年之後才可開瓶，成熟最高點達 20 ～ 50 年。
酒在年輕時是傳統布根地白酒的顏色，清澈光亮，反射著祖母綠，
隨著時間加長會變成有活力的金黃色，再久則成為琥珀色，仍擁有
典型的夏多內（Chardonnay）葡萄香味。

蒙哈榭（Montrachet）產區是跨在普里尼（Puligny）和夏山尼
（Chassagne）兩個村子上，在 Puligny 這邊出產的酒有羊齒植物的清

界線劃分得極為分明：圍牆左側是蒙哈榭葡萄園，遠處拱門內是歐瓦里耶－蒙哈榭，馬路的另端則是普里尼－蒙哈榭一級葡萄園。

香，在 Chassagne 那邊的產品透出熱牛角麵包味。共通的香味則是香茅、杏仁、乾核果、蜂蜜和香料味，偶爾也有橘子香，口感豐厚、堅實，但柔和，沒有任何過剩的甜度和酒精度，酒也超細緻。

d. 巴達－蒙哈榭（Bâtard-Montrachet）

它也是跨越兩個村子的另一塊特級葡萄園，狹長形的土地，位於蒙哈榭（Montrachet）的下方，幾乎平行，面積也稍大一些，11.86公頃的葡萄園地由多位酒農分耕，每人擁有的土地面積不大。比較之下，它沒有蒙哈榭（Montrachet）那麼圓潤和細緻，後口感也較前者為短。通常也要等 5 年後再開瓶才易顯出其特性，可長久置放。

豐收

（15）夏山尼－蒙哈榭（Chassagne-Montrachet）

和普里尼（Puligny）一條馬路之隔的另一小村子，在中世紀時是個具有歷史價值的小鎮。附近山區出產一種非常堅硬，極像大理石的粉紅色石材，是建築上的好材料，樹林中還出了不少的松露（truffe）。產區內白色石灰土成分較少的地方，改為種植 Pinot noir 葡萄後效果更好，因此紅酒的產量占了大半，它的醇度大、細緻，非常適用於餐館中，部分產品在陳年之後，極難和夜丘地區（Côte de Nuits）的紅酒分辨。

白酒十分出名，香味複雜，口感美好，特性也像

普里尼－蒙哈榭（Puligny-Montrachet）的酒，但結構軟了一點，缺少一點高貴性，但也不能一概而論，還有很多例外。一般而言，兩者都佳，尤其是後口感極長。

301.43 公頃的葡萄園中，19 個第一級葡萄園占了 133 公頃，3 個特級葡萄園占了 11.4 公頃，其中 2 個世界馳名的特級葡萄園：巴達－蒙哈榭（Bâtard-Montrachet）和蒙哈榭（Montrachet）的部分土地，另外的部分延伸到了普里尼－蒙哈榭（Puligny-Montrachet）產區內（參見產區分布圖），還有一個面積只有 1.57 公頃的特級葡萄園：克利優－巴達－蒙哈榭（Criots-Bâtard-Montrachet）則完全位於本產區內。

e. 克利優－巴達－蒙哈榭（Criots-Bâtard-Montrachet）

"Criots" 有碎石的意思，所有上好葡萄園的土地中或多或少都有這種碎石。本園面積不大，位於巴達－蒙哈榭（Bâtard-Montrachet）的延伸線上，但在夏山尼（Chassagne）村內，是一塊上好的葡萄園。酒的特性非常近似（Bâtard-Montrachet）。稻草般的顏色，香味若隱若現，大量的葡萄味，口感豐郁、高雅、細緻，後口感長。

（16）聖－歐班（Saint-Aubin）

在 Puligny 和 Chassagne 兩村鎮西邊山區的一個小鎮，附近的葡萄園多處於山谷的斜坡地上，海拔高度介於 300 ～ 350 公尺之間，幾乎已接近山坡可耕地的極限了，氣候比較涼也較乾燥。紅葡萄多種植在混有紅褐色礫石的石灰土上，釀成的紅酒清淡芳香，但是產量不多。

此區的白酒較受到重視，白葡萄栽種在混有大量黏土的白色石灰土中，在口感上酒精度強但平衡，果香味十足，性干、柔和，有點近於夏山尼－蒙哈榭（Chassagne-Montrachet），後口感帶有

新鮮的核桃味。尤其是靠近 Montrachet 的幾個一級葡萄園品質更佳。19 個一級葡萄園的面積有 80 公頃，幾近於鄉村級葡萄園。由於合理的價格相對於良好的品質，所以非常吸引愛好者。

（17）桑特內（Santenay）

桑特內（Santenay）是博納丘地（Côte de Beaune）最南邊的一個大

鎮，過了此鎮也就出了黃金坡地。329 公頃的葡萄園，有少部分田地延伸到了鄰村，其中 139 公頃為 11 個第一級葡萄園。土質多為泥灰土或堅硬石灰土中混有攪雜著礫石的泥灰土，一些好的葡萄園，土中還混有鎂和卵石。此區還是以出產紅酒為主，酒色也深，不過也有例外。一般口感平衡、澀度適中，可以久存。之後會出現一種八角味，開瓶

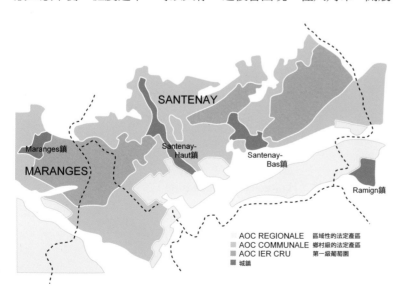

後須置放一段時間與空氣接觸變化再品嚐。白酒產量不多，較精
壯、芳香、酒精度也較高。

（18）瑪宏吉（Maranges）

　　1989 年升格為鄉村產區，位於桑特內（Santenay）西南邊，也可
算是黃金坡地最南端的產區了，葡萄園散布在三個小村莊內，幾乎
都處於山坡最好的方位上，朝向東南方。土質多為石灰土、黏土、
火成岩的地下層，形成了本區產品的獨特風格。170 公頃的葡萄園
中有 107 公頃是第一級的葡萄園，沒有特級葡萄園。此區出產的幾
乎都是紅酒，顏色深紅、果香味多、略有些花香味，口感堅實飽滿，
有輕微的酸度，可以存放若干年。以品質和價格的對比，常吸引餐
館界的興趣。有時也可以用博納村莊丘地（Côte de Beaune-Village）
的名義出售。白酒非常稀少，多半被當地人消耗掉了。

（19）博納丘地（Côte de Beaune）

　　博納丘地產區位於博納（Beaune）市郊，34 公頃的小葡萄園出產
了鄉村級（Appellation Communale）的紅、白酒，有大量的果香味，
柔和，品質好，但沒有博納（Beaune）酒那樣的水準。

（20）博納村莊丘地（Côte de Beaune-Villages）

　　在博納丘地（Côte de Beaune）產區內，部分鄉村所出產的紅酒，
或是幾個產區出產的混合，都有自己獨立的 AOC Côte de Beaune-
Villages，但是 Beaune、Aloxe-Corton、Pommard 和 Volnay 四個產區
的產品不包括在內，這種酒常常有著吸引人的價格，非常適合大團
體聚會時飲用。

※ 上博納丘地（Hautes-côtes de Beaune）

　　位於博納坡地（Côte de Beaune）產區西邊的山區，葡萄園海拔度
高，區內二十幾個村莊的產品，都可獲得大區域級的法定名稱。酒
比較清淡，價格也不高，吸引了大量的消費者。

III　夏隆內丘地產區（Côte Chalonnaise）

出了黃金坡地就進入了夏隆內丘地（Côte Chalonnaise）產區，馬上可感覺到田園景致的不同，由北到南 25 公里長、7 公里寬的一塊廣大土地，葡萄園分散在山丘、河谷的坡地上，和一些農耕地混合交錯著，不像北邊的鄰居，葡萄園是一塊塊地連接在一起。將近 2,000 公頃田地，面對著火成岩的中央山脈。產區北邊主要是石灰質土、石灰黏土、有些地方是砂石土，南邊是泥灰岩土，巴柔階的石灰土坐落在花崗岩板塊，馬貢山麓是砂石土、珪質黏土。雖然是博納丘地（Côte de Beaune）的延伸，很多地理情況都非常近似，但這裡產出的酒輕淡，沒有 Beaune 酒那麼圓潤，不過很芳香，細緻。

本地出產了所有類型的酒：白酒、紅酒、玫瑰紅、氣泡酒，以品質和價格的比例而言，在餐館界算是用得最多。

　　好的夏多內白酒多出自於石灰黏土，面朝向東方、東南方、南方的 Rully、Montagny 產區中。黑皮諾葡萄釀出的紅酒多出自於石灰土、黏土成分少的鈣質土中（Rully、Mercurey、Givry 產區）。佳美葡萄則喜愛花崗岩土。坡地的下方常是石灰土上覆蓋了河泥（limons）土，適合 Gamay、Aligoté 葡萄的生長。

小產區

（1）布哲宏（Bouzeron）

　　位於桑特內（Santenay）和乎利（Rully）之間的一個小城市，附近葡萄園的土質為石灰土，屬於大陸性乾冷的氣候，非常適合阿里哥蝶（Aligoté）葡萄的生長，出產的 Bourgogne Aligoté 酒極為出名，1997 年升格為鄉村等級，採收率很低，只有 35hl/ha。一般酒的顏色是微淡的琥珀色，具有清鮮的果香味，活潑有力，口感上酸度較高，後口感帶有一種香草味。

（2）乎利（Rully）

　　一個古羅馬時代就存在的小山城，中世紀時因黑死病之故，全城搬遷，重建於山腳下，山坡上改種葡萄則變成了今日的葡萄園，其拓展得十分迅速。357 公頃的葡萄園，出產了以夏多內

（Chardonnay）和阿里哥蝶（Aligoté）兩種葡萄釀造的干白酒，以及以黑皮諾（Pinot noir）釀造的紅酒和玫瑰紅，也出產布根地的氣泡酒（Crémant de Bourgogne）。白酒有大量的果香、花香味，尤其是紫羅蘭，顏色清澈中帶點橄欖綠，酒齡低時非常的酸，會隨著時間而消失，口感上以核桃味特多。紅酒有覆盆子、櫻桃和百合花味，但沒有 Mercurey 那麼濃郁的香味。

（3）梅克雷（Mercurey）

本產區的氣候近似於黃金坡地，地下土層是含有氧化鐵、石灰質的黏土，種出來的黑皮諾（Pinot noir）葡萄可釀出夏隆內丘地（Côte Chalonnaise）產區中最美好的紅酒，細緻、高雅，近於「女性化」，結構緊密，散發出茶藨子、覆盆子、醋栗的果香味，但是欠缺了花香味。如果釀造過程中浸泡時間不夠，品質就會大受影響。

好的梅克雷（Mercurey）呈現深紅寶石色，帶有高雅的澀度，有時也帶點濃厚的酒精味。646 公頃的葡萄園產量很大，95% 都是紅葡萄。有 5 個第一級的葡萄園，還有很多葡萄園的產品也很好，但沒有入級。擁有好年份的好產品幾乎和黃金坡地的酒相當，但因為名氣不大，市場上難與黃金坡地的酒競爭。本區產品幾乎交由酒商經銷，唯一特別的是用 225 公升的橡木桶裝運，而不用傳統布根地木桶（228 公升）。酒比北鄰（Rully）的產品略粗糙。可以保存 5 ～ 10 年。白酒產量極少，口感平衡，高雅柔順。

景致如畫

法皇亨利四世所鐘愛的酒

（4）吉弗里（Givry）

吉弗里（Givry）在夏隆內丘地（Côte Charlonnaise）有其獨特的一面，第六世紀時本區是很富庶的，中世紀時本區所產的酒都供應給王宮貴族，更為法皇亨利四世所鐘愛。當年本鎮的酒商、酒窖雲集，熱鬧非凡。好景一直到了十九世紀，葡萄園受到了蟲災、都市擴建的影響，荒廢了許多田地，產量也大量減少，連帶價格的低落，更加速酒農出售自己的土地遠離家鄉。目前 269 公頃的葡萄園，出產的幾乎都是紅酒，其特性非常接近梅克雷（Mercurey）的酒，但是比較滑軟、爽口，是典型的布根地櫻桃紅顏色。白酒產量極少，細緻、酸口、刺激。

（5）蒙塔尼（Montagny）

是夏隆內丘地（Côte Chalonnaise）最南邊的一個產區，就像其名稱一樣（法文中 montagne 是山的意思），311 公頃的葡萄園多位於海拔 250 ～ 400 公尺的山坡地上，土質是巴柔階的石灰黏土和侏羅紀的灰泥土，非常適合夏多內（Chardonnay）葡萄的生長，因此本區只出產白酒。51 個一級葡萄園就占了產區面積的 2/3。酒芳香，有洋槐、百合、灌木、蜂蜜、檸檬、桃子味，有時也散發出紫羅蘭香味，清鮮可口、細緻，結構也佳，一般都趁低齡時飲用，它有種特殊的本土風味，微甜，後口感帶有一點香料味。

（6）布根地－夏隆內丘地（Bourgogne Côte Chalonnaise）

新升格 AOC 級大區域性的產區，462 公頃的葡萄園以種植黑皮諾（Pinot noir）葡萄為主，釀成的紅酒，清鮮、果香味極多，但不宜存放。白酒採用夏多內（Chardonnay）葡萄，產量不多。

IV 馬貢內產區（Mâconnais）

克里尼老街

出了夏隆內丘地（Côte Chalonnaise）產區，穿過了十幾公里的農田、牧場地帶，就進入了馬貢內產區（Mâconnais）了，這裡也是法

國南、北部的交界地帶，人文地理和自然環境也不相同，馬貢市（Mâcon）是羅馬時代就已存在的古老城市，為本區的政經中心，現在也是個觀光重鎮，附近古蹟林立，也是個老饕們嚮往的美食天堂。

　　馬貢內產區的葡萄園雖然很早就存在，但是真正全面性地拓展是聖本篤會在克里尼（Cluny）建立修道院之後。本區幅員廣闊，南北長約 50 公里，東西寬約 10 幾公里，在蘇茵河（Saône）西邊，面向著南邊或東南方向的山彎坡地上，5,300 公頃的葡萄園中間攙雜著牧園、農地，與北邊黃金坡地一片片葡萄園接連在一起的景象大異其趣。

　　受到海洋性和大陸性氣候的影響，偶爾出現的結霜也不可忽視，同時又受到了地中海型氣候的影響，良好的日光也是成為馬貢（Mâcon）產品美好的原因之一。矽石土、砂石土、黏土地的土質酸度多，混雜著礫石、小卵石，多半種植早熟型的葡萄，例如：使用加美（Gamay）葡萄釀出一般級的布根地紅酒、馬貢紅、白酒；褐色石灰土或是黑腐土多的地方種植夏多內（Chardonnay）葡萄，釀成可以長久保存的白酒，如普依－富塞（Pouilly-Fuissé）等等。高品質的優良葡萄園約占整個產區的 1/10。

　　在這個產區內使用的葡萄種類也比黃金坡地為多。白酒主要還是以夏多內（Chardonnay）為主，還有極少部分的白皮諾（Pinot blanc）及阿里哥蝶（Aligoté）葡萄。紅酒則採用加美（Gamay）和黑皮諾（Pinot noir）葡萄。全區 2/3 的產品都由合作社經營操控，不像北邊的黃金坡地區是由許多小酒農獨立作業。每年競爭得獎、出名的一些廠牌，幕後業主都是合作社，這是和別的產區不大相同之處。

A. 大區域性產區

（1）馬貢（Mâcon）

　　葡萄園多集中於產區的西邊或是馬貢市附近，大約 1,500 公頃的葡萄園出產了紅、白、玫瑰紅三種酒，通常有 10 個酒精度。雖然

紅酒也採用加美（Gamay）葡萄釀造，可是酒沒有薄酒萊那麼柔和
及具誘惑力。黑皮諾（Pinot noir）葡萄也被允許用來釀造，但是極
少使用。一些廠家也用它來釀造玫瑰紅，酒清鮮易飲，產量不多，
配合燒烤食物為宜。

　　釀造白酒是用夏多內（Chardonnay）葡萄，它幾乎種植在所有的
地方，釀出的酒較清淡柔和，帶有輕微的香料、蜂蜜、青蘋果味，
前三年內保有大量的清鮮度。產區北邊的產品比較生硬、酸口。白
酒產量不多也不宜久存，如果釀造高一個酒精度則為由優級馬貢
（Mâcon Supérieur），口感較豐厚。

（2）村莊馬貢（Mâcon-Village）

　　馬貢區內 43 個小村莊上的產品，只生產白酒，採收率最少是
50hl/ha，酒精度為 11，品質也較 Mâcon 白酒佳，口感豐郁又細緻，
有點近似夏布利（Chablis）酒。主要是採用夏多內（Chardonnay）
的葡萄和少量白皮諾（Pinot blanc）的葡萄釀造。

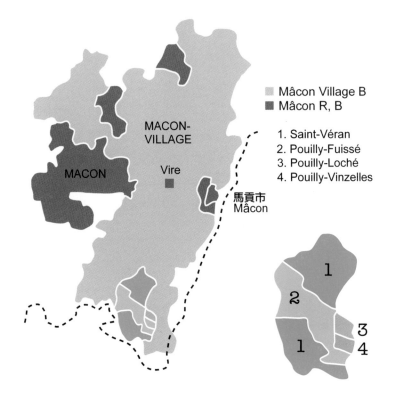

B. 鄉村等級產區

（1）普依－富塞（Pouilly-Fuissé）

　　產區位於馬貢市（Mâcon）西南邊十幾公里的地方，出產了馬貢區最好的白酒，757 公頃的葡萄園散布在四個連接一起的小村子上（Fuissé、Chaintré、Solutré-Pouilly、Vergisson）。多處於海拔 300 ～ 400 公尺坡度起伏大的山丘上。區內兩塊出名的岩壁"Solutré"，也是登山的好去處，十九世紀中葉在山岩下發掘出大量的史前動物骨骸，包括上萬頭的戰馬，早年也是羅馬士兵的駐紮哨站，亦是高盧人和他們對抗爭取獨立的最後戰場，整年都吸引了大量的觀光客。

　　區內絕大多數的土地是紅色的灰泥土，上面覆蓋著石灰質的崩塌物，或是石灰黏土和片狀岩，地下層的土質各有不同，產物也有差異，有些葡萄園的產品並不可以達到鄉村等級的 AOC。

　　普依－富塞（Pouilly-Fuissé）的白酒完全採用夏多內（Chardonnay）葡萄釀造，但其色調有異於布根地白酒，沒有馬莎內（Marsannay）

糖霜　　　　　　　　Solutré 岩壁

白酒那麼金黃色、濃密，也不像夏布利（Chablis）白酒那麼清澈、明亮，而是淡金色中反射著碧綠光環，酒性高雅、複雜的香味充滿著誘惑力，礦石、杏仁、榛子味，白色水果（桃子、漿果、檸檬）和菩提、洋槐花味，散發出牛角麵包、蜂蜜的香味，都可在不同土地的葡萄園中反映出來。是種高品質的白酒。

可配搭的食物也極為廣泛，礦泉味重的話可選擇帶殼的海產。酸度柔和、口感平衡的酒可以搭配奶油汁醬的白肉、家禽類的菜餚以及乳酪。經過一段時日的陳年後，酒會散發出強烈濃厚的香味，這時可選擇口味重、糖醋汁或是魚蝦類的中菜最為適合了。

（2&3）普依－凡列爾和普依－樓榭（Pouilly-Vinzelles & Pouilly-Loché）

在 1936 年普依－富塞（Pouilly-Fuissé）獲得 AOC 級以前的名稱只叫做普依（Pouilly），為了避免和羅亞爾河谷區中的普依芙美（Pouilly-Fumé）混淆，就稱為普依－富塞（Pouilly-Fuissé）。當時在富塞城（Fuissé）外的另兩個村子，也要求有自己獨立的 AOC。1940 年同樣的升格為鄉村等級。它們是普依－凡列爾（Pouilly-Vinzelles）和普依－樓榭（Pouilly-Loché）產區。前者有 52 公頃的葡萄園，只出產以 Chardonnay 釀造的白酒，其特性很接近普依－富塞（Pouilly-Fuissé），香味比較含蓄、口感結構方面也沒那麼堅強、比較粗獷、清淡；後者的葡萄園只有 32 公頃，也是用 Chardonnay 釀造白酒，顏色比較淡略帶點綠，偏向於花香、榛子、核桃味，產量極少。釀出的酒多半以普依－凡列爾（Pouilly-Vinzelles）名義出售。兩產區葡萄園的海拔度較普依－富塞（Pouilly-Fuissé）為低，產品也沒有那麼容易存放。

（4）聖維宏（Saint-Véran）

本產區跨在普依－富塞（Pouilly-Fuissé）上，分成為南北兩個部分，北邊土地是石灰土或石灰質的灰泥土，南邊部分土中帶有火成岩土。在布根地產區內算是一塊年輕的葡萄園，早期本地的出品多

以村莊馬貢（Mâcon-Village）或白色的薄酒萊（Beaujolais blanc）名義出售，經過長期的力爭在 1971 年升格為鄉村級，採收率也降到 45hl/ha。680 公頃的葡萄園全都種植了夏多內（Chardonnay）葡萄，酒的香味較開放，口感清鮮，較普依（Pouilly）的酒為酸，性干，水果味也多。由於價格上吸引消費者，是一種在飯店中出售的好酒。酒中的酸和漿果味重，適合搭配煎、烤、清蒸的深海魚類（油脂豐厚）。礦石、碘味、花香味多的酒則可選擇細緻的魚肉、甲殼海鮮來搭配。結構單純、香茅味重的做開胃酒或是搭配乳酪用。

（5）維列－克雷樹（Viré-clessé）

390 公頃的葡萄園位於馬貢市（Mâcon）附近，1999 年升格為鄉村等級，只種植白葡萄，釀出來的酒十分芳香，口感清鮮、緊密。新酒可以搭配各式各樣的前菜（海產類），存放幾年的老酒則可搭配白肉類、口味重的乳酪。

V 薄酒萊產區（Beaujolais）

世界上最暢銷，知名度很高的薄酒萊酒（Beaujolais），產於布根地產區的南邊，雖然在行政劃分上屬於布根地產區，可是薄酒萊區內的風情景致、地理形勢、土質、氣候和栽種的葡萄品種，尤其是它的產量，都自成一格。薄酒萊產區位於馬貢市南邊 10 幾公里處開始，向南延伸了 50 公里長，一直到達里昂城門下。大片土地上的葡萄園多處於面向著東方，海拔度較高的山丘上，產區西邊是中央山脈支線的末端，深山的原始林阻擋了西風，又兼有調節雨水的功能。

氣候

受到了海洋性、大陸性、地中海型氣候三方面的影響，天氣溫和，有利於葡萄的成熟，冬天很少低於攝氏零下 10℃，夏天溫度

有時高達 40℃。最怕的還是驟雨和下雹，往往只要幾分鐘過後，就讓一切的辛苦全都化為烏有，雖然也做了一些有效的防範，然而 22,000 公頃的葡萄園並無法保護得周全。

土地

在這個產區內依土地的組成，分成南北兩部分。南邊的土地以砂質土、石灰質土和黏土為主，略呈紅色，種出的葡萄適合釀造「新酒」。北邊的土地以火成岩土為主，混了片麻岩（gneiss）、頁岩、矽質的碎石砂土，出產的葡萄可釀出較濃厚強勁的酒。10 個獨立的鄉村級葡萄園都坐落在北邊，因為土質、地理形勢的變化，它們都有不同的獨特風格，也有自己獨立的 AOC。

葡萄品種

紅酒以加美（Gamay）葡萄為主（98％），還有少量的黑皮諾（Pinot noir）。白酒則採用夏多內（Chardonnay）、白皮諾（Pinot blanc）、阿里哥蝶（Aligoté）葡萄釀造。

小產區

三種類型的薄酒萊（Beaujolais）

a. 薄酒萊和優級薄酒萊 （Beaujolais & Beaujolais Supérieur）

主要出自於薄酒萊（Beaujolais）產區的南邊，極少數的葡萄園散布北邊山腳下的土地上，由於土質肥沃，日光又好，葡萄的生產量極大，多用它來釀造清淡、單寧少、口感柔順的紅酒，或是釀造新酒（Beaujolais Primeur 或 Beaujolais Nouveau），這種酒口感清淡，有石榴般的淡紅色，果香味極多，尤其是香蕉味、英國水果糖味，一般上市後幾個月內最好飲用完畢，不可久存，這種酒並不會因陳年而有更佳的口感。每年 11 月的第三個星期四是新酒上市的日子。通常都搭配些簡單的

豐收

食物或在接待社交場合、戶外烤肉時飲用。

一般的 Beaujolais 只有 9 個酒精度，如果增加 1 個酒精度，採收率也降到 50hl/ha，則為 Beaujolais Supérieur，口感上較濃厚，產量不是很多，只占 2%。

新酒（Beaujolais Primeur 或 Beaujolais Nouveau）：是一種釀造好就直接瓶裝的酒，比一般同年的產品都早上市，習慣上稱為新酒。除了在 Beaujolais 地區外，côtes-du-Rhône、Mâcon、Gaillac、Muscadet 產區也都有新酒，但沒有 Beaujolais 那麼出名，而且量也不多。

最優質的葡萄

田野之一

b. 村莊薄酒萊 （Beaujolais Villages）

Beaujolais 產區北邊 40 幾個小村鎮上的土地種植出的葡萄品質更好，釀成的酒結構堅強，口感濃厚，至少有 10 個酒精度。它們有自己獨立的 AOC，一般可保存 3～5 年。

提供給觀光客的路標，從美女的髮色可看出一些端倪。

c. 薄酒萊 10 個鄉村級葡萄園

薄酒萊產區內有 10 個小鄉村，土地結構又更特殊，釀出的酒都有獨特的風格，而且都有自己獨立的 AOC。

1. 聖艾姆（St. Amour）

美麗的小村名「聖艾姆」，有 230 公頃的葡萄園，極接近馬貢（Mâcon）產區，土質為火成岩土、矽土和碎石及崩積層的黏土。

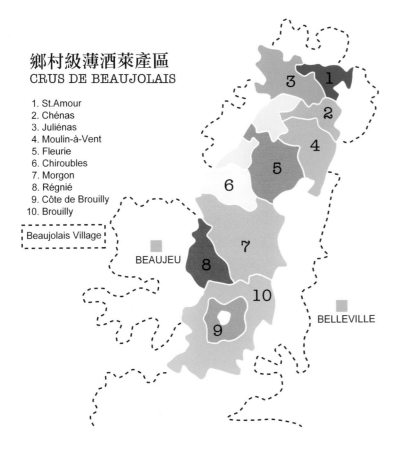

鄉村級薄酒萊產區
CRUS DE BEAUJOLAIS

1. St.Amour
2. Chénas
3. Juliénas
4. Moulin-à-Vent
5. Fleurie
6. Chiroubles
7. Morgon
8. Régnié
9. Côte de Brouilly
10. Brouilly

Beaujolais Village

BEAUJEU

BELLEVILLE

它的酒非常柔和，充滿了水果香味，口感軟滑平衡，充滿了誘惑力，沒有像鄰近產區茱麗耶納斯（Juliénas）那麼堅實。

2. 茱麗耶納斯（Juliénas）

茱麗耶納斯是薄酒萊產區的搖籃，是塊非常古老的葡萄園，也是本區最早種植葡萄的土地，名稱來自於「凱撒」，是個重要的高品質產區。其斜臥在聖艾姆（St. Amour）和薛納斯（Chénas）之間，西邊的土地含火成岩成分高，東邊則是沉積的片岩，580 公頃的葡萄園，雖然有 300 多位酒農共有耕種，但大多數的釀造經營權還是操縱在合作社手中。

茱麗耶納斯（Juliénas）的酒有紫羅蘭般美好的顏色，果香味特重（櫻桃、覆盆子的香味），酒精度強，單寧也較多，好年份的產品可以搭配野味。通常在第二年是其成熟最高點，且已開始光芒四

射。有的酒在瓶裝幾個月之後就已開始成熟,一般可存放 5～7 年。

　　每年 11 月中旬的第二個星期天,是本地慶祝新產品的酒節,同時品嚐出最好的酒,並領發 "Victor Peyret" 獎給一些藝術界人士、記者們。

3. 薛納斯 (Chénas)

　　位於茱麗耶納斯(Juliénas)南邊一塊面積不是很大的狹長土地上,古代這裡是片橡樹林,Chénas 的名稱來自於橡木(chêne)。後來山腰地段被開發成葡萄園,西邊土地含火成岩成分較多,出產的酒顏色深、強勁、輕微的收斂性,香味中夾雜著玫瑰和紫羅蘭的花香。反之,東邊多為沖積的黏土、矽土,出產的酒清鮮、易飲,通常可存放 4～8 年。酒在低齡時,酸澀性大,風味雖然也近似於 Moulin à Vent 和 Juliénas,但是沒有前者的強勁,也沒有後者的堅實。200 公頃葡萄園,產量並不多。

4. 風車磨坊 (Moulin-à-Vent)

　　古代羅馬士兵儲糧的地方,由於有很多磨麥用的風車而得名。675 公頃的葡萄園多處於 250～280 公尺的坡地上,是典型的火成岩土,地下深層土中夾帶著二氧化錳(bioxyde-manganèse),深紅色的酒中反射些微橘子色,沒有摩恭(Morgon)那麼明顯,帶有玫瑰、鳶尾花(iris)香。雖然是以加美(Gamay)葡萄釀出的酒,但是其酒衝勁大、也細緻,為薄酒萊產區中第一個獲得獨立的 AOC 小產區。酒可存放 8～10 年。

加美葡萄

田野之二

5. 弗勒莉（Fleurie）

　　有「薄酒萊之后」的稱呼，是非常女性化的酒，高雅細緻中帶有大量誘人的花香味，因而得其名，法文中 fleur 是花的意思。800 多公頃的葡萄園，主要是火成岩土中夾帶著石英石土，給酒帶來大量的細膩性。酒不宜久存，須趁低齡時欣賞其香味和口感。

6. 希露柏勒（Chiroubles）

　　海拔 400 公尺的希露柏勒（Chirobles）葡萄園，在薄酒萊產區中，海拔度最高，土中的火成岩薄又硬，耕作上比較困難。此產區的酒在 10 個鄉村級的產品中可算是最淡的了。典型的薄酒萊，狂熱、果香、巧緻和頑皮的性格，單寧也少，高雅易飲，常被聯想到的就是「新酒」，比鄰近產區的酒要先飲用，是法國人最喜愛的酒之一，外銷量不多。

田野之三

7. 摩恭（Morgon）

摩恭（Morgon）是 Beaujolais 產區內第二大鄉村級葡萄園，1,100 公頃的土地中含有大量的氧化鐵和錳，本地酒農稱其為腐爛的土地（Terre Pourrie）。深紅的石榴色中反射出橘子色，嗅感上有點土腥味，果香味強，杏子、櫻桃烈酒的味，口感堅實，結構也佳，和諧平衡，有些年份的產品太近似於布根地酒反而不像 Beaujolais 酒，一般可存放 10 年。

8. 黑尼耶（Régnié）

是在摩恭（Morgon）南邊一塊 600 公頃的葡萄園，1988 年被升格獲得獨立的 AOC，砂質的火成岩土、班岩土地，酒性柔和，散發出紅色水果的香味，特別是醋栗、覆盆子、花香味，口感平衡，傾向於女性化的酒。在 10 個葡萄園中，是最理想的品質／價格的好酒。

9. 布依丘（Côte de Brouilly）

305 公頃的葡萄園環繞在布依（Brouilly）山丘四周的坡地上，日照時間也較長。一些陡峭處，在夏天時中午的溫度可高達 45℃，產生一種「燒烤」感，因此酒的顏色深厚，單寧也較多，其酒力比鄰近土地為強，酒也細緻，散發出牡丹花和覆盆子的香味。土質則為風化的花崗岩土、班岩（porphyre）、片岩，地上的班岩常用來作為建築材料。一般可存放 3 ～ 6 年。

10. 布依（Brouilly）

10 個鄉村級葡萄園中最南端的一塊土地，面積也最大，1,200 公頃的葡萄園環繞在布依丘（Côte-de-Brouilly）的外圍。酒芳香、豐厚、平衡，口感沒有 Côte-de-Brouilly 那種細緻感，不宜久存。再往南邊就是普通 Beaujolais 的產地了，土質含火成岩成分也較少。

里昂丘地（Coteaux du Lyonnais）

位在里昂城的北邊，隆河省內，一塊存在已久，約 400 公頃的葡萄園，分散在 50 幾個小村鎮的土地上。自古以來就一直供應著里昂市民的飲用。1984 年晉升為獨立的 AOC。出產幾乎以 Gamay 葡萄釀造的紅酒、少許的白酒（Chardonnay、Aligoté）和玫瑰紅酒

（Gamay），酒清淡、細緻，要趁低齡時飲用。

布根地酒中可以找出的香味：

香味	白酒	紅酒
植物性	茶薦子的嫩芽（bourgeon de cassis）、菩提（tilleul）、羊齒草（forgère）	菸草、青草、黑莓芽
果香味	梨、蘋果、檸檬、香蕉、杏子、核桃、椰子、杏仁	紅、黑色水果：覆盆子（frambois）、黑醋栗（cassise）、桑葚、櫻桃、醋栗（groseille）、果醬味、梅子、無花果
花香味	牡丹（pivoine）、玫瑰、山楂花（aubépine）	玫瑰、紫羅蘭
灌木味		蘑菇、腐質土、rancio
香料味		胡椒、香草、月桂（laurier）、桂皮
焦烤味	烤麵包味	
佐料味	蜂蜜、牛油、糖蜜	咖啡、甘草、烤杏仁味

股票廣場

第 4 章　波爾多區（BORDEAUX）

　　波爾多產區位於法國西邊偏南，北邊是干邑（Cognac）產區，南邊與雅馬邑（Armagnac）和西南產區為鄰，近 117,500 萬公頃的葡萄園，不單是在法國，也是全世界最大、出產最多高品質葡萄酒的地區，看到「波爾多」也意味著好酒的意思。1961 年還有 34% 的產品是 "Vins de Table" 級，目前幾近於消失。波爾多（Bordeaux）古字義含有在水邊的意思（au Bord de l'eau），本區葡萄園遍布在整個基宏德河（Gironde）與其支流附近的土地上。從北到南縱長 105 公里，由西到東橫寬 130 公里的廣大面積上。依照釀造的方式、酒的顏色，它出產了所有類型的酒，有價格低廉的美酒到價格昂貴的好酒，有剛上市即可飲用的淡酒，也有稍等或長期存放的老酒，甜性、干性、氣泡、烈酒樣樣都有，種類繁多，完全可以依各人的經濟狀況和口味去選擇。

　　波爾多地區非常早就開始種植葡萄，西元前三世紀時塞爾特人（Celte）在加隆河（Garonne）岸建立碼頭，用來轉運錫、銅和附近

地方的葡萄酒。到了羅馬時代，這個地區更加繁榮，波爾多已變成商業行銷的中心區。由於葡萄酒的暢銷，更激起人們努力種植出好葡萄的慾望，酒農尋找一種非常適合本地氣候，又能大量生產，而且耐久存的葡萄來耕種，這品種稱為"Biturica"，可能是早年由希臘人引進的。但是這種可以釀造香濃、可口葡萄酒的葡萄已經消失了，有人說是 Cabernet Sauvignon 葡萄的前身。

　　此後就再沒有聽說波爾多葡萄酒了，它沉寂了幾個世紀之久，西元 1152 年 Aliénor d'Aquitaine 和 Henri Plantagenet（兩年後成為英王亨利二世）的聯姻也將阿基坦（Aquitaine）公國做了嫁妝。之後波爾多的酒大量銷售到英國各地，而且也享有特權。隨著市場需求，如同其他產區一樣，城鎮附近的土地很容易就被開發成葡萄園，而且多選在靠近溪河的地方來開發種植，之後再利用河水轉運到波爾多港外銷到各地。每年秋天，各大商船都集中於波爾多港，滿載貨物揚帆而去，葡萄酒業因此也在出口貿易中占了重要的一環。有了這種通商行為，一種「代理商」就應運而生，不過他們對於葡萄酒的認知仍然是有限的。遠在那個時代釀出的是一種淺色的紅酒，英文稱為"Claret"。釀好之後要盡快喝掉，以免變質，同時也不耐搬運和儲存，和現在的波爾多紅酒相差甚遠。一般人的口味還是偏向於布根地酒，甚至卡歐（Cahors）、加雅克（Gaillac）等酒，它們的知名度都勝過波爾多的葡萄酒。這種情況一直持續了兩個世紀之

早年代理商們的住宅區

久。十五世紀英法百年戰爭後，波爾多歸還成為法國的領土，但是它的酒一直到了今天，在英國仍然占有重要的市場，甚至還流傳到了英國的殖民地。

十七世紀初荷蘭的商業興起，掌握許多世界性的航路，一種新類型的飲料：咖啡、啤酒、烈酒、甜酒等迅速擴展開來，波爾多的Claret也受到很大的影響。這時人們已開始區別出來自於山坡地、沼泥地、礫石地出產的酒有何不同，也初步有地理環境和葡萄酒特性等相關概念了。

之後波爾多地方上的權威人士開始商討價格和酒的來源處，特別是某些鄉鎮內一些大戶的產品和某些廠牌，在英國特別出名。十七世紀中葉一種質優且耐存的葡萄酒誕生了，也改變了波爾多葡萄酒的命運，再加上玻璃瓶和軟木塞的發明使用，更有助於波爾多酒的發展。在英國稱這種新產品為"New French Claret"，還大大地受到人們的喜愛。接著這種酒在格拉夫區（Graves）和興起沒有多久的梅多克區（Médoc）迅速發展起來。

那時一些葡萄園的持有者，多為貴族和有錢的議員家族，有了龐大的資金挹注，遠較於別的產區，能發展得更快。十八世紀英、法之間的商業戰爭，雖然使得波爾多酒出口量大減，但是它的市場又受到部分貴族和中產階級人士的青睞，而成為這種高品質波爾多酒的新貴。人們除了開始欣賞「老」酒外，還傾向知道這些好酒的身分，於是"Château"名稱產生了（Château原意是城堡的意思，在波爾多酒中指原產酒廠）。

到了十九世紀後期，由於蚜蟲災的危害，葡萄園荒廢甚多，產量大減，進而造成仿冒酒、人工酒的氾濫，消費者的權益受到很大的損失。於是有了1889年的立法，明文規定了葡萄酒的定義。二十世紀初因葡萄園重建過多，生產過剩以致酒價暴跌。第一次世界大戰結束後，社會重建得到暫時的穩定，但1930年代又再次生產過剩，為了穩定市場，政府當局不得不做些管理上的工作。1935年成立了國家原產物管理局（INAO），所有夠水準的葡萄酒，完全由法定產區（AOC）的條例來管制。目前波爾多地區共有60個法

石榴色的 Clairet（早年的波爾多紅酒）

波爾多大教堂

海事金融交易所

定產區,除了嚴格控制生產的品質、數量外,同時也要顯示出產區的特色,這就是法國葡萄酒的精神所在。

近幾十年來葡萄酒在釀造的技巧上有驚人的進步,利用現代化的設備在釀造過程中更加容易控制,以達到產品的一致性。可是唯一的天然地理環境卻是不能被取代,波爾多地區就具備了這種先天的條件,不管葡萄酒再怎麼改變,波爾多酒永遠就是波爾多酒。

氣候

波爾多區是典型的海洋性氣候,溫和、潮溼,由西邊吹來大西洋的強風,受到了朗得(Landes)松林的阻擋和保護,同時又有基

波爾多產區
BORDEAUX

- Médoc
- Libournais
- Entre deux mers
- AOC Bordeaux

Gironde
基宏德河

Médoe

Haut Médoc

Blave

Bourg

Bordeaux

Libournais

St. Emilion鎮

Dordogne河

波爾多市

Entre-deux-Mers

Graves

Sauternes鎮

Garonne
加隆河

Bordeaux

波爾多石橋

夜景

宏德（Gironde）河及其支流和大西洋暖流的調節，全區氣溫相差不大，年平均溫度約 12.5℃，日照時也有 2,000 小時，比較擔心的還是夏天的驟雨和冰雹。

土地

波爾多產區以土質成分和結構層次習慣分成三部分：

梅多克區（Médoc）

基宏德（Gironde）河西邊的土地是梅多克區，在此廣義地包括了格拉夫（Graves）和索甸（Sauternes）地方。這邊屬於礫石土地帶，地層中是黏土、石灰土、砂石土，依其含量、結構而構成不同的鄉村級產區。索甸地方的土層混合得比較均勻、和諧。

里布內區（Libournais）

位於多荷多涅（Dordogne）河的北邊，地形變化大，土質結構比較複雜。

里布內區以石灰黏土地為主

- 在聖愛美濃（St. Emilion）鎮附近的土地是矽質岩土，或風蝕的沉積砂岩土覆蓋在石灰質或石灰黏土的台地上。城南的斷層帶是崩塌的砂石或矽質淤泥土覆蓋在第三冰河期的礫石土上。
- 近多荷多涅河（Dordogne）及其支流河床的平原地上則是沖積的砂質土，其中混有碎礫石。
- 與玻美侯（Pomerol）交界的地帶是矽質的礫石土、黏土、石灰土，和一種含有鐵質的紅砂土，這也是在波爾多地區唯一僅有的特殊土地。
- 基宏德（Gironde）河右岸的布萊葉（Blayais）和布杰（Bourgeais）多為沼泥土地。

兩河之間區（Entre-deux-Mers）

夾在加隆河和多荷多涅河中間的三角地帶，是沖積的砂質土地，在中央和北邊的部分土地上覆蓋了一層石灰質的黏土。南邊地形較陡峭，土中的礫石土較多。

酒的類型和品質，完全是看土質和地下層的結構而定。砂質土出的酒細緻，石灰土出的酒圓潤，黏土出的酒緊密強勁芳香，礫石土出的酒平衡，如果土質過度肥沃所出的產品，反而缺少吸引力。

葡萄的品種

釀造紅酒的葡萄

1. 卡本內－蘇維濃（Cabernet sauvignon）

有「葡萄王」的美稱，原產地是波爾多地區，第二收成期晚熟型的葡萄，因此也常躲過初春的結霜，深紫色圓形的顆粒，果皮厚，性喜溫

熱的氣候，只要環境良好，就很容易生長，而達到應有的成熟度，抵抗力極強，成長量也非常穩定。在波爾多地區占 30% 的種植面積，多半長在 Médoc 和 Graves 地熱的區域。

釀出的酒顏色深，澀度大，酒也醇，口感緊密，有特別的香草味、黑色水果味（茶藨子、櫻桃、李子、桑葚等味）、植物的青香（青椒等味）、成熟後則有烘培、咖啡、菸草、果醬、甘草、皮革味，抗氧化力強，可以長期儲存。除了在波爾多地區外，北邊的羅亞爾河谷、西南產區、地中海沿岸都有種植。早年由歐洲的移民和傳教士們把這種葡萄帶到了新世界，廣泛種植，是目前全世界最受矚目的紅色葡萄種。

2. 卡本內－弗朗（Cabernet Franc）

原產地是在法國的西邊，自羅亞爾河一直到南邊的庇里牛斯山，在波爾多產區多半種植在里布內（Libournais）地方，占種植面積的 16%。第二收成期的葡萄，較 C.S. 的葡萄皮為薄、多汁，釀出的酒較 C.S. 為柔，十分芳香，單寧度也低。特別是有覆盆子、紫羅蘭、灌木、桂皮、杏仁味和綠椒香，酒成熟後會散發出麝香、松露、菸草味。

3. 梅洛（Merlot）

原產於波爾多地區，第二收成期早熟型葡萄，性喜地寒，但又容易受到冬末春初的結霜侵害。開花季對卷葉蟲非常敏感，採收率易大減，收成量極不穩定。成熟的葡萄散發出熟透的紅、黑色水果味，並含有大量的糖分，釀出的酒酸度低、口感柔軟、酒精度也高，強勁、澀度柔順。酒成熟後散發出蘑菇、松露、皮革、烏梅味，占了波爾多地區種植面積的 54%，多集中在里布內地方，也是波爾多產區最多的紅種葡萄。此外，還大量種植在蘭格多克（Languedoc）地方。

4. 瑪爾貝客（Malbec）

又稱為鉤特（Côt）、歐歇華（Auxerrois），是一種非常早熟的葡萄，對於卷葉蟲非常敏感，收成量不規則，近幾十年來的產量在波爾多產區逐漸減少。釀出

的酒稀薄，陳年變化慢，香味缺乏細緻性，結構堅實緊密又柔和，時間久了散發出胡椒、松露味。除了波爾多地方，羅亞爾河谷的都漢（Touraine），西南產區的卡歐（Cahors）都有出產。在波爾多地方種植的不多，都和別的葡萄混合使用（給酒帶來了顏色和甜味）。顏色的深厚度視採收率而定。

5. 小維鐸（Petit Verdot）

一種晚熟型的葡萄，如果種植在沼泥土地或沖積土地上，會長得出奇特好，釀出的酒顏色非常深，澀度極大，適合久存，在波爾多地方占的分量極微，和 Malbec、Carmenère 加起來還不到全區產量的 1%。

6. 加美內（Carmenère）

釀造白酒的葡萄

1. 榭蜜雍（Sémillon）

原產地是波爾多地區，種植面積相當廣泛，一直延伸到地中海沿岸，在波爾多地方幾乎占了白種葡萄 1/2 的耕種面積。第二收成期晚熟型、顆粒小、皮厚、含糖量高、香味不明顯，但是非常細緻。在特殊的環境下被白黴菌（botrytis cinérea）侵蝕過，內部水分喪失外皮乾皺，相對地糖分提高，非常適合釀造白甜酒。反之，其對卷葉蟲非常敏感，如受到病菌的侵蝕，極易腐爛。不適合釀造高品質的干白酒。

2. 蘇維濃（Sauvignon）

原產地在法國西邊，性喜溫和的氣候，橢圓型的顆粒、味酸、辛辣、青澀的灌木味，釀出的酒有複雜的香味。如出自某種土地會有一種特別的灌木腥澀味，通常多用來釀造干白酒，細緻高雅，有時也混在別的品種內釀造高品質的貴腐甜酒。

3. 蜜斯卡岱（Muscadelle）

十分芳香，含有大量的麝香味，通常添加在別的葡萄種中釀造貴腐甜酒，產量不是很多，約占白種葡萄產量的 5%，對於「灰色的腐爛」非常敏感。

4. 高倫巴、白于尼（Colombard、UgniBlane）

這兩種來自於北邊干邑地區的白種葡萄，占了產量的 3%，多種植在 Blaye、Bourg 地方。

1855 年的等級劃分

簽署文件

中世紀時波爾多的酒大量外銷到英國和北海諸國，多以木桶裝運，酒都不能存放太久。到了十八世紀新品質的好酒出現，酒商們大量收購葡萄（酒）自己來釀造、陳年培養，然後再裝在玻璃瓶中出售，從此就有了來源地和品質比較的概念了。

在以前，波爾多的酒也有等級的劃分，但並不十分完善。1855 年拿破崙三世要求做正式的官方等級劃分，以便在當年的巴黎世界博覽會公布、介紹波爾多的美酒，這項任務交由波爾多地方商會主辦（Chambre de Commerce de Bordeaux），由酒業專門人士負責工作，除了品質，價格也在考慮之內，當年基宏德（Gironde）地方的酒共有 61 個城堡的紅酒被選中為等級酒莊（Crus Classés），其中 60 個城堡在梅多克（Médoc）區內，1 個城堡在卡夫（Graves）區內。

當年 61 個城堡共分成五種等級：

4 premiers crus	*4 個第一等級*
15 deuxièmes crus	*15 個第二等級*
14 troisièmes crus	*14 個第三等級*
10 quatrièmes crus	*10 個第四等級*
18 cinquièmes crus	*18 個第五等級*

這種以城堡排名的制度，一百多年來幾乎沒什麼變動，只有在 1973 年時 Château Mouton-Rothchild 晉升為第一等級。這麼長久的時間，有的酒廠換主多次，或耕地的擴充，或隨著潮流經營理念的變更，這種等級劃分很難作為評判 Médoc 酒的唯一指標。同年還有 27 個索甸（Sauternes）、巴薩克（Barsac）的白酒被選入級。

1 premier cru Supérieur	*1 個超等級*
11 premiers crus	*11 個第一等級*
15 seconds crus	*15 個第二等級*

梅多克區的中產階級酒莊（Les Crus Bourgeois du Médoc）

十五世紀時，波爾多梅多克地方上的中產階級人士准許向上一階層的地主們購買土地，他們選了該區最佳的土地來種植葡萄，從那時起就有 "Cru Bourgeois" 的名詞了，但是沒有出現於 1855 年的等級劃分。1932 年由地方商會和基宏德（Gironde）農會組成梅多克區中產階級酒莊等級劃分，並非官方性的。從 2003 年起這些酒莊被 INAO 要求，在釀造進行中各階段的工作都要依照原呈報的計畫去做，還要接受定期品嚐和嚴格的查驗。2008 年有 243 個莊園通過官方鑑定為「中產階級酒莊」。這種鑑選每年 9 月舉辦一次。目前年產量有 1,800 萬公升，占了梅多克產量的 30%。

酒標上並不一定要顯示出 "Crus Bourgeois" 的字。

聖愛美濃（St. Emilion）的等級劃分

1954 年應聖愛美濃地方公會的要求，INAO 對本區的酒進行了等級劃分，並裁決以後每十年校正一次。1958 年稍微修正了一下，1969 年做了第二次的劃分，1985 年（代替 1979 年）做第三次的劃分。1996 年、2006 年又有第四、五次的劃分，最新一次劃分是在 2012 年完成並公布如下：

4 premiers grands crus classes A	4 個第一特別等級 A 組
14 premiers grands crus classes B	14 個第一特別等級 B 組
66 grands crus classés	66 個特別等級

博美侯（Pomerol）的等級劃分

是唯一沒有正式官方等級劃分的產區。

格拉夫（Graves）的等級劃分

在 1855 年等級劃分時，本區只有 Château Haut-Brion 城堡進入第一等級；1959 年的官方等級劃分，沒有任何城堡通過，但有 16 個酒莊的產品獲選入圍，只註明 "Cru Classé"，沒有等級的意識。

四面神

大波爾多產區內共有 60 個法定產區，依其特性它們歸為 6 個族群：

- 波爾多和優級波爾多（AOC Bordeaux & AOC Bordeaux Supérieur）
- 波爾多丘地（AOC Côtes de Bordeaux）
- 聖愛美濃、玻美侯、弗朗薩克（AOC St. Emilion、Pomerol、Fronsac）
- 梅多克、格拉夫（AOC Médoc、Graves）
- 干性白酒（vins blancs secs）
- 波爾多甜酒（sweet Bordeaux）

｜ 大區域性的法定產區

波爾多酒和優級波爾多酒（AOC Bordeaux & Bordeaux Supérieur）：

七萬二千公頃的普通級葡萄田，占波爾多大產區總面積的 61%。

區內採收的紅、白葡萄，依照規定（含糖量、採收率、酒精度………等）釀成的紅、白、玫瑰紅酒，通過鑑定後，既可獲得普通等級的波爾多酒（AOC Bordeaux）證明。

- 波爾多紅酒：散佈在產區內不同的地段、方位和不同土質上，釀出的酒品質很懸殊，各生產者都會選擇上好的葡萄來釀造、混酒，以求其和諧、穩定。一般不必要陳年、存放，新釀好的酒就可顯露出它的細緻、高雅、和諧，散發出茶藨子、紫羅蘭、輕微的櫻桃、胡椒味，尋求酒中的果香。澀度單薄、果香味多的酒都盡快瓶裝上市，封閉的酒則做短暫的陳年使澀度柔和，芳香、口感變得更複雜。搭配的菜餚範圍甚廣，從淺嚐的小菜、河魚、一直到佐餐用的白肉類和簡單烹調的紅肉類都可，完全依照酒的特性而定。

- 波爾多白酒：占了產量的 1/4，性干、大量的漿果 - 杏子、桃子，夾雜著花香 - 黃楊（buis）、染料木（genêt）、洋槐（acacia）味，呈現出清鮮，微酸的平衡，合為一種強烈的芳香。搭配的菜餚從海產中的殼貝類到魚蝦、前菜冷盤到白肉類都非常適合。

- 波爾多玫瑰紅酒：同樣採用紅種葡萄來釀造，壓榨時經過輕微的浸泡，獲得洋蔥或是鮭魚肉般的顏色，散發出花、果香味和香料味，口感微苦，可搭配簡單的冷盤。

早年釀造的波爾多紅酒，清澈、明亮是好酒必備的條件。

- 另外一種淡紅色波爾多酒（Clairet）：早年釀出的波爾多紅酒，目前還有廠商在釀造，但產量不大，對於葡萄的挑選比較嚴格，釀造時壓榨浸泡時間較長（通常用 48 小時替換了前者的 12 小時）釀成後結構、顏色、酒力都較玫瑰紅酒為強，輕微的澀味非常適合搭配亞洲食物、各種拼盤。一般都趁低齡期飲用，不宜保存侍酒溫度以 11℃為宜。

- 優級波爾多酒（AOC Bordeaux Supérieur）：產區內一些上好地段的產品，依照作業規格種植、採收、釀造，品嚐，還要 12 個月的木桶陳年。種植面積約 9000 公頃，產品幾乎都是紅酒，釀成後不得低於 10,5 度，顏色較深、過熟的紅色水果、香料味、澀度適中、結構緊密堅實也是其特色，等待兩、三年後再開瓶效果更

佳，保存期也較一般級的波爾多酒為久，適合搭配野味、家禽類、紅肉類，或是精煉的乳酪。

波爾多丘地（Côtes de Bordeaux）：

產區內幾處陡斜的山坡地，種出的葡萄特別美好，釀成的酒具有特殊風味，這些存在已久的古老葡萄園 2009 年更名為波爾多丘地區酒（Côtes de Bordeaux），此名稱加在四個地區（Blaye、Cadillac、Castillon 和 Francs）之後，例如 Cadillac côtes de Bordeaux, France côte de Bordeaux 等。16,500 公頃的葡萄田是大產區面積的 14%，紅酒占了大部分。

波爾多氣泡酒（AOC Crémant de Bordeaux）：

在十九世紀就已存在的產品，1990 年進入 AOC 級，使用同樣的葡萄以香檳法釀造，產量不多，幾乎都是白氣泡酒。玫瑰紅和紅氣泡酒產量極少。常在酒會中取代香檳酒。

II 明訂區域性及 III 鄉村級的法定產區

在波爾多地方依土地的性質可劃分成三大部分：
- Médoc 區（包括 Graves、Sauternes 產區）
- Libournais 區
- Entre deux Mers 區

A. 梅多克區（Médoc）

指波爾多市北邊，基宏德（Gironde）河西邊一塊狹長半島形的土地，耕地面積南北長 80 公里，東西寬 10 幾公里。在波爾多地區算是塊開發較晚的土地，由於特殊的地理環境，葡萄在此地生長成熟後，可釀出品質更高還具有特別風味的酒，因而馳名於世。

這塊半島形的土地西邊是大西洋，東邊是基宏德河，由可耕葡

梅多克之門

萄園的極限往西一直到大西洋岸邊，剛好有一大片松樹林阻擋了西風，加上海洋及河水的影響，區內的天氣悶熱又潮溼，全年日照時數 2070 小時，氣溫變化不大，在波爾多地區算是氣候最溫和的。

因為地形的不同又分成兩部分，較北邊地勢較低的部分稱為下梅多克（Bas-Médoc，bas 在法文中是低的意思），南邊略高一點的台地則稱為上梅多克（Haut-Médoc），區內還有六塊特殊的土地，出產的酒更具有自己獨特的風格，而且都有自己獨立的法定監制權，被列為「鄉村等級法定產區」（Appellation Communale）。這六個產區是：St. Estèphe、Pauillac、St. Julien、Margaux、Listrac、Moulis。

（1）下梅多克區（Bas-Médoc）

位於基宏德河出海口左邊的一片沖積砂洲上，土質變化大，是以泥灰土、石灰土、黏土、礫石土為主，上面覆蓋了碎石卵石，非常適合葡萄的栽種，一些酒的特性都在不同的土質中反射出，礫石土上種植了卡本內－蘇維濃（Cabernet Sauvignon）葡萄，其釀出的酒顏色深、強勁，可存放極長久的時間，含鈣質的黏土地上種植的梅洛（Merlot）葡萄，其釀成的酒細緻、芳香、高雅，低齡時即可飲用，不過兩者都外加卡本內－弗朗（Cabernet Franc）葡萄混合釀造，很少單獨使用。4,700 公頃的葡萄園沒有等級酒莊（Cru Classé），但

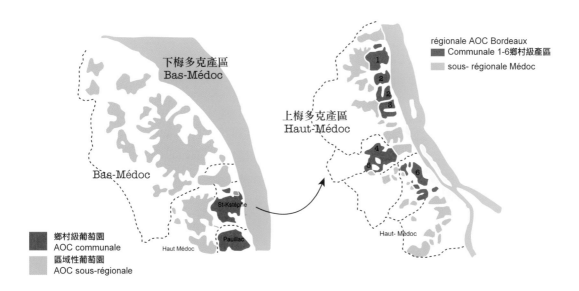

下梅多克產區
Bas-Médoc

上梅多克產區
Haut-Médoc

Bas-Médoc

St-Kstéphe

Pauillac

Haut Médoc

régionale AOC Bordeaux
Communale 1-6鄉村級產區
sous- régionale Médoc

Haut- Médoc

鄉村級葡萄園
AOC communale
區域性葡萄園
AOC sous-régionale

是有很多的中級酒莊（Cru Bourgeois）。好年份的出品陳年過後酒味豐潤、濃厚，和上梅多克（Haut-Médoc）的酒不相上下，尤其它的價格特別吸引人。

（2）上梅多克區（Haut-Médoc）

　　造成本區的好酒馳名於世之因素很多，其中土地是非常重要的一環，擁有和下梅多克（Bas Médoc）區一樣的土質，但結構層次上卻不相同，葡萄田多位於一些由礫石土形成之連綿丘陵的坡地上，地下的結構分成三條平行帶，沿著基宏德河岸是第四疊紀形成的礫石土地，而產區的西邊是較早（第三疊紀末期）形成的礫石土，兩者當中則是一些混有石灰土、黏土、砂石土不同比例的土地，也造成了各酒莊不同的獨特性。里斯塔克（Listrac）附近是區內的最高處，海拔也只有43公尺，整個台地朝向基宏德（Gironde）河傾斜，向陽性也強。

　　釀造用的葡萄還是以卡本內－蘇維濃（Cabernet Sauvignon）為主，它雖然適合礫石土的地熱，可以長得非常完美，但很少單獨釀造，多半混合了梅洛（Merlot）葡萄，使酒圓潤柔軟。上梅多克酒的

酒瓶容積大，酒陳年速度也慢。

結構有一種不可比較的天然特性，它必須置放在木桶或瓶中一段時間，陳年變化後呈現出一些複雜性，口感也會變得圓潤、平衡，但並不失其莊嚴性。

　　4,657 公頃的葡萄田佔了整個梅多克產區的 28.5%，一半屬於中階級酒莊。出產了各種不同類型、價格的酒，從隨時都可飲用、結構簡單的低齡酒，到必須存放才能飲用的高齡酒都可以找得到，這是和其他產區不大相同之處。在上梅多克（Haut-Médoc）區內也有一些酒農種植白種葡萄，其釀出的干白酒品質非常好且也很出名，但因為沒有遵守 INAO 的釀造規定，故無法獲得上梅多克的「法定產區權」，只能算是大產區級的波爾多酒（Appellation Bordeaux Contrôlée）。1855 年本產區一共有 5 個城堡（Châteaux）入級為 "Crus Classés"。

　　上梅多克區內的等級酒莊（Crus Classés de Haut-Médoc）

　　第三級：*Château La Lagune*

　　第四級：*Château La Tour Carnet*

　　第五級：*Château Belgrave*、*Château de Camensac*、*Château Cantemerle*

旅遊中心的展示館

酒窖一角——釀造木桶

（3）六個鄉村級產區（Appellation Communal）

a. 聖艾斯岱伕（St. Estèphe）

位於 Haut-Médoc 最北邊的一個鄉村級法定產區，南北兩端各被一條小河溝切開，北邊連接 Bas-Médoc 產區，南邊和布宜雅克（Pauillac）產區為鄰。這塊沖積而成的平台地，地下層石灰質的黏土、砂土成分多，出產的酒酸澀度大，必須長年存放，但是近幾十年來，大大提高梅洛（Merlot）的使用比例，使酒的口味改變了不少。

一般而言，聖艾斯岱伕（St. Estèphe）的酒顏色深濃、胭脂紅（carmine）中反射黑光，有極多的果香味，尤其是熟透的黑色水果味，這表示卡本內（Cabernet）的葡萄成分多；如果紫羅蘭的香味強，表示梅洛（Merlot）占有相當的分量。再混合了一些因釀造和陳年過程而產生的香味（香料、樹脂、香草、燒烤味等）。口感上單寧的生澀味重，結構堅強。氣候熱的年份產品較柔和，若存放若干年後再開瓶，這時澀味會融於酒中，酒香味變得更複雜，口感也和諧、平衡。搭配的食物以味道重的肉類為宜。

1256 公頃的葡萄園，有 1/4 的產量是由 Marquis de St. Estèphe 釀酒合作社釀造，在別的產區很少見。1855 年等級劃分時，全區有

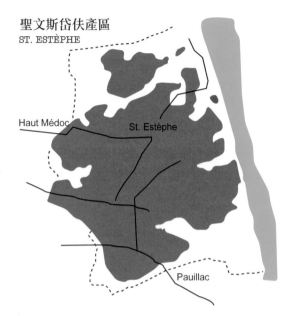

聖文斯岱伕產區
ST. ESTÈPHE

Haut Médoc
St. Estèphe

Pauillac

5 個酒莊被選定為 Crus Classés 級。Cru Bourgeois 級的酒莊佔了產量的 2/3，釀出不少的好酒。還有很多獨立小酒莊釀造的酒，產量雖然不多，但是品質極好。

聖艾斯岱伕區等級酒莊（Crus Classés de St. Estèphe）

第二級：*Château Montrose*、*Château Cos d'Estournel*

第三級：*Château Calon-Ségur*

第四級：*Château Lafon-Rochet*

第五級：*Château Cos Labory*

b. 布宜雅克（Pauillac）

緊接在聖艾斯岱伕（St. Estèphe）南邊一塊崎嶇不平的土地，朝著基宏德河（Gironde）微微傾斜，1,100 公頃的葡萄園涵蓋了整個布宜雅克（Pauillac）村和幾個鄰村交界的土地，產區當中被一條小溪貫穿形成兩塊台地。土地的下層是第四疊紀的礫石土（Graves de

不少的民宅坐落在葡萄園中

Günz），礫石土深厚且純，地面上散滿了鵝卵石，這種土地產出的
酒均勻性高，加上葡萄園的方位、釀造等因素形成 Pauillac 酒的一
致性高。

　　各種有利的條件，加上靠著基宏德河水的調節，本區時常躲過初

微微地傾斜的葡萄園向著基宏德河

深厚的礫石土中混了鵝卵石

春的結霜，葡萄成熟也早，Cabernet Sauvignon 葡萄可在這種環境長
得非常美好，它占了產量的 62%，其他的葡萄品種還有：Merlot 占
31%、Cabernet Franc 占 6%、Petit Verdot 占 1%。

　　Pauillac 酒有著深濃的紅寶石顏色，隨著時間會變成暗黑色。初
聞時嗅感強勁，香味複雜，非常細緻，深聞之後可發現一些黑色水
果味極強，尤其有種黑櫻桃果醬味，夾帶著燒烤
味、樹脂、香草、香料、皮革等味，花香味極多，
在其他等級產區（Crus Classés）是少有的，口感也
堅實、平衡、和諧，單寧多但不是那麼粗獷，經
過一段陳年期的融合，則變成複雜高雅的口感，
但仍保有其強勁的醇厚度，有「Médoc 精髓」的美
譽。1855 年有 18 個酒莊進入等級劃分。1973 年，
Château Mouton-Rothschild 晉升為第一級，目前
一共有三個第一級、兩個第二級、一個第四級、
十二個第五級。由此可見，Pauillac 酒是一種高品

老酒　　梅多克區也生產白酒

巨無霸

質的好酒，聞名於世，搭配的食物以細緻、味道重的肉類或水禽類為宜，或是菇、菌類的配菜結合輕微的甜味更佳。

布宜雅克區等級酒莊（Crus Classés de Pauillac）

第一級：*Château Latour、Château Lafite-Rothschild、Château Mouton Rothschild*

第二級：*Château Pichon Longueville Baron、Château Pichon-Longueville Comtesse de Lalande*

第四級：*Château Duhart-Milon*

第五級：*Château Pontet-Canet、Château Batailley、Château Haut Batailley、Château Croizet Bages、Château Clerc Milon、Château Grand Puy Ducasse、Château Grand Puy Lacoste、Château Haut Bages Libéral、Château Lynch Bages、Château Lynch Moussas、Châteaud'Armailhac、Château Pédesclaux*

田野花園

對門的兩座 Pichon-Longueville 城堡

c. 聖茱莉安（St. Julien）

產區位於極出名的布宜雅克（Pauillac）和瑪歌（Margaux）產區當中，一塊 14 平方公里，幾乎為方形的土地上，第四疊紀前期的礫石土，地形也像其他梅多克鄉村級產區一樣，起伏的崗巒上散布了由基宏德河上游沖積下來的圓卵石，有的地方則是砂土、黏土的斷層谷坡。整個產區微微地向東傾斜，日照時間也多，加上卵石可蓄積白天的熱能，排水也容易，各方面條件都有利於葡萄的生長，使得聖茱莉安（St. Julien）成為各優秀酒莊最密集的產區。910 公頃的葡萄園在 1855 年等級劃分時有 11 個酒莊被列入等級，其中第二等級酒莊就占了 5 個，第三級酒莊有 2 個，第四級酒莊有 4 個，沒有第一級和第五級的酒莊，由此可見 St. Julien 酒是比較均勻的。

聖茱莉安酒在低齡時有著紅寶石般的顏色，隨後變成幾乎近於黑的深紫色。充沛的果香味中混合了紫羅蘭味，加上燻烤、香料味，最好等待一段陳年期，讓酒成熟再開瓶，之後則變得圓潤柔軟，具有花的清香，高雅大方，同時散發出冰糖的甜味，時間更久就會出現松露、麝香、皮革味等，結構十足，口感也濃厚。

此酒綜合了南、北兩大出產區的特性，Pauillac 的酒勁、醇度，

Margaux 的細膩和澀度，口感上非常均衡、和諧，因此在特性上並不十分凸顯。食物的搭配也比較廣泛，總而言之，只要細緻一點的菜餚即可。

聖茱莉安產區等級酒莊（Crus Classés de St. Julien）

第二級：*Château Gruaud-Larose、Château Ducru-Beaucaillou、Château Léoville-Las Cases、Château Léoville-Barton、Château Léoville-Poyferré*

第三級：*Château Lagrange、Château Langoa-Barton*

第四級：*Château Saint-Pierre、Château Beychevelle、Château Branaire-Ducru、Château Talbot*

台地微微地向東傾斜，民宅的後方就是基宏德河。

美麗的田園

d. 里斯塔克（Listrac）

　　里斯塔克（Listrac）是遠離基宏德河的一個內陸鄉村級產區，它的地勢是幾個鄉村產區中最高的一個（海拔高度只有 43 公尺）。670 公頃的葡萄園歸納成三種類型的土地：西邊的三個小圓丘土地是古老的礫石土，地下是石灰土、黏土、灰泥土；產區中央是平坦的台地，石灰質黏土坐落在石灰層土地上，也以此地出產的酒最為典型；東邊是一小塊晚期的礫石土，比中央台地略高一點。

　　里斯塔克酒粗獷、堅實，長期陳年仍不易去除它的青澀味，是一種莊嚴雄壯的酒。近二十年來，酒農也利用釀造的技巧慢慢地改善品質，釀出較細緻、圓潤的新產品。一般酒的顏色深厚呈黑紫色，大量的黑色果香味，混有燻烤、甘草、香料等味。搭配的食物以木炭燒烤的肉類、野味為宜，中式菜餚的乾焗、臘肉更佳。產區內沒有等級酒莊（Cru Classés），但是有很多中級酒莊（Cru Bourgeois）。

e. 慕里斯（Moulis）

　　慕里斯（Moulis）出自於 moulin（風車）的古字，古代居民利用
附近的小溪，建造了很多的風車來磨麥因而得名，現在仍存有一些
百年戰爭時遺留的風車。慕里斯（Moulis）位於瑪歌（Margaux）產
區西北邊一塊高起的台地上，斜狹的地形為東北、西南走向，產區
面積也不大，只有 603 公頃，是梅多克六個鄉村級產區中最小的一
個。土地多以礫石、石灰、黏土為主，一些好的酒莊多位於產區東
北邊的礫石丘陵地上。

　　早期對外的運輸和銷售，需要靠水運的幫助，慕里斯產區和里
斯塔克產區一樣離基宏德河遙遠，沒有像靠近水運區那麼方便，所
以酒的知名度不太。直到 1869 年修建鐵路後才有了改善，但這已
經是 1855 年等級劃分 14 年之後的事了。區內沒有等級酒莊（Cru
Classés），但是有很多中級酒莊（Cru Bourgeois）。

　　慕里斯的酒有濃厚的果香味，甘美細緻（當然沒有 Margaux 那般
水準），成熟變化期也較其他同級的酒為快，在飲用時間上占了上
風，其特性也隨酒莊而定，一些好酒莊的產品也可長年保存。搭配
的食物以燒烤的肉類、家禽類，中式菜餚則以紅燒類為宜。

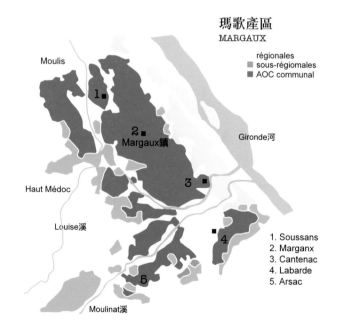

瑪歌產區
MARGAUX

régionales
■ sous-régiomales
■ AOC communal

Moulis

1 ■

2 ■
Margaux鎮

Gironde河

Haut Médoc

3 ■

Louise溪

4 ■

1. Soussans
2. Marganx
3. Cantenac
4. Labarde
5. Arsac

5 ■

Moulinat溪

f. 瑪歌（Margaux）

　　瑪歌（Margaux）是位於上梅多克（Haut-Médoc）區最南邊的一個法定鄉村級產區，1,400 公頃的葡萄園分散在五個村鎮上，不過大部分的田地都集中在 Margaux 和 Cantenac 村，其餘分散在北邊的 Soussans 村和南邊的 Arsac、Labasde 村。整塊產區的地形微微地向基宏德河傾斜。區內的土地結構變化較大，分

為中央產地和邊緣產地，除了一些地勢較高的地方，一般而言礫石土都很純，又混了小圓卵石，排水性極佳。這種小卵石囤積了白天的熱能，到了晚上再散發出來，容易增加葡萄的成熟度，加上河水的影響，更有利於葡萄的生長。部分葡萄園處於斷層的谷坡地上，土中含有黏土、砂土成分較多，沿著基宏德河岸向內兩公里左右的帶狀地段上是石灰黏土。

　　瑪歌（Margaux）馳名於世，在波爾多酒中有「女性化」酒的美譽。也像其他 Médoc 酒一樣，除了有堅強的結構，還有其細緻性和特別的香味。紅寶石般的顏色，傾向於深石榴色，濃厚、

發酵的大木槽和內部的調溫器。

瑪歌之家

　　閃爍發亮，香味複雜以及階段性的變化，活潑高雅，最先是紫羅蘭的清香中混有黑色水果味（尤其是櫻桃、桑葚、黑茶藨子味），然後有一些香料、香草、桂皮、樹脂、焦烤、松露、菸草、檀香等味都會在酒中出現。口感豐潤、細膩，單寧的收斂性極強，但不粗獷，非常細緻高雅、平衡和諧，後口感非常地長。

　　1855 年等級劃分一共有 21 個酒莊進入等級，其中最出名的是第一級的 Château Margaux，第二級有 5 個，第三級有 10 個，第四級有 3 個，第五級有 2 個，再加上一些 Cru Bourgeois 的酒莊，可見瑪歌（Margaux）酒是有相當水準的。

　　通常 Margaux 酒要置放一段時間，等到有點成熟度後再開瓶，它的香味結合了以澀出名的獨特風格，慢慢地品嚐。搭配的食物主要以細緻的肉類料理、不太肥膩為主，像是一些有生羶味的飛禽類更佳。

瑪歌區等級酒莊（Crus Classés de Margaux）

　　第一級：*Château Margaux*

　　第二級：*Château Rauzan-Ségla*、*Château Rauzan-Gassies*、*Château*

Durfort-Vivens、*Château Lascombes*、*Château Brane-Cantenac*

第三級：*Château Boyd-Cantenac*、*Château Cantenac-Brown*、*Château Desmirail*、*Château Ferrière*、*Château Kirwan*、*Château d'Issan*、*Château Giscours*、*Château Malescot St. Exupéry*、*Château Palmer*、*Château Marquis-d'Alesme Becker*

第四級：*Château Marquis de Terme*、*Château Prieuré-Lichine*、*Château Pouget*

第五級：*Château du Tertre*、*Château Dauzac*

（4）格拉夫區（Graves）

　　格拉夫（Graves）是塊古老的葡萄園產區，因為它的礫石土地而得到"Graves"名稱。產區位於波爾多市的南邊，和北邊的梅多克（Médoc）產區遙遙相對。從波爾多市的南郊沿著加隆河西岸一直到朗貢市（Langon），長約六十公里、寬約十五公里的一塊廣大土地。遠在羅馬高盧時代以前就已經有了葡萄的種植，但是真正的擴展則是在中世紀，那時格拉夫（Graves）的酒深受波爾多地區的人們所喜愛，甚至還實施一些保護措施。

　　西元 1152 年，Aliénor d'Aquitaine 遠嫁到英國，也將整個阿基坦（Aquitaine）公國當做嫁妝。同時也把一種稱為"Claret"淡色紅葡萄酒，大量銷售到英國，而且在市場上享有許多特權。北海禁運解除後，貿易因此更加繁榮。由於人們對葡萄酒的喜愛，更促進葡萄的種植，田地已漸漸由城市的邊緣向格拉夫（Graves）南邊的地區擴展延伸，這邊是加隆河（Garonne）及其支流沖積成的台地，地表有很多丘陵坡地，上面布滿了礫石土和一些五顏六色的小圓卵石，排水容易又能儲存熱量，有利於葡萄的成熟。地下層是海星階的石灰土、黏土、紅砂石土。西邊是大片的樹林，也可調節溫度，又是狩獵的好地方，野味剛好搭配本區的好酒。

　　格拉夫（Graves）南邊土地的結構也不同於北邊，中小型的酒莊

古代運輸水道

極多，品質極難有產區北邊那般的水準。不過，近二十年來，當地的酒農也已著手改善，如釀造技巧、採收率的降低、木桶陳年等工作，使其產品也有自己獨特的風格。

小產區

a. 格拉夫（Graves）

格拉夫（Graves）除了紅酒以外也出產很多品質優良的白酒，這是和梅多克（Médoc）產區不同的地方。3,000 公頃的葡萄園，有 2/3 的面積種植紅種葡萄，1/3 的面積種植白種葡萄來專門釀造干白酒，另外還有 670 多公頃的土地在索甸（Sauternes）區的周圍，是優級格拉夫（Graves Supérieures）產區，出產的白甜酒沒有索甸那般的水準，也不宜久存。

紅葡萄種仍以卡本內－蘇維濃為主，但是梅洛的成分較梅多克

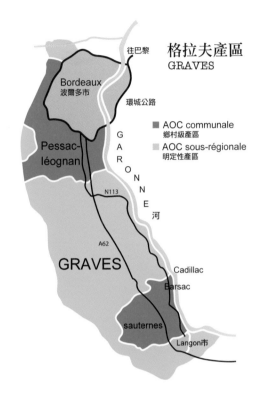

格拉夫產區
GRAVES

往巴黎

Bordeaux
波爾多市

環城公路

■ AOC communale
　鄉村級產區
■ AOC sous-régionale
　明定性產區

Pessac-
léognan

GARONNE河

N113

A62

GRAVES

Cadillac
Barsac

sauternes

Langon市

梅克多區的礫石土地

（Médoc）區為多，由於產區位在南邊，葡萄也較早成熟，除了有梅多克（Médoc）酒的通性外，酒還略有土味，焦烤味也重，近於咖啡摩卡、巧克力味，口感較粗、強勁、結構也好，可以存放。有些酒農專門釀造比較圓潤的酒，讓消費者盡快飲用掉。

　　白葡萄酒有干性、半干、甜型三種，稍微置放幾年，香味會變得更複雜，特別是熱帶水果味。特性、口味還要看蘇維濃（Sauvignon）、榭蜜雍（Sémillon）、蜜斯卡岱勒（Muscadelle）葡萄的混合比例而定。一般清淡的酒搭配海鮮，郁濃的酒搭配白肉類或家禽類的食材。

b. 貝沙克－雷奧良（Pessac-Léognan）

　　位於波爾多市南郊的貝沙克－雷奧良（Pessac-Léognan）原屬於格拉夫（Graves）產區。1987 年以貝沙克（Pessac）、雷奧良（Léognan）兩村莊為主的 10 個小村子一起獲得了「法定產區」（Appellation Originale Contrôlée）監制權，脫離了格拉夫產區，升等成為鄉村級

微微傾斜的葡萄田面向東邊的加隆河

產區（AOC Pessac-léognan）。

　　產區的北邊，靠近波爾多市郊的貝沙克村（Pessac），是波爾多地區最好的礫石土地之一，遺憾的是因為都市的擴展，很多良好的耕地都變成了建地，葡萄園逐漸減少消失，目前只剩下幾個出名酒莊的田地，零星挾擠在房屋堆中。往南的雷奧良村（Léognan）的葡萄園比較集中，土地貧瘠的小丘坡度也陡峭，加上幾條小溪貫穿其中，種種條件都有利於葡萄的生長。

　　本區很早就開始種植葡萄，中世紀時又進一步地擴展，到了十七世紀時為了市場競爭，Haut-Brion 酒莊開始釀造一種顏色深、酒勁強、又能存放的紅酒 "New French Claret"，遠售到英國，同時在倫敦也有自己的飯店酒館，可接觸到一些貴族階級的人們並介紹這種新型產品，其有別於當時流行的淡色紅酒 "Claret"，因而產量大銷，也改變了日後波爾多酒的型態。1,600 公頃的葡萄園種植了紅、白葡萄，年產量近 1 千萬瓶，其中的 70% 外銷。雖然是採用傳統波爾多的葡萄品種，使用梅洛（Merlot）的比例也較 Médoc 地方為高。貝沙克雷奧良的紅酒具有一般格拉夫酒的特性，還加上本

貝沙克－雷奧良地質圖

加隆河沼澤地
朗德砂石帶
崩坍的砂石礫石土
崩坍的砂石土
五顏六色的黏土帶
不同年代的黏土碎石土層
鈣質的地下層
淺黃褐色的砂石土

身特別的酒力，有著莊嚴強勁和柔和間的平衡，結構也佳，這方面
較近於 Médoc 酒。白酒性干，清香高雅，尤其是菩提和染料木花味
（Genêt），是波爾多區中最好的干白酒產地。

本區共有 75 個莊園、城堡，其中 16 個是等級酒莊。

貝沙克雷奧良的入級酒莊（Les Crus Classés de Graves）

第一等級城堡：

Château Haut-Brion   紅酒

入級城堡：

Château Bouscaut   白、紅酒

Château Carbonnieux   白、紅酒

Château De Chevalier   白、紅酒

Château Couhins   白酒

Château Couhin-Lurton   白酒

Château Fieuzal   紅酒

Château Haut-Bailly   紅酒

Château Laville-Haut-Brion   白酒

Château. Malartic-Lagravière   白、紅酒

Château La Mission-Haut-Brion   紅酒

Château Olivier   白、紅酒

Château Pape-Clément   紅酒

Château Smith-Haut-Lafitte   紅酒

Château Latour-Haut-Brion   紅酒

Château Latour-Martillac   白、紅酒

索甸產區（*Sauternes*）見甜酒篇

B. 里布內產區（Libournais）

里布內產區（Libournais）位於多荷多涅河（Dordogne）的北邊，以里布內市（Libourne）為行政中心的一塊廣大土地上，幾個法定葡萄園產區的總稱，區內最出名的兩種紅酒：聖愛美濃（St. Emilion）和玻美侯（Pomerol），其他還有北邊的拉隆得玻美侯（Lalande de Pomerol）、幾個聖愛美濃的衛星產區、西邊的弗朗薩克（Fronsac）、加濃弗－朗薩克（Canon-Fronsac）、東邊的卡斯提雍丘（Castillon Côtes de Bordeaux）、東北的弗朗丘（Francs Côtes de Bordeaux）產區。這邊離海遠了一點，天氣較 Médoc 地方為乾冷。土地中石灰黏土成分提高了許多，地寒適合梅洛（Merlot）葡萄的生長，占了全區產量的 70%，另外的卡本內弗朗（Cabernet Franc）表現也佳。本區葡萄的種植相當地早，當年多以牛車將產品運到北邊的鄰國，發展甚慢，不像基宏德（Gironde）地方出的酒，自古以來就以海運向外銷售，在世界上的知名度也較高。

由於葡萄品種，本區的酒在口感上較梅多克（Médoc）地方的酒為圓潤，成熟的速度也快，但並不會妨礙到保存度。釀好的酒在很短的時間內就可飲用了，效果極佳，在經濟利益上占了很大的便宜。

里布內產區
LIBOURNAIS

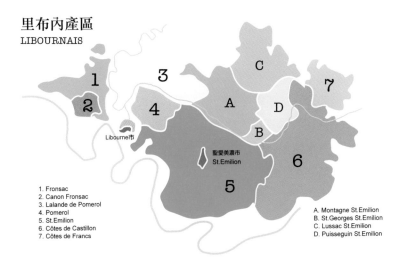

1. Fronsac
2. Canon Fronsac
3. Lalande de Pomerol
4. Pomerol
5. St.Emilion
6. Côtes de Castillon
7. Côtes de Francs

A. Montagne St.Emilion
B. St.Georges St.Emilion
C. Lussac St.Emilion
D. Puisseguin St.Emilion

Libourne市
聖愛美濃市 St.Emilion

聖愛美濃市被列入世界文化遺產

小產區

（1）聖愛美濃（St. Emilion）

　　聖愛美濃（St. Emilion）位於多荷多涅河（Dordogne）北邊的台地上，這個中世紀的小山城，雖然市區狹小，但卻有淵遠的歷史，城鎮的名稱採用第八世紀時一位修士——愛美濃（Emilion）的名字；這座古老的酒業城，也是羅馬高盧時代的詩人執政官——奧松（Ausone）所擁有的葡萄園。

　　此區附近出產了很多岩石，人們在岩石上挖掘了很多排列整齊的壕溝來種植葡萄，這種特殊的種植方式一直使用到十八世紀。中世紀時教士們也利用這些石材來建造教堂，城門塔和地下挖掘的一些長廊隧道一直保留至今，如今也是儲藏老酒的好場所。本鎮也被列入世界文化遺產。

　　位於波爾多東北方 40 公里、里布內市（Libourne）東南 8 公里的聖愛美濃（St. Emilion）產區涵蓋了 8 個村子和里布內部分的土地，5,500 公頃的葡萄園中，Merlot 占了 60%，其他的還有 Cabernet F、

Cabernet S 和極少的 Malbec 葡萄，又占了整個大波爾多產量的 5%，種植密度至少 5,500 株 / 公頃，只出產紅酒，區內土地變化複雜，加上釀造的技巧，產品的特性不像其他產區那麼多的相通性，因此在選購上要相當留心，還好有一套詳細的分級制度，可以提供消費者參考。

區內有 822 家酒莊，2/3 業主的土地面積不到 5 公頃，超過 30 公頃的沒有幾個人，如果酒莊擁有十幾、二十公頃的葡萄園，就可算是大戶人家了。像在基宏德、梅多克（Gironde、Médoc）地方那種深宅大院、雄偉的城堡，在本地是非常少見的。可是每位酒農都很有信心，並驕傲的釀出具有其獨特風味的美酒。另外，區內的合作事業相當發達，多由幾位小酒農組織合作社集中釀造、銷售，或是酒商、行號收購葡萄來釀造、出售。

氣候

位於北緯 45 度地段上，有波爾多海洋性的溫和氣候，也有地中海氣候的特色。

土地

- 台地（Plateau）：聖愛美濃（St. Emilion）城市周邊的平台地是石灰黏土或是紅褐色的黏土覆蓋在海星石灰岩（calcaire à astèries）上（如右上圖一）。其東邊斷層的坡地上是石灰黏土覆蓋於砂岩上，或是矽質砂土、礫石土、河泥土覆蓋在變動過後的砂岩上，也都是釀造良好葡萄酒的搖籃地。很多第一級的酒莊都坐落在區內，其出產的酒醇，芳香、細緻，酒色深，結構高雅、平衡。後口感輕微的苦味。

- 周邊丘地（Côtes）：台地的周邊和聖愛美濃市西北邊是塊坡度較緩和的丘陵地，葡萄園多位於矽質河泥土、砂石岩、泥灰岩地上（如右上圖三）。

- 河谷地（Vallées）：向著多荷多涅河（Dordogne）是塊大平原地，由沖積的矽質河泥土、矽質土、矽質礫石土、河砂土為主，部分地方是新形成的礫石土地。出產的酒清香易飲（如右上圖二）。

- 產區最西北邊，也就是和玻美侯（Pomerol）交界的地帶：是古老

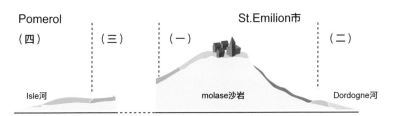

（一）海星石灰岩（calcaire a astèries）斷層帶或是坡地上覆蓋著崩坍的石灰黏土、河泥土，部分地下層混有礫石土
（二）沉積的河泥土、砂石土，部分地下層混有礫石土
（三）坡度較緩和的丘陵地，由石灰黏土、砂岩土、硅質河泥土組成
（四）近 Pomerol 地方是古老的礫石土（grave günziennes）、石灰黏土、沖積的河泥土組成

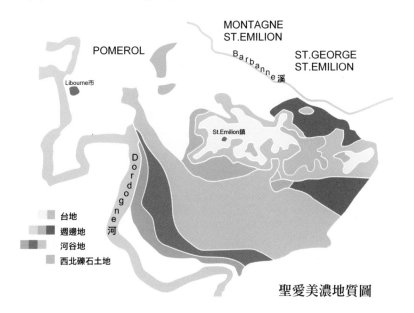

聖愛美濃地質圖

的礫石土和砂石。酒堅實、芳香、細緻、圓潤、醇度大。兩個極
出名的酒莊就在這個地段上（如上圖四）。

以往聖愛美濃地區有四個法定產區 (AOC)，St.Emilion、
St.Emilion grand cru、St.Emilion grand cru classé、St.Emilion premier
grand cru classé。1984 年起為了遵守歐盟的規定，把大聖愛美濃區內
同樣土地上的產品劃分為 (1) 聖愛美濃（AOC St.Emilion），(2) 特
級聖愛美濃（AOC St.Emilion Grand Cru），兩種級別。

以上兩者區別在於種植、釀造上要求度的不同。釀造 St.Emilion

以路易十四的肖像來象徵特別等級的聖愛美濃

酒使用的葡萄可出自全產區的各部位的葡萄園，每公頃最大生產量是 9000 公斤，採收率 (RMD)53hl/ha，釀成後要經過一年的陳年後才能瓶裝。釀造 St. Emilion Grand Cru 級的葡萄必須出自同一葡萄園，最大生產量是 8000 公斤 / 公頃，RMD 46hl/ha，經過 2 年的陳年才能瓶裝上市，必須原廠裝瓶。出售

第一特別等級酒莊 A 和 B 組

Château Ausone

Château Cheval Blanc

Château Pavie *

Château Angélus*

*2012 年晉升的城堡

Château Beau-Séjour Bécot

Château Beauséjour (Duffau-Lagarrosse)

Château-Figeac

Château La Gaffelière

Château Bélair-Monange

Clos Fourtet

Château Pavie-Macquin

Château Troplong-Mondot

Château Trottevieille

Château Canon

Château Canon-La-Gaffelière *

Château La Mondotte *

Château Larcis-Ducasse *

Château Valandraud*

特別等級酒莊

Château l'Arrosée	Château Fleur Cardinale Château	Château la Marzelle
Château Balestard la Tonnelle	La Fleur Morange Mathilde	Château Monbousquet
Château Barde-Haut	Château Fombrauge	Château Moulin du Cadet
Château Bellefont-Belcier	Château Fonplégade	Clos de l'Oratoire
Château Bellevue	Château Fonroque	Château Pavie Decesse
Château Berliquet	Château Franc Mayne	Château Peby Faugères
Château Cadet-Bon	Château Grand Corbin	Château Petit Faurie de Soutard
Château Cap de Mourlin	Château Grand Corbin-Despagne	Château de Pressac
Château le Chatelet	Château Grand Mayne	Château le Prieuré
Château Chauvin	Château les Grandes Murailles	Château Quinault l'Enclos
Château Clos de Sarpe	Château Grand-Pontet	Château Ripeau
Château la Clotte	Château Guadet	Château Rochebelle
Château la Commanderie	Château Haut Sarpe	Château Saint-Georges-Cote-Pavie
Château Corbin	Clos des Jacobins	Clos Saint-Martin
Château Côte de Baleau	Couvent des Jacobins	Château Sansonnet
Château la Couspaude	Château Jean Faure	Château la Serre
Château Dassault	Château Laniote	Château Soutard
Château Destieux	Château Larmande	Château Tertre Daugay
Château la Dominique	Château Laroque	Château la Tour Figeac
Château Faugères	Château Laroze	Château Villemaurine
Château Faurie de Souchard	Clos la Madeleine	Château Yon-Figeac
Château de Ferrand		

前要先送到實驗室分析化驗、品嚐,和注意一些環保問題。

另兩種入級的聖愛美濃 (St.Emilion grand cru classé、St.Emilion premier grand cru classé) 歸附在 AOC St.Emilion grand cru 之內。酒農 (非酒商) 可循法令程序向 INAO 提出申請成為入級候選者,每十年審核一次。對這兩種等級的酒,INAO 要求評審的重點比率是不一樣的,除了釀造流程報告,前者(GCC) 著重於品嚐、釀造、剪枝,而後者 (1ᵉʳ GCC) 則是種植環境、市場等,兩種等級要求及格的計分是不一樣的。評分及格的城堡可以註明於酒標上。

等級劃分

1855 年的等級劃分名冊上並沒有里布內地區(Libournais)的酒,可能當時的波爾多商會對基宏德河的對岸沒有管轄權;另一說法是,很多酒農(尤其在里布內的地方)沒有足夠的資金改善他們簡陋的設備,生產量無法供給新市場。第二次世界大戰之後,本地的酒也有等級劃分的構想,1954 年因應地方公會的要求,國家原產物管理局(INAO)對聖愛美濃的酒做了正式的官方等級劃分,1959 年第一次裁決出:第一特別等級(Premier Grand Cru Classé)和特別等級(Grand Cru Classé)兩種。每十年校正一次,以確保一定的水準。經過了 1969、1985、1996、2006 年以及 2012(最新一次)的評核,選出了 18 個 Premier Grand Cru Classé(第一特別等級的酒莊),其中 4 家酒莊屬於 A 組,14 家酒莊屬於 B 組,以及 64 個特別等級酒莊(Grand Cru Classé)。

聖愛美濃之家

特性

聖愛美濃(St. Emilion)閃爍著紅寶石般的光芒,充滿誘惑的芳香力,葡萄園的土質和方位、使用葡萄的比例等,都可反映在酒中。一般在低齡時散發出大量的果香味(茶藨子、覆盆子、桑葚、香草、焦烤味),之後轉變成熟透黑色水果或果醬、香料味,長年置放後香味更複雜,香草、煙薰味、梅子、薄荷、烤杏仁味、皮革、動物羶腥味等等,口感細緻、結構堅強、衝勁大。低齡時澀度極大,但並不是一種難以吞嚥的澀味,而有一種高雅、刺激的感受,經過若干年的變化,這種澀味就融合在酒內,散發出複雜的香味,顏色也

酒色閃爍著紅寶石般的光芒

轉變成磚瓦色，口感香美醇厚，後口感的長短也顯示出品質的高下。

 在熱愛聖愛美濃（St. Emilion）的族群中，常有句諺語：沒有同樣的 St. Emilion，但是有極多種的 St. Emilion。

鑑定

低齡的酒：具有花香味（紫羅蘭、玫瑰、牡丹花等）、果香味（櫻桃、草莓、覆盆子、茶藨子等）和青椒味。

成熟的酒：果香味漸減，呈現出一種融合果醬、灌木、蘑菇、腐葉、黑菌等的酒味，並含有甘草、茶藨子、香料味（胡椒、丁香、肉豆蔻等），酒的結構平衡。

老酒：動物的羶騷味，有時候會有一種焦烤味（咖啡、糖漿、菸草等）和植物味（灌木、青苔、溼木等）。

欣賞

St. Emilion 酒的口感豐盛，可搭配的食物也極廣，在前五年的低齡階段，其清鮮口感適合當做開胃酒（溫度 ±12℃ 時飲用時最佳），可搭配各種口味的菜餚，以簡單、細緻的餐點為原則，各式乳酪都可以搭配，但有種味道重的綠菌乳酪（Roquefort）例外。精壯的 St. Emilion 酒亦可搭配野味、牛排、七鰓鰻（波爾多的河魚）。存放久了的老酒搭配燒烤、羊肉，更老的酒則配白色肉類、家禽類為宜（侍酒溫度提升到 16℃），先把老酒瓶直立靜放 1 ～ 2 小時再開瓶，之後換瓶（decanter）工作就不必要了。

衛星產區

聖愛美濃鎮北邊的幾個村鎮，於 1936 年獲得「法定產區管制」，允許在村鎮名稱後加上 "St. Emilion" 兩字。相較之下，使用的葡萄品種也一樣，特性上有許多相同之處，但是口感比較淡，澀度也小、沒有 St. Emilion 那般細緻。如果葡萄出自某種良好的土地，品質還勝過 St. Emilion。

- 蒙塔涅－聖愛美濃（**Montagne St. Emilion**）：緊接著 St. Emilion 產區的北邊，一河之隔。1,600 公頃的葡萄園，出產兩種類型的酒，在山坡地、石灰黏土地出產的酒，結構好、衝勁大。在谷地

的下端，以砂石、礫石土為主的地段，酒散發的果香味多，細緻清淡。在巴薩克（Parsac）村內的產品（過去有獨立的 AOC）現在都以蒙塔涅－聖愛美濃（Montagne St. Emilion）的名義出售。

- 聖喬治－聖愛美濃（**St. George-St. Emilion**）：產區面積不大，只有 180 公頃的葡萄園崁在 Montagne St. Emilion 內，和南邊的 St. Emilion 產區遙遙相望。酒比較堅實，顏色也深，花香味多，酒的特性在幾個衛星區中以本產區最接近 St. Emilion，品質也最好，可以存放。不過名氣不大，通常多以 Montagne St. Emilion 的名義出售。

- 律沙克－聖愛美濃（**Lussac-St. Emilion**）：產區在里布內區（Libournais）的東北邊 14 公里處，1,440 公頃的葡萄園，中央部分是石灰質的台地，上面覆蓋著砂石土，坡地的南邊是石灰黏土，北邊則是河泥黏土，葡萄園都處於向陽坡上，因此顯得分散。梅洛（Merlot）的使用量超過了 70%。因為酒平衡，低齡時就可飲用了，但也可以存放若干年。

- 畢榭甘－聖愛美濃（**Puisseguin-St. Emilion**）："Puy" 表示高處，"Seguin" 是西元 800 年查里曼大帝時代，駐紮在此城長官的名字。位於聖喬治－聖愛美濃（St. George-St. Emilion）北邊，730 公頃的葡萄園屬於石灰黏土，某些地方的土中帶有礫石。酒質結構良好，低齡時堅實、青澀，隨著時間改變後口感圓潤可口。在幾個衛星區中，這裡的酒衝勁最大，可以長期保存。

衛星區的出品，大致上比聖愛美濃酒單純，在搭配食物上顯得簡單多了，適合的範圍也比較廣泛，諸如紅色肉類、白色肉類、家禽、魚類、蔬菜都可以，可於日常餐中飲用，甚至平常「解口」飲用都可以。有些特別的出品還可搭配野味。

（2）玻美侯（Pomerol）

將近 800 公頃的玻美侯（Pomerol）葡萄園，在波爾多算是個小的產區，但是產品的名聲卻是名列前茅，是法國出名的佳釀之一。產區內簡陋的小村子又帶了一點神祕的色彩。遠在羅馬高盧時代就開

始種植葡萄了，在中世紀時眾多的僧侶們來到了此地傳教，同時也從事土地的開墾和耕作，當然也包括了葡萄的種植。百年戰爭期間，此地受到極大的破壞，葡萄園在十五、十六世紀重建。此高品質的紅酒早年並沒被人們留意，真正的發展是在 1868 年蟲災發生之後。它豐美香濃的潛力和卓越的品質，馳名於世，深受紅酒族群的喜愛。由於產區面積不大，加上有限度的控制產量，使得價格昂貴，常有一瓶難求的情況。

玻美侯（Pomerol）和聖愛美濃（St. Emilion）產區毗鄰，介於 Isle 和 Dordogne 河匯合處，一塊古老、傾斜的平台地，沉積了兩河及

其支流所挾帶的河泥，加上風蝕的砂石土，地層變化複雜，比起聖愛美濃產區，其土中含有石灰土的成分較少，而礫石、黏土成分提高了許多，有些地方還混有不少含有鐵質的砂石土，稱為「鐵垢」（Crasse de fer）。幾種不同類型的土地如下所述：

產區的東南、東邊是砂石、礫石覆蓋在黏土或砂土地層上。產區中央部分是深厚的礫石土、黏土，占了產區面積的大部分，西北邊是細礫石土、砂石土，更遠的西邊是砂石、矽砂－礫石土。基本上，Pomerol 是以礫石為主的產區，各葡萄園出品的特

玻美侯產區的紅砂土含有大量的鐵垢

性變化大，品質還要看其中黏土的成分，因為 Merlot 葡萄極適應黏土的土地，Cabernet 則喜愛礫石土地。

通常礫石土成分多的葡萄園所產出的酒較為精壯、嚴謹，黏土成分多則產出的酒豐厚強勁，砂石土成分多則產出的酒輕盈、果香多，矽砂土所產出的酒細緻清爽，鈣質土多所產出的酒則活潑。

一般而言，Pomerol 酒有布根地酒的強勁，Médoc 酒的細緻，St. Emilion 酒的衝勁。酒在低齡時（瓶裝後第一年成熟的速度都較其他的高檔酒為快）就有豐厚、圓潤的口感，柔軟、細緻和堅強的結構，不必等待長年累月的陳年後才可飲用，但久存之後更可襯托出百般

地芳香、複雜的口感。除了具有波爾多酒的特性外，又有些類似布根地的酒，這就是"Pomerol"。

產區內各酒農所擁有的土地面積並不大，葡萄園也沒有分級制度，各酒莊的聲譽完全建立在消費者的口碑上。區內「龍頭」酒莊Château Petrus 除了有天然的地理環境，再加上酒農的精心釀造，品質優雅，無出其雙，也是波爾多各產區中最昂貴的紅酒了。近年來，Château le Pin 也急起直追，其他的酒莊如 Evangile、La Conseillante、Trotanoy、La Fleur 等產出的酒也都是享譽全球，不易多得的良酒佳釀。

在 Pomerol 酒中常可發現的氣味：葡萄、松露、香草、杏仁、紫羅蘭、黑茶薦子（cassis）、醋栗（groseille）、蜂蜜、桑葚、野草莓、接骨木（sureau）、橡木、甘草、鳶尾蘭（iris）等味。Pomerol 酒是種強勁又芳香細緻的紅酒，需搭配精緻、簡單、味道重的食物，才易達到平衡的境界。

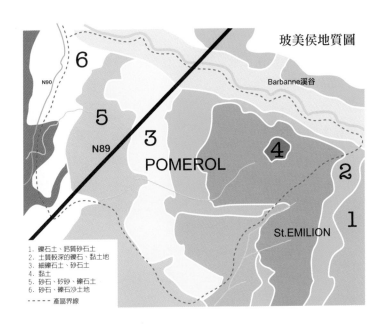

玻美侯地質圖

N90

6

Barbanne溪谷

5

N89

3

POMEROL

4

2

1

St.EMILION

1. 礫石土、鈣質砂石土
2. 土質較深的礫石、黏土地
3. 細礫石土、砂石土
4. 黏土
5. 砂石、矽砂、礫石土
6. 砂石、礫石沙土地
----- 產區界線

Petrus 酒莊位於丘陵地的頂端以及其特殊土地的葡萄園

（3）拉隆得－玻美侯（Lalande de Pomerol）

位於 Pomerol 產區的北邊，面積約 1,150 公頃的一塊土地，西邊是地勢較平坦的砂質土，東邊則是崎嶇不平的坡地，以黏土、石灰黏土為主，有些地段還覆蓋了一層礫石土。不同類型土地所出產的酒，風味都不一樣。

- **砂石土地**：酒味輕盈，果香味十足，不必等待陳年即可飲用。

- **礫石土地**：酒味高雅、芳香，結構佳，偏向「女性化」口感，可久存。

- **礫石黏土地**：酒味堅實平衡，若黏土比例提高，口感更深厚。

- 長久以來，本產區的酒也極難和玻美侯（Pomerol）分辨，酒的特性有極多相似之處，但是高雅、細緻感都不及 Pomerol。同樣地，酒在低齡時就有圓潤的口感，不像其他的波爾多酒那麼生澀，節省了很多陳年時間，但也可長年保存。

- 年份也是考量選擇搭配何種食物的因素之一，小年份的酒可單純搭配白肉類、前菜，好年份的酒豐腴、強勁，以搭配紅肉類或有羽毛的野味為宜。

一些樹林常發揮調節氣候的功能

（4）弗朗薩克和加濃弗朗薩克（Fronsac & Canon Fronsac）

產區在 Libournais 最西邊的 Isle 河、Dordogne 河交匯處。近 900 公頃的田地，遍及 六個小村子，西北邊是沖積的石灰黏土地，較為平坦，南邊地形崎嶇不平，有斷層、坡地或是石灰質的台地，這種地狀形貌，類似於 St. Emilion 地區。這塊自中世紀就已開發的葡萄園，很早就出名了，而且產品運銷到國外極多。Fronsac 的酒顏色深，酒味強勁，帶一點香料味，結構也好，可以長期保存。

Canon Fronsac 嵌於 Fronsac 南邊一塊土質較好的坡地上，面積只有 280 公頃。酒的顏色略帶深紫色，結實、強勁、豐腴、「陽性化」，經過長期的陳年（6～8年），酒則變得柔軟活潑，同時散發出複雜的香味（果香、香料、蜂蜜味，特別是梅子和焦烤味）。

食物的搭配與 St. Emilion 相似，最出名的是本地出產的一種以波爾多酒來烹調的河魚，中式菜餚中的鯉魚和吳郭魚也都非常適合。

（5）卡斯提雍丘（Castillon Côtes de Bordeaux）

位於 St. Emilion 產區的東邊，面積近 3,000 公頃的一塊廣大土地，雖然在波爾多產區內，但是它有很多佩里哥（Périgord，西南產區）的色彩，區內不僅遍布了古老的葡萄園，也像很多里布內（Libournais）的城鎮一樣都受到百年戰爭的破壞。充滿特色的地區美食和許多中世紀遺留下來的古蹟、教堂，吸引了大量的觀光客和酒客老饕。

產區分為平原和台地兩部分，前者是礫石砂石土，後者是石灰土、石灰黏土，介於兩者之間的是古老的礫石土地。此區出產的酒，果香味多，堅實、平衡，澀味重，可以長期保存，適合搭配各種口味的菜餚。

（6）弗朗丘（Francs Côtes de Bordeaux）

產區位於卡斯提雍丘（Castillon Côtes de Bordeaux）北邊，也就是大波爾多地區的東北角，近 500 公頃的葡萄園多處於石灰黏土或泥沼土的坡地上，是整個波爾多區最具大陸性氣候的小產區了，區

內種植 Merlot 比例甚高，除了出產紅酒（占98%）外，還出產極少量的白酒。

過去 Francs Côtes de Bordeaux 的酒清淡、細緻易飲，現在新出產一種濃厚果香味、結構堅強、澀味重的紅酒。經過 2、3 年陳年變化，單寧溶於酒中則變得柔和芳香，口感好、平衡，宜搭配一些冷拼盤、家禽類的食物。

基宏德河右岸兩個明訂性的區域產區

在基宏德河（Gironde）和多荷多涅河（Dordogne）交匯處的北邊台地上，有兩個南北相接鄰的明訂性產區（Appellation sous-régionale）：布拉伊（Blaye）和布杰（Bourg）。雖然和 Médoc 區一河之隔遙遙相對，但是地理環境完全不同，兩地的出產品也有天壤之別。在葡萄種的使用方面，除了傳統的波爾多葡萄品種外，一些

地區性葡萄也可使用。例如：來自北鄰干邑（Cognac）區的一種高倫巴（Colombard）葡萄，也被大量使用來釀造白酒。由於產區幅員廣大，地形變化多端，出產多種類型和等級的葡萄酒，包括了干白酒、白甜酒、玫瑰紅酒、淡紅酒（Claret）、紅酒、氣泡酒、粉紅氣泡酒、白蘭地。不過產品還是以紅酒為主，產量也大，具有獨特的風味且順口易飲，價格不貴，因此擁有廣大的市場。

十七世紀時，波爾多地區的白蘭地酒多出自於此地，大量出售給荷蘭人，再外銷到世界各地。二十世紀時，葡萄園慢慢地消失了，在 1980 年代又恢復了種植。在 Blaye 的南邊，出名的 Blaye 城是個十七世紀的要塞城堡，Gironde 河的咽喉，全年吸引了大量的觀光客。其兩個產區為：

（1）布萊業爾區（Blayais）

位於北邊部分有近 5,000 公頃的葡萄園，靠河邊的土地是石灰土中混有不少的貝殼化石，在東邊內陸的地方是以黏土、砂土為主的葡萄園。地形變化多端，其中還有部分的土地（泥澤土）是波爾多大區域性產區（AOC Bordeaux Régionale）。

區內有三個小產區

- **布萊（Blaye 或 Blayais）**：49 公頃的葡萄園只出產紅酒。Blayais 的名稱現已不太使用了。

- **布萊伊丘（Côtes-de-Blaye）**：只出產白酒。

- **布萊伊波爾多丘（Blaye Côtes de Bordeaux）**：主要出產紅酒和少量的白酒。Blaye 的紅酒顏色深，具果香味、植物的青澀味，口感平衡，成熟變化快，不宜久存，可搭配些簡單的食物。而 Blaye Côtes de Bordeaux 是一種堅強、澀度多、可存放的酒，品質也較好。白酒酸度大、清淡、高雅，是典型的 Colombard 葡萄。兩者都可搭配冷盤，或是作為日常餐飲時所飲用的酒。區內生產的玫瑰紅則歸屬 AOC Bordeaux 級。

石灰黏土

（2）布杰區（Bourgeais）

位在 Gironde 河和 Dordogne 河交匯處，Blaye 的南邊，是一塊傾斜的坡地，其土質主要是石灰黏土、砂岩、河泥土和紅礫石土，出產的幾乎全是紅酒。

區內兩個小產區：

- **布杰（Bourg 或 Bourgeais）**：後者的名稱也逐漸不用了。出產的幾乎都是紅酒，深紅的石榴色，圓潤，澀度適中，可以存放 3～5 年。

- **布杰丘（Côtes de Bourg）**：產品以紅酒為主，靠近 Gironde 河地下的土質是石灰土，出產的酒澀度大，低齡時有點粗獷，可以存放。東邊則是礫石土、砂岩，出產的酒較為細緻、圓潤。白酒的花香味多，平衡，結構也好。紅酒搭配的食物極為廣泛，冷盤、小菜、各式肉類均可；白酒可搭配海產類和白色的肉類。

C. 兩河之間（Entre Deux Mers）

介於多荷多涅河（Dordogne）和加隆河（Garonne）之間一片廣大的三角地帶，主要是由石灰黏土、石灰土構成的台地，有些部分則是礫石土、砂質土地。南邊近 Garonne 河一帶，因受到中央山脈、庇里牛斯山的影響，累積了不同疊紀的土層，形成崎嶇的丘陵地。北邊地形較平坦。出產了許多不同類型、顏色以及不同等級層次的酒，而且產量極大，還是以白酒為主。

AOC 產區

（1）格玫瓦意爾（Graves de Vayres）

在 Vayres 村上，因為 "Graves" 礫石土而得名。出產的紅、白酒各占一半。紅酒圓潤柔和一點，宜趁低齡期飲用。白酒花香味多，特性極近於 Entre-deux-mers。有時也釀造白甜酒。

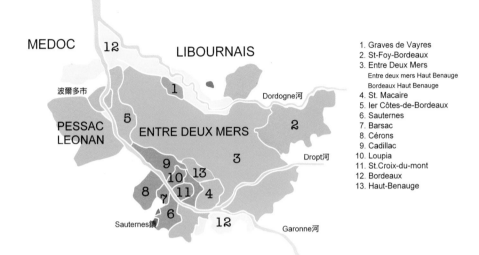

（2）聖發波爾多（St-Foy-Bordeaux）

產區位於東邊一塊土壤較複雜的土地上。出產的紅、白酒口感完整、豐富，出產的白甜酒甚至有小索甸（Petit Sauternes）之稱。

（3）兩河之間（Entre Deux Mers）

葡萄園橫跨過三個省份，只出產白酒，有大量的花香味，性干、清鮮，果香味中以檸檬香為主。在產區內幾個村鎮上的出品可冠上"Entre deux mers Haut Benauge"及"Bordeaux Haut Benauge"之名，只是使用的葡萄比例略有不同，酒精度也有些微差別，品質較優。Bordeaux "Haut Benauge"則是紅玫瑰酒。

（4）波爾多丘聖瑪愧（Côtes de Bordeaux St. Macaire）

位在西南角，只出產白酒，芳香、微甜，如葡萄遇到白黴菌（botrytis cinerea）侵襲，則釀成貴腐甜酒。

（5）波爾多首丘（Premières Côtes de Bordeaux）

葡萄園位於波爾多市東南方加隆河（Garonne）沿岸，一塊長約

60公里、寬約5公里的狹長地帶上，地形起伏變化大，土質也複雜。主要出產紅酒，酒色深、澀味較多，口感豐腴。坡地上的產品強勁、細緻、風味獨特，從2008年起區內出產的紅酒都改名為Cadillac-Côtes de Bordeaux，可以存放。白酒具花香、蜂蜜味多，以微甜酒為主，但產量不大。

在產區西南邊有三個專門出產「鄉村級」的白甜酒產區，隔著加隆河與對岸的索甸（Sauternes）產區遙遙相對（見上頁圖）。

波爾多地區的白甜酒

位在格拉夫（Graves）產區南邊，有一塊法國最出名的「貴腐甜酒」出產集中地——索甸產區（Sauternes），因為受了小地理氣候（micro-climat）的影響，釀成的酒都有甜口感，雖然它和天然甜酒（VDN）同樣有多餘的糖分留在酒中，但是兩者的釀造方式不同。

釀造貴腐甜酒的葡萄在採收之前，受到一種白黴菌（botrytis-cinérea）的侵蝕，使葡萄顆粒乾縮，相對地汁液中的糖分變得更加濃縮，釀成後甜味極多，而且還有一種焦烤香。

但是這種白黴菌並不是在任何狀況下都可以存在的，源自朗特平原（Landes）的小溪西虹河（Ciron）貫穿了整個索甸（Sauternes）地區。當秋天來臨，冰冷的溪水注入到水溫較高的加隆（Garonne）

索甸區午後的太陽

貴腐

茉莉花香常存在於甜酒中

河，會形成一股霧氣瀰漫在整個產區的上空，潮溼的空氣有利於這種白黴菌的滋長；如果水氣太重、溼度過大，葡萄就會腐爛掉。剛好這地區中午過後陽光普照，熱氣會吸取所有的霧水而得以平衡溼氣，加上這期間吹來的季風有助於白黴菌的擴散，容易達到侵蝕的一致性，同時也保持各串葡萄間的乾燥、健康，這就是索甸（Sauternes）地區「小地理氣候」特殊的地方。

落到葡萄表皮上的白黴菌會不停地侵蝕擴展，細長的菌絲穿過了表皮不斷地吸取顆粒內部的水分，使得原本已過熟的葡萄加速脫水，相對地其中的糖分含量也變得更濃縮，表皮則呈褐色乾皺狀，還會產生一股特別的焦烤香味。

落到葡萄上的白黴菌，它的感染程度和成長速度並不一致，為了達到貴腐滿意的程度，採收時期還要多次、陸續的在每串葡萄上挑選幾近於葡萄乾狀的完美貴腐顆粒。經過這種自然濃縮的葡萄，壓榨出來的汁液量並不是很多，釀成後酒精度也略高，加上人工等開支，一般價格都比同級的干性葡萄酒昂貴。

釀造貴腐甜酒使用 Sémillon、Sauvignon、Muscadell 三種葡萄，其中還是以 Sémillon 為主，它的皮比較薄，受到白黴菌感染後非常容易達到貴腐的效果，有的酒莊還會單獨使用這種葡萄。一般為了提高酒的酸度和香度，通常也混合一點 Sauvignon 葡萄，但它對黴菌

寧靜的鄉村

病比較敏感，本區種植量並不廣泛。

　　另一種葡萄 Muscadelle 也常被加入一起釀造，以增加酒中的麝香味，但是用量有限。有些酒農認為索甸（Sauternes）地方的酒最好要簡單，釀造的好壞、成功與否，關鍵是在貴腐（botrytisation）的程度和完美性。品嚐時欣賞其口感上的甜味、完美的香味和焦烤味，還有高雅的酸、苦味融入酒中的情況。

加隆河左岸 AOC 小產區

（6）索甸（Sauternes）

　　法國最出名的「貴腐甜酒」產區之一，位於波爾多域南方 40 多公里處，Garonne 河左岸和 Ciron 溪交流處的一塊微起平台地上的 1,767 公頃的葡萄園散布在 Sauteres、Barsac、Preignac、Fraques 和 Bommes 五個小村子內，地表多由礫石、石灰土、石灰黏土組成，地下層土質因村莊方位而異，好酒莊的葡萄園都坐落在礫石的小山

丘上。因為貴腐現象，葡萄汁液被濃縮，體積減少了許多，高品質的甜酒一定要達到完美的貴腐程度，所以每公頃的生產量規定最多不得超出 25,000 公升，知名酒莊會自動降到 7～15 仟升 / 公頃，釀出的酒更為香濃。標準的 Sauternes 酒中帶有焦烤香、蜂蜜、核桃、橘子醬、洋槐花、杏子、熟梨等味道，口感濃厚，略帶輕微的苦味。

索甸產區的等級酒莊（*Crus Classés de Sauternes*）

第一特級：*Château. d'Yquem*

第一級：*Château La Tour Blanche*、*Château Lafaurie-Peyraguey*、*Château Guiraud*、*Château Haut Peyraguey*、*Château Rayne-Vigneau*、*Château Suduiraut*、*Château Rabaud-Promis*、*Château Rieussec*、*Château Sigalas-Rabaud*

第二級：*Château d'Arche*、*Château Filhot*、*Château De Malle*、*Château Romer*、*Château Romer du Hayot*、*Château Lamothe*、*Château Lamothe-guignard*

巴薩克產區的等級酒莊

第一級：*Château Climens*、*Château Coutet*

第二級：*Château Broustet*、*Château Caillou*、*Château Myrat*、*Château Nairac*、*Château Suau*、*Château Doisy Védrines*、*Château Doisy Dubroca*、*Château Doisy Daëne*

（7）巴薩克（Barsac）

和索甸為鄰的巴薩克村 (Barsac) 位於 Ciron 溪北邊，因為地寒，常有霧氣，葡萄也容易出現貴腐現象，釀成的酒和 Sauternes 極為近似，有時香味中多點漿果味。464 公頃葡萄園產出的酒可以用 AOC Sauternes 名義出售。反之，索甸酒不可以用巴薩克（Barsac）的名稱。酒香味郁濃、深厚、口感活潑、餘味極長，可以存放。

（8）捨隆（Cérons）

Barsac 台地向西北延伸的一塊產地，「貴腐」環境差了一點，釀成的酒產品水準不如前兩者。釀造半甜和干酒的驅勢也逐漸增加。

簡陋的酒莊內藏著美酒   完美的貴腐

加隆河右岸 AOC 小產區

　　Garonne 河和 Ciron 溪交匯處的對岸，也就是加隆河的右岸，同樣受到霧氣的影響，也出產了一些品質優良的甜白酒，只是貴腐程度比左岸差了一點。

（9）卡迪亞克（Cadillac）

　　法定產區成立於 1973 年，250 公頃的葡萄園位於 Premières Côtes de Bordeaux 產區南邊較好的土地上。酒中有大量的熱帶水果味，蜂蜜，洋槐，金銀花，香草，杏子，醬果味。口感較對岸的 Sautertres 為單純，年產量不多。區內出產的紅酒都用 AOC Cadillac-côtes-de-Bordeaux 名稱。乾白酒則以 AOC Bordeaux 名義出售。

（10）盧皮亞克（Loupiac）

　　在 St. Croix-du-Mont 的北邊，也是塊老葡萄園，405 公頃的葡萄

園，年產量 1,400 萬公升，酒的特性也非常接近 St. Croix-du-Mont，只是在甜度方面比前者略低些。同塊土地上出產的干白酒則以 AOC Bordeaux 名義出售。

（11）聖十字峰（St. Croix-du-Mont）

一塊非常古老的葡萄園，石灰質的土地中混有不少的貝殼化石。酒在中世紀時已有名氣了，450 公頃上產出的酒品非常接近 Sauternes，果香味多，但沒前者濃郁豐厚，細緻，貴腐現象略遜。

大波爾多地區除了加隆河 (garonne) 兩岸出產貴腐甜酒外，還有 Premières Côtes de Bordeaux、Côtes de Bordeaux St Macaire、St-Foy-Bordeaux、Graves de Vayres、Graves Supérieures 小產區內的葡萄也因天氣的狀況可達到過熟或是貴腐的現象，釀成的半甜、甜或是貴腐甜酒，香味口感都較加隆河兩岸的產品薄弱。

品嚐

第五章　隆河谷產區（VALLÉE DU RHÔNE）

　　隆河谷產區的葡萄園，範圍是從里昂市南邊的維安納（Vienne）城開始，一直延伸到南邊 200 公里外的艾維濃（Avignon）市，面積高達 73,000 公頃，也是法國第二大法定葡萄園產區。習慣上劃成兩部分：北邊的部分——北隆河谷（les Côtes du Rhône Septentrionales）和南邊的部分——南隆河谷（les Côtes du Rhône Méridionales）。介於兩地之間是一塊沒有葡萄園的真空地帶。兩地的氣候、地理位置、地形、土質，使用的葡萄品種和耕作的方式完全不一樣，酒的風格也大不相同，但整體而言還是有它們的共通性。

隆河谷葡萄酒的歷史

　　大約在西元前 600 年，希臘人在馬賽建城的時候，就在附近的坡地上種植一些葡萄，傳統的隆河品種葡萄——希哈（Syrah）、維歐

尼耶（Viognier），就是由古希臘航海者帶進來的，之後他們沿著隆河向北邊慢慢地發展，並和當地的居民建立了商業和各種活動的關係。傳聞里昂附近的葡萄園也是他們開闢的，但是沒有文獻上的紀錄。後來羅馬人在這裡建立了維安納城（Vienne），並實施屯田政策，還協助當地居民種植隆河兩岸的葡萄，當時為了生產糧食，一些肥沃的平原地都改種了穀糧，葡萄的種植只好退移到山坡和陡峭的谷崖邊，沒想到釀成的酒更為甘美，當時品嚐"Vienne"酒是一種高貴奢侈的表現，之後慢慢地在羅馬上層社會流行，也風光了一時。隨著羅馬帝國的衰落、戰爭的毀壞、外力的侵襲，本區的葡萄酒業也跟著沉寂了幾個世紀。

維安納古教堂

　　第九世紀末期，一些傳教士們來到了隆河地方，他們除了蓋教
堂、設立修道院外，還到各處尋找土地開闢成葡萄園，加上一些
捐獻的土地，許多好的葡萄園都歸教會所有，十二世紀時他們幾
乎成為區內最大的地主，還出租土地給一些佃農們耕作，對於葡
萄的種植也訂有詳細的規章來約束。十四世紀初教皇駐在艾維濃
（Avignon）城，之後的幾位主教也都在此主政，在這段時期，本地
區是法國最繁榮，而且具有最美好葡萄園的地區，地主們也一直經
營到了法國大革命那年。

　　十四世紀時，在某些交易的契約上要求明確指出酒的來源地，這
也是最早的「原產地」概念。到了十七、八世紀時，葡萄酒的產量
增加，外銷作業也演變成系統化了。一些條文規定葡萄必須在隆河
地方種植，酒商搬運時要有市長或是地區首長簽發的許可證明，且
須註明酒的品質、運往地點、釀造者等等，並在運輸的木桶上烙印
"CDR"火漆以防仿冒，這是最早原產區（AOC）的概念。十八世
紀末期一些酒農販賣陳年老酒，他們在酒標上註明了採收的年份，

也是最早的「年份」概念。

到了法國大革命期間，本區的葡萄酒已沉寂將近 3/4 個世紀之久，接著又遇上全國性的蚜蟲災害，幾乎所有的葡萄園都被摧毀，後來找出新的「接枝法」——使用具有抵抗力又不影響品質的新樹苗來替換老樹，從此又開啟隆河谷葡萄酒的新紀元。

1937 年成立隆河谷法定產區（AOC Côtes du Rhône），目前共有 21 個獨立產區，跨過 6 個省、163 個縣，出產了紅、白、玫瑰紅三種顏色，以及干、甜、氣泡、VDN 等各種類型的酒。從品質高超、價格昂貴、又耐存的葡萄酒，到清淡易飲、價格低廉的日常餐用酒；從喜慶、節日用的氣泡酒，到餐前飯後飲用的天然甜酒、烈酒，樣樣都有。

氣候

隆河谷地區常年陽光普照，來自 300 公里外阿爾卑斯山麓有經常性的北風，有時會變成烈風，乾而冷。但是晚秋季節又有地中海吹來的南風，夾帶著潮溼的熱氣，都有利於葡萄的健康和生長。由於過剩的陽光，隆河谷地區的酒又稱為「太陽酒」，比較令人擔心的是春霜和暴雨。

北邊地帶屬於半大陸性氣候，南邊則屬於地中海型氣候。

土地

隆河發源於瑞士中部的山區，穿過雷蒙湖、阿爾卑斯山區，到了里昂市附近和蘇茵河（Saône）匯合，再轉向南方注入地中海。隆河谷產區是指維安納市（Vienne）到艾維濃市（Avignon）兩岸以及其支流附近大片的葡萄園。

隆河谷產區
VALLEE DU RHONE

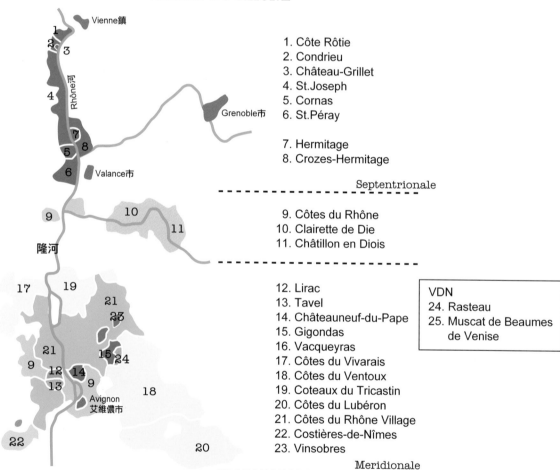

1. Côte Rôtie
2. Condrieu
3. Château-Grillet
4. St.Joseph
5. Cornas
6. St.Péray

7. Hermitage
8. Crozes-Hermitage

-------------------------- Septentrionale

9. Côtes du Rhône
10. Clairette de Die
11. Châtillon en Diois

----

12. Lirac
13. Tavel
14. Châteauneuf-du-Pape
15. Gigondas
16. Vacqueyras
17. Côtes du Vivarais
18. Côtes du Ventoux
19. Coteaux du Tricastin
20. Côtes du Lubéron
21. Côtes du Rhône Village
22. Costières-de-Nîmes
23. Vinsobres

VDN
24. Rasteau
25. Muscat de Beaumes
     de Venise

-------------------------- Meridionale

　　隆河谷產區的北邊屬於中央山脈系的火成岩土，隆河蜿蜒穿過地勢陡斜的羅弟丘（Côte Rôtie），和夾帶著阿爾卑斯山系沖積的石灰岩土的依瑟河（Isère）在艾米達吉（Hermitage）附近匯合，然後向南流。洶湧的河水到了南邊的平台地速度變緩慢，夾帶的大量崩塌岩土也開始慢慢地沉積，造成了不同層次的土質，其中有砂石土、紅黏土、石灰黏土或是混著礫石和一種光滑的大卵石。再經過地殼的變動、沖蝕、風化而形成了今日的土質和地貌，顯示產區南邊土地的結構比較複雜。

葡萄品種

　　隆河谷地區的地理環境變化多端，法定產區內可使用的葡萄品種高達 23 種之多，不過只有幾種葡萄被大量使用，其餘的多用來彌補某些葡萄品種的欠缺，以達到口感上的和諧。

　　希哈（Syrah）：原產地在波斯，是第二收成期的品種，早年由希臘人帶入，主要種植在隆河北邊火成岩的土地上，葡萄顆粒小，皮薄，顏色深，有特性。如果採收率降低，可釀成高品質的酒，口感緊密、豐厚，澀度重，非常細緻，有大量的甘草、紫羅蘭、黑色水果味，還有一股焦烤、皮革、麝香、菸草、丁子香、松露和刺激的香料味。抗氧化性強，陳年過後酒的變化更複雜。在地中海沿岸其他的產區，也有少量的種植。

　　格那希（Grenache）：原產地是西班牙，是第三收成期的品種，適合在乾旱的地方生長，顏色淺，汁液多，酸度不大，單寧也不強，釀成的酒軟和、酒精度高，容易氧化，不易久存。散發出芳香的茶蘼子、藍莓、百里香、甘草、九層塔、丁子香、地中海灌木、月桂葉、迷迭香、煙燻、香草、蘑菇、腐葉等味，口感微苦。

　　珊梭（Cinsault）：原產地在地中海沿岸，顆粒大，外皮緊實，汁液多，帶有紅色水果（草莓、覆盆子、醋栗）、玫瑰、紫羅蘭、香料等味。生產量低，澀度不大，酒味細緻柔和。

　　卡利濃（Carignan）：酒精味重，口感生澀但會隨時間而變弱，

希哈（Syrah）

格那希（Grenache）

卡利濃（Carignan）

慕維得（Mourvèdre）

維歐尼耶（Viognier）

胡珊（Roussanne）

白于尼 (Ugni blanc)

帶點苦味，在本產區使用的不多。

　　慕維得（Mourvèdre）：原產地在西班牙，粒小而圓，散發出黑色水果、香料味，顏色深、果皮厚，酒細緻，結構堅強，澀度極大，很少單獨釀造，常和其他品種的葡萄混合釀造，以增加酒的存放度。

　　維歐尼耶（Viognier）：生長在隆河谷北邊，釀出的酒品質優良，香郁，尤其是帶有白色水果味，酒強勁，不耐長途搬運，種植範圍有限，產量不多。

　　瑪珊（Marsanne）：產量大，酒缺乏特性，酸口，花香味多，過去多和胡珊（Roussanne）混合使用，現已漸減。

　　胡珊（Roussanne）：屬於高貴的品種，葡萄成熟慢，又非常脆弱，釀出的酒細緻、堅實、芳香，品質奇佳，可惜產量不多。

　　克雷賀特（Clairette）：多種植在產區的南邊，酒精度大，味酸，多混合使用，釀成的酒可以保存。酒中可發現：花香味——玫瑰花、洋槐、菩提（tilleul），染料木（genêt）；草叢味——小茴、八角；果香——梨、桃子、蘋果、杏及熱帶水果味。

　　白格那希（Grenache blanc）：細緻，芳香（具有茉莉花、洋槐、八角等味），口感軟和，酒精度大。

　　白于尼（Ugni blanc）：酒味非常的酸，適於存放。

　　蜜思嘉（Muscat）：粒小、芳香（麝香味）、清鮮。

紅酒的特性

　　隆河谷地區的酒變化多端，它們的陳年過程（存放期）不太容易評估，特別是理想的飲用時期。一瓶隆河谷的酒首先要知道是出自哪個獨立的小產區，或是哪種葡萄釀成的，兩種因素都影響了酒的特性。由普通級的小酒到品質高的美酒，瓶裝後的 1～2 年都適合品嚐飲用，之後就有不同的變化。

　　南邊的酒主要是以格那希（Grenache）葡萄釀造，在任何時間都可以飲用，通常存放 3～5 年，如果酒中混有希哈（Syrah）或慕維得（Mourvèdre）葡萄，可趁低齡時飲用，否則最好等到瓶裝後 5～

6 年再行飲用，這類的酒保存時間也長。散發出黑色和紅色水果、梅子、紫羅蘭、甘草、胡椒、果醬、肉桂，香料味重，特別是胡椒味，陳年後有皮革、礦石、灌木的青澀味。

北邊的酒是用希哈（Syrah）葡萄釀造，瓶裝後的 1 ～ 2 年內品嚐飲用，之後它們有 1 ～ 6 年週期性的低潮期開始封閉，這段時間不易顯露出其特性，否則要等到第 7 ～ 12 年後再飲用了，通常可保存 20 ～ 25 年或是更長久的時間，視年份、產區而異。一般而言，酒呈深紫紅色，具有強烈的香味（茶薦子、桑葚、香草、燻烤、醋栗（groseille）、覆盆子、松露、胡椒味），澀度細緻，口感堅強、醇厚，後口感長。

白酒、玫瑰紅酒的特性

南邊的酒通常都趁低齡時飲用（1 ～ 3 年），很少例外。花果香味中夾雜著八角、蘋果、菩提、月桂葉、蜜餞、灌木的青澀味和一種野花香，氣味非常開放。

教皇新堡（Châteauneuf du Pape）酒的高峰期是在第 3 ～ 6 年間，一般可保存到 15 年，酒散發出桃子、染料木、菩提、熱帶水果、蘋果、香料等味。

北邊艾米達吉（Hermitage）的酒散發出複雜的香味（山楂花、洋槐、紫羅蘭、杏子、榛子、菸草、香料等味），要等到第 8 年以後才會變得可口。

法定產區

隆河村鎮（Côtes du Rhône）

凡是隆河谷地區上的產品，依照規定（葡萄種、採收率等）釀出的酒都可稱為 Côtes du Rhône 酒。範圍包括 6 個省內的 163 個村莊的土地。種類有紅酒、白酒、玫瑰紅酒，產量非常大，品質方面也相當懸殊。

隆河丘村莊（Côtes du Rhône-village）

在隆河谷產區的南邊有 18 個村莊，它們的地理環境優越，土質變化也複雜，都歸納入隆河丘村莊（Côtes du Rhône-Village）葡萄酒，有時還在酒標上註明地籍的名稱。釀造規格較前者為嚴：23種許可的葡萄中必須有 80% 以上的 Grenache、Mourvèdre、Syrah、Cinsault，採收率較低，酒精度至少 12.5 度 等等。一般的特性和Côtes du Rhône 非常地接近，但是口感比較細緻、堅實，醇度也高，熟透的紅色水果味多，儲存期也長。

18 個村莊地籍的名稱
Rousset-les-Vignes、Laudun、Séguret、Sablet、Saint-Gervais、Chusclan 、Massif d'Uchaux、Plan de Dieu、Puyméras、Signargues、Gadagne 、VisanSaint-Pantaléon-les-Vignes、Valréas、Saint-Maurice、Rochegude、Roaix、Cairanne。

北邊的產區（Côtes du Rhône Septentrionales）

右河岸（1）羅弟丘（Côte Rôtie）

出了里昂市前往馬賽，車子行駛沒有多久，在隆河谷右岸最先進入眼簾的是一片幾乎是「矗立」在河谷坡地上的葡萄園，像是古代的競技場。這裡就是聞名於世的羅弟丘（Côte Rôtie）葡萄酒的出產搖籃地。本區已有 2 千 500 年的種植歷史了，最早是高盧人在此種植葡萄，羅馬人繼而經營之。100 多公頃的葡萄園幾乎全處於陡峭

的梯形坡地上，面向著東方、東南方。地名中的 "Rôtie" 在法文中是焦烤的意思，由此可知這裡的日照非常充足。蜿蜒的羊腸小道穿過地勢陡峭、崎嶇不平的葡萄園，然後再筆直而下，就算是現代化的運輸工具也不見得能派上用場，在這區都是依靠人力、獸力搬運，有些地方的進出只有依靠絞盤才能上、下山。

　　區內兩座主要的山頭為黃金丘（Côte

羊腸小道

Blonde）和棕褐丘（Côte Brune），因其土地的顏色而得名。前者主
要是片頁岩，土中含有被鈣化的矽質土，顏色淺，出產的酒柔和、
細緻；後者土中的黏土、鐵質成分多，呈深暗色，出產的酒堅實、
強勁。相傳古代有個地主，把土地過繼給了兩個女兒，一個金髮，
一個褐髮。前者溫馴，後者性格，剛好代表了兩個山頭顏色和酒的
特性。一般酒農多會採用不同葡萄園上的出品混合釀造，很少只使
用單一土地上的葡萄來釀造。

　　本區只出紅酒，是用希哈（Syrah）葡萄釀成的，為了增添芳香
味，加一點維歐尼耶（Viognier）葡萄是被准許的。酒齡低時多呈
深紅的石榴色，具有豐厚的果香味（黑、紅色水果），如果酒中有
Viognier 葡萄，則有大量的紫羅蘭香味。陳年後酒中帶點橘子色，
香味中也混有焦烤、皮革及酒漬水果味，口感特別細膩、圓潤，澀
度高雅、絨柔，結構緊密，後口感也長。可以長期存放。

　　羅弟丘（Côte Rôtie）酒適合搭配細緻的肉類，最好帶點辣味。

　　Landonne、Mouline、Turque 三塊葡萄園的「小地理氣候」特殊，
葡萄酒卓越，產量又少，價格非常昂貴。

羅弟丘兩個主要的山頭

（2）恭得里奧（Condrieu）

　　位於 Côte Rôtie 的南邊，沿著隆河 16 公里的狹長葡萄園，面積只有 108 公頃。地下是片頁岩變成的砂石，地質非常脆弱，栽種不易。本區只出產以 Viognier 葡萄釀造的白酒，非常細膩芳香（有杏子、白桃、紫羅蘭、山楂花、菩提、杏仁、芒果、麝香、蜂蜜、洋槐等味），酒勁強，酸度小，都趁低齡期飲用，產量不多，不耐震動，長途搬運後必須等待一段時間才可以開瓶。適合做為飯前開胃酒，或搭配細緻的前菜用，主菜可配白肉類。

（3）格里業堡（Château Grillet）

　　崁在恭得里奧（Condrieu）產區中間的一個極小產區，面積不到 3 公頃的葡萄園，唯一的酒農占有全部的土地，也是以 Viognier 葡

恭得里奧 (Condrieu) 葡萄園沒有羅弟丘那麼險峻

萄釀造的白酒，產量極少，酒近於金黃色，口感甜，香料味多，陳年後轉變成帶有蜂蜜、麝香味，適合搭配魚子醬、鵝肝醬等高貴小食，建議冰到 8℃ 時品嚐。在隆河谷產區內唯一特殊的瓶裝，是用阿爾薩斯地區式的長頸細瓶，且顏色為褐色。

（4）聖喬瑟夫（St. Joseph）

沿著隆河右岸的 St. Joseph 是北邊產區中面積最大的一個小產區，750 公頃的葡萄園，南北長達 60 公里， 80% 以上的土地是火成岩土，其他的還有石灰土、礫石土，後者栽種的條件差了一點。從這裡開始已經可以感覺到地中海型的氣候特色。本區出產紅、白兩種顏色的酒，紅酒只用單一的 Syrah 葡萄釀造，顏色深紅中閃爍亮光，散發紅漿果味，口感柔順、細緻。法國人常說 "à boire tous les jours" ，即是每天都可以喝的酒，是一種極為平常、價格合理的酒，一般可保存 3～10 年。

白酒採用 Marsanne、Roussanne 葡萄釀造，散發出大量白色花香味，夾帶著蜂蜜、榛子、熱帶水果、菸草、香料味，產量不多，酒

圓潤、芳香，風格獨特，多趁低齡時飲用。

（5）高納斯（Cornas）

位在 St. Joseph 南邊、隆河畔的陡峭梯田，面向著東南或南方，面積只有 89 公頃的小產區，土質以火成岩土為主。只出產紅酒，深紫色近於黑，香味不多，酒堅實封閉，澀味極重，略有苦味，必須等待幾年經過變化後再開瓶。這時，酒的果香、香料味都一一出現，口感也變柔，抗氧化力極強，可以長期保存。一般飲用前幾個小時開瓶與空氣接觸變化。適合搭配野味，或是香料味多的亞洲食物。

（6）聖佩雷（St. Péray）

65 公頃的葡萄園位於北邊產區最南端的陡峭坡地上，已存在六個世紀之久，最早也出產"Clairet"，但缺乏特性。這裡的土地較北邊鄰產區肥沃，向陽角度也不一致，天氣較冷，改種白種葡萄後效果更好。釀出的氣泡酒極出名，口感豐富，酒精度較低，果味強，多用來做開胃酒或雞尾酒。釀出的干性酒、氣泡酒的花香、菜蔬味多，酸度適中又清鮮，多用來搭配有殼的海鮮或生烤的魚類。

聖喬瑟夫產區的地勢沒有前兩個產區那麼陡峭

河左岸（7）艾米達吉（Hermitage）

在很多地方還沒有被開發成為葡萄園時，Hermitage 的酒就已經馳名天下了，迄今 126 公頃的葡萄園幾乎沒什麼變動。從一些文獻上顯示出，遠在西元 500 年前本地就有葡萄的種植了，羅馬人所喜愛的酒，部分就出於此地，稱為 "Tourno"，極為出名，後來因為戰爭的影響，也沉寂了幾百年，一直到中世紀才又擴展開來。

葡萄園聳立在 Tain 市北、隆河邊，連續三個小山頭的斜坡地上，面向著南方、東南方。主要是火成岩土，又受到源於阿爾卑斯山脈依瑟河（Isère）沖積土層中帶來的石灰土、礫石土的影響，每部分的土質變化也大，當地的酒農把每塊土地的同質性區別出來並賦予名稱，以顯出這些土地上的產品都有難以比較的特性。

紅酒採用單一的 Syrah 葡萄釀造（略加些 Marsanne、Roussanne 葡萄是被准許的，但是很少酒農如此做），這是和 Côte Rôtie 的不同之處。酒細緻、強勁，有濃郁的紅、黑色水果香味，還有可可粉、甘草、松露、香草、紫羅蘭等味，有時皮革、梅子味特別顯著。一般而言，Hermitage 的酒澀味重，細緻而不麻嘴，需長期存放使酒變化，待澀香味融於酒內，口感才會變得柔和，更凸顯其特別風味。搭配一些精緻味重的菜餚，或禽類及肉質細緻的野味。

不同層次的土地，出產酒的特性差別也大。

　　白酒也是使用 Marsanne、Roussanne 葡萄釀造，花香味多（山楂花），細緻，結構緊密，通常都置放 8 年再開瓶，濃厚的蜂蜜味、乾果味，柔和圓潤但十分強勁、可口。飲用時搭配熱食的高級海產或鵝肝醬。

　　由於本區地理環境的關係，有些年份的收成也用來釀造麥稈酒（Vin de Paille），這種甜口的白酒散發出蜂蜜、杏子、茶、洋槐、椴梣等香味，但是這種麥稈酒多出自於阿爾卑斯山區（見 Jura 篇）。

（8）克羅茲－艾米達吉（Crozes-Hermitage）河左岸

Syrah 葡萄

　　環繞在艾米達吉（Hermitage）產區邊緣上的克羅茲－艾米達吉產區，北邊是火成岩土，南邊主要的是冰河時期由隆河及其支流依瑟河夾帶的阿爾卑斯山系沖積下來的大卵石、沉積黃土或是部分被風蝕過度的鈣化土而組成的耕地，非常適合種植葡萄。1,200 公頃的葡萄園幾乎都種植 Syrah 葡萄，釀造時略加少許白葡萄是被允許的。紅酒果香味極多，並不強勁，很容易搭配一些簡單的食物。白酒性干、花香味多，通常搭配魚類或白肉類。

　　特性沒有 Hermitage 酒那樣明顯，產量大，品質、風格也不太一致，由於價格和品質的比例非常吸引人，極適用於飯店、酒館。

隆河谷中央產區

　　介於隆河谷地區南、北兩產區之間的一大塊地段，因為不適合栽種，所以沒有葡萄園。但是在隆河支流多姆（Drôme）河谷、迪城（Die）附近有兩個位於高地上的法定產區。天氣也冷，主要出產白酒。

（1）迪－克雷賀特（Clairette de Die）／迪－氣泡酒（Crémant de Die）／迪丘（Coteaux de Die）

- **迪－克雷賀特（Clairette de Die）**位於克斯城（Crest）和迪城之間、Drôme 河的兩岸，近 1,000 公頃的葡萄園種植了克雷賀特

（Clairette）和小粒的蜜思嘉（Muscat）葡萄，主要用來釀造氣泡酒。兩種不同的類型：

（a）傳統方式釀製：採用小粒的 Muscat 葡萄 （常超過 75% 以上） 來釀造，在沒有完成發酵時就瓶裝，繼續在瓶中發酵，產生的二氧化碳就會被密封在瓶內而產生氣泡。用這種方式釀出的酒細緻、高雅、果香味多，適合做開胃酒或搭配甜點。

（b）香檳方式：採用 「香檳法」 第二次瓶中發酵而獲得氣泡。主要是使用克雷賀特 （Clairette） 葡萄，釀出的酒性干、粗獷，適合在飯局中配餐用。1993 年獲得獨立的法定權，稱為迪－氣泡酒 （Crémant de Die）。

- **迪丘（Coteaux de Die）** 只採用單一克雷賀特（Clairette）葡萄釀造的干性白酒，產量不多。1993 年也獲得獨立的 AOC。

（2）夏替雍－迪瓦（Châtillon en Diois）

緊臨著迪－克雷賀特（Clairette de Die）東邊，100 公頃的產區，出產的紅酒占了 2/3，以佳美（Gamay）葡萄為主（75%），其他的黑皮諾（Pinot noir）和希哈（Syrah）各占一小部分，酒清淡、果香味極多。白酒占 1/3，使用 Chardonnay 和 Aligoté 葡萄，和傳統隆河谷地區使用的葡萄不一樣，釀出的酒芳香、清鮮。

以上幾種酒的產量並不大，多半供本地人飲用。

南邊的產區（Côtes du Rhône Méridionales）

從隆河岸邊的蒙特利瑪（Montelimar）市以南，是明顯的地中海型氣候，天氣非常乾熱，雖然有季節雨，但是不固定。平坦的火成岩土也到此為止，變成以石灰岩土為主的土地。葡萄樹也不像在北邊那樣擠在陡峭的斜坡上，而多是一棵棵葡萄樹單獨聳立在光禿禿的葡萄園間。葡萄的種類也多，釀造紅酒還是以格那希（Grenache）葡萄為主，它是一種

古羅馬老城—— Orange 市

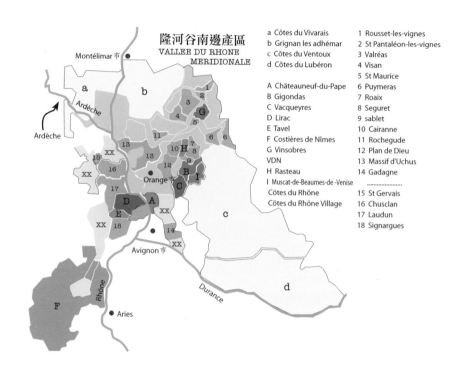

非常耐乾旱的品種，另外還有希哈（Syrah）、慕維得（Mourvèdre）、
仙梭（Cinsault）等配合使用，使酒變得和諧平衡。白酒是以克雷
賀特（Clairette）為主，另外還有布布蘭克（Bourboulenc）、瑪珊
（Marsanne）、胡珊（Roussanne）、白格那希（Grenache blanc）等。
幾個產區面積的總和高達 6 萬公頃，產量很大，包括紅酒、白酒、
玫瑰紅、氣泡酒、甜酒，品質上也十分懸殊。

A. 教皇新堡（Châteauneuf-du-Pape）

　　不管在隆河谷地區、法國，甚至是全世界，
教皇新堡酒又稱為「教皇酒」（Châteauneuf-
du-Pape），它是聞名於世的好酒之一。

　　特殊的土質帶給教皇新堡酒許多特性，早
在億萬年前本地還是一片汪洋，海床上覆蓋
了很多的海砂，第三疊紀中、後期海水退去，
留下一片黃砂土、棕沙岩，到了疊紀末期地

殼變動，隆河夾帶著大量阿爾卑斯山麓的大圓卵石、紅黏土岩淘湧而下滾撒在本區，形成一個新的台地。到了冰河期間又沉積了粗糙的礫石、卵石，之後慢慢地變成今日的可耕地。主要的產區是由四種不同層次的台地和一點砂石、黏土或石灰岩土組成的坡地。黏土避免地表過於乾燥，石灰土有利於白種葡萄生長。雖然這裡是乾而熱的地中海型氣候，不過北邊來的季節風（mistral）有利於葡萄的健康，地表上的圓卵石排水容易，而且可以吸取白晝的大量熱量，讓夜間散發出來，有利於葡萄成熟。全年日照高達 2,800 小時，葡萄的甜度大，釀成後酒精度也高。

比起北邊各產區，教皇新堡酒產區算是開發得較晚，十二世紀末才開始種植葡萄，1316 ～ 1377 年，教皇和各主教們駐於艾維濃（Avignon）時是本區的鼎盛期，後來也是因為宗教的關係，本地區的酒走向下坡，到了十八世紀再發展起來。1768 年正式命名為教皇新堡酒（Châteauneuf-du-Pape）。

1870 年左右，同樣受到根瘤蚜蟲的侵襲，葡萄園幾乎全被摧毀，之後的重建，到了二十世紀初期，又碰上戰爭、人力流失，導致酒業發展緩慢。1936 年成立第一個法國獨立的「法定產區」。到

數次戰爭的破壞，城堡只剩下歷史的輪廓。

了二十世紀中葉，社會安定、科技進步，葡萄園擴展迅速，3,200公頃的田地橫跨在 5 個村莊上，年產量高達 1 億公升。其中紅酒占了 93%，白酒只有 5～7%。有 13 種葡萄被准許使用釀造，格那希（Grenache）非常適合這裡的土地和天氣，種植面積占了 80%，其他的還有希哈（Syrah）6%、慕維得（Mourvèdre）5%、仙梭（Cinsault）3%、古諾日（Counoise）、蜜思卡丹（Muscardin）、瓦卡賀斯（Vaccarèse）、黑鐵烈（Terret noir）共 8 種。白酒則採用克雷賀特（Clairette）、胡珊

典型的教皇新堡酒地質

（Roussanne）、皮克朴爾（Picpoul）、布布蘭格（Bourboulenc）、皮卡旦（Picardan）共 5 種。酒農只挑選適合自己土地的葡萄來種植。

紅酒：有兩種類型

- 傳統的釀造法：酒性強烈，衝勁大，香味（紅色水果、白胡椒、焦烤味）十足，帶著油亮的嫣紅色，微甜，酒醇，後口感也長。
- 酸浸炭漬法：釀出的酒清淡、芳香，水果味極多，須盡快飲用。

白酒：細緻，口感重，缺少酸度，不能長期存放。但有例外：Château Beaucastel。

紅酒以口味重、辣的菜餚最為適合；老酒則配野味；白酒多做開胃酒或搭配前菜用，超過 3 年的老酒可搭配白肉類、鵝肝醬、乳酪。

規定凡是在本地廠家瓶裝的酒，都要打一紋印（Armoirie），圖形是盾形主教皇冕和市政之鎖。

B 吉恭達斯（Gigondas）

葡萄園位於 Châteauneuf du Pape 的東北方、Dentelles de Montminail 山腰的斜坡或谷地上，Gigondas 城早年也是羅馬人的兵哨站，雖然早在西元一世紀時本地就已經有了葡萄的種植，不過農產還是以種植橄欖和養羊為主。

到十二、三世紀，葡萄酒業才開始發展，真正出名已經是二十世紀後期了。1,200 公頃的葡萄園在 1971 年升格為「法定產區」。土質多為混雜的礫石或卵石紅黏土，是種植格那希（Grenache）葡萄的天下。紅酒的特性接近於教皇新堡酒，但是沒有那麼細緻和複雜的結構，口感微鹹，通常也要置放個 3、5 年，使酸、澀度柔和後才開瓶。

玫瑰紅酒散發出大量的果香味，酒精味也重，但是產量不多。兩者搭配的菜餚可以辛辣粗獷些。

礫石的石堆中混雜著紅黏土。

C. 瓦給雅斯（Vacqueyras）

產區位於 Gigondas 和 Châteauneuf du Pape 之間，第二、三疊紀形成的土質，經過長時間的變化，其結構也和鄰近土地一樣複雜。Vacqueyras 的拉丁古字義就是「石山谷」的意思。本區種植葡萄的起源也非常的早，到 1990 年才升格成為獨立的「鄉村級產區」。700 公頃的土地，東邊是覆蓋碎卵石的棕色石灰質土地，西邊是混有卵石紅棕黏土地，可保護地表和對抗炎熱夏天的乾旱。紅酒產量占了極大的部分，特性極似吉恭達斯（Gigondas），但比較清淡，經過短時間的存放再開瓶效果更好。白酒清鮮，花香、果香味多，後口感有極微的苦味。玫瑰紅酒芳香、圓潤，一般都搭配口味不太重、簡單的食物。後兩者產量都很少。

釀造葡萄酒的酒坊。

D. 里哈克（Lirac）

位於隆河的右岸，和 Châteauneuf du Pape 產區遙遙相對，由石灰質土、卵石構成的台地，500 公頃的葡萄園，也是隆河谷地區 13 個「鄉村級」產區之一，和瓦給雅斯（Vacqueyras）產區一樣，出產了紅、白、玫瑰紅三種顏色的葡萄酒。紅酒較清淡，口感平衡；玫瑰紅酒爽口，果香味多；白酒清香。

E. 塔維勒（Tavel）

是全法國最早釀造玫瑰紅的產區，而且只出產玫瑰紅酒。在第十、十一世紀時就有僧侶們來到這地方開墾種植，到了十四世紀教皇和主教們駐於 Avignon 城時，本地的酒就很出名了，但是當初是怎麼樣才會釀造玫瑰紅、何時開始釀造等問題，目前也沒有完整的文獻記錄。

不過一般而言，隆河右岸出產的酒，顏色都比左岸出產的顏色為淡，結構也弱一點。950 公頃的葡萄園，由砂石、紅黏土，混有石灰石和一些阿爾卑斯山系的沖積卵石、石英石所組成。釀酒的葡萄還是以格那希（Grenache）為主，混加一些其他的紅、白種葡萄。Tavel 酒中反射黃水晶色，果香味極多，性干，具有礦石、青草清鮮味和輕微的白胡椒味。搭配一些冷前菜或是白肉類，加上酸甜味最為適合。

F. 尼姆丘 (Costières de Nîmes)

面積有 1 萬 5,000 公頃的法定葡萄田，位於蘭格多克產區的東北邊、隆河出海口三角洲的西邊，1986 年以前它是塊 VDQS 級的葡萄田，稱為 Costières du Gard，1989 年晉升為 AOC 級，並更名為尼姆丘 (Costières-de-Nîmes)，劃屬於蘭格多克產區，2004 年又重回歸隆河產區。目前只有 4,200 公頃的土地在種植葡萄，那裡都是由一些片頁岩、大卵石、砂石土構成丘陵狀的小坡地。出產紅酒（占了80%) 和一些玫瑰紅以及少許的白酒 (5%)。紅酒顏色深濃，有一股

特殊的花香味，口感平衡，趁低齡時飲用，侍酒溫度要低，可搭配烤肉、家禽類，酒經過幾年的瓶中變化，可搭配有汁液的肉類、野味或乳酪，飲用時的酒溫要高些。釀造玫瑰紅採用輕微的浸泡法，可獲得美麗的顏色，酒細緻、柔和，有大量的花香味，是夏日搭配套餐的好酒。白酒細巧，多作為開胃酒，或是搭配一般的海產、煎烤魚類和羊乳酪。

羅馬時代建造的 Le Pont du Gard，現列為世界文化遺產。

G. Vinsobres

位於哈斯多產區的東北邊，古代一塊種植橄欖的土地後來改種葡萄，2006 年晉升為鄉村級產區，1376 公頃葡萄園只出產紅酒，其中必須有 50% 的 Grenache、25% 的 Syrah 或是 Mourvedre 葡萄。顏色深、濃郁芳香、強勁的口感適合久存。

區域性的法定產區

在隆河谷產區南邊外圍有 4 個「區域性的法定產區」。

- 提卡斯丹丘（Coteaux du Tricastin）（2010 年產區更名為 Grignan-les-Adhémar）
- 馮度丘（Côtes du Ventoux）
- 呂貝宏丘（Côtes du Lubéron）
- 維瓦瑞丘（Côtes du Vivarais）

這 4 個產區種植的歷史也相當久遠，超過 12,000 公頃的葡萄園，幅員遼闊，土地結構複雜，地理環境、氣候狀況變化都大，使用的葡萄種類也多，酒農都選擇適合自己土地的葡萄來栽種。

因品質並沒有明顯的特色，知名度不大，但是產量很大，各種顏色的酒都有，產品較隆河中游地段的產區為淡，保存期也短，適合

Domaine Soumade 酒坊

一位酒農常有多種產品

團體聚餐，每日喝的「餐桌酒」或當作「解渴酒」用。但是區內很
多出自於「老葡萄樹」的酒也不可忽視，它們的採收率低，具有相
當的濃厚度、香醇，口感也複雜，常可遇到品質及價格均吸引人的
好酒，購買時要多留意。

隆河谷地區的甜酒

哈斯多（Rasteau）

　　位於吉恭達斯（Gigondas）產區北邊，
135 公頃的葡萄園是砂土、泥灰土和卵石
地，地理環境特殊，常避過寒風，葡萄
園朝向南方，向光時間也多，是格那希
（Grenache，占 90% 以上）葡萄最佳的表
現處。好的葡萄都釀造本地的特產「天然
甜酒」（VDN），有紅、白兩種顏色，紅
酒散發出梅子、焦烤、菸草、棗子、核桃、橘子等味；白酒具有一
種煮熟的水果味，一般都做開胃酒或搭配甜點。

> 天然甜酒（Vin Doux Naturel，VDN）：釀造時壓榨出的葡萄汁液，發酵中途添加同區出產的烈酒來阻止酵母菌的活動，部分沒有完成發酵的糖分，就留在酒中，喝起來甜口，而且果香味也多，以這種方法釀出的酒就是天然甜酒——VDN。

產區內釀造的干性紅酒，則以隆河丘村莊葡萄酒（AOC Côtes du Rhôn-Village）名義出售。

蜜思嘉－彭姆－威尼斯（Muscat de Beaumes de Venise）

緊臨在吉恭達斯（Gigondas）區的南邊，430 公頃是石灰土，紅色泥灰土、碎岩片組成的葡萄園，氣候較涼非常適合小粒的 Muscat 葡萄生長。釀造的白甜酒芳香（熟桃子、蜂蜜、麝香、荔枝、果醬）圓潤，口感圓潤平衡，自古以來就很出名，通常當作飯前的開胃酒，搭配鵝肝醬，水果蛋糕用。

產區內同時也出產紅、白干性酒，同樣也以隆河丘村莊葡萄酒（AOC Côtes du Rhône-Village）名義出售。

第六章　羅亞爾河谷區（VAL DE LOIRE）

　　羅亞爾河（Loire）是法國第一長河，發源於中央山脈，先向北流經奧爾良市（Orléans）再往西注入大西洋，蜿蜒 1,012 公里，穿過了 14 個省分，河的兩岸有樹林、田園、鄉鎮、城市，以及從中古世紀到文藝復興時期各式各樣的城堡，數量之多聞名於世，每個城鎮、古堡都有它們的歷史。

　　全區風景優美，氣候溫和，自古以來就有「法國花園」的美譽，這裡也是花田、果園的集中地。在中、下游密集了 52,000 公頃的葡萄園，是法國第五大葡萄酒產區。依氣候、土地等狀況歸納成四部分，一共有 48 個 AOC 級的小產區和十幾個 VDQS 級產區，出產了白酒、紅酒、氣泡酒、白甜酒和出名的玫瑰紅，依土地的差異、葡萄種的不同，每種酒都具有獨特的風味。

　　西元前一世紀時，高盧人就已經在羅亞爾河上游種植葡萄，後來因羅馬人徵糧，他們的葡萄樹也被拔除改為糧田，造成兩個世紀葡萄種植的空檔期。禁令解除後，葡萄樹又得以廣泛的種植。西元

371 年都爾區（Tours）的主教——聖馬丁時期，大多數修道院、寺院對於葡萄酒業的發展發揮了很大的作用。

到了第七世紀時，各教會的教堂、寺院、葡萄園已遍及整個羅亞爾河流域。第八世紀時，在一些教士的大力推動下，首先倡導葡萄的品質，他們到處尋找高貴的品種在一些合適的土地上栽種。中世紀時，安茹（Anjou）伯爵享有安皆城（Angers）葡萄酒的專賣權，羅亞爾河（Loire）的酒比波爾多的酒還要早銷售到英國各地，也盛極一時。

十六世紀因為法規的限制，近巴黎地區 20 個地方的出產品不能在巴黎各大、小酒館出售，為了供應首都之需，加上運輸上的便利，在毫無計畫的情況下，奧爾良地區的酒大量生產，以致破壞品質上的平衡；加上荷蘭人大量地收購白酒，調配成一種 "Hautemer" 的酒，深受北方水手們的喜愛，所以本地的酒大量生產，更助長葡萄的種植和土地的開發。

Chenonceaux 後花園

一直到工業革命，全國鐵路的鋪設，大大降低南方酒的運銷成本，導致羅亞爾河谷區的產品遇到強大的競爭對手。十九世紀末，大部分的葡萄園因受到根瘤蚜蟲的侵襲而荒廢，酒農們放棄平地上生產價值不高的田地，選擇良好的山坡地和接枝過的高貴品種來種植，增高羅亞爾河產區的品質。

區內出產了紅、白、玫瑰紅各種顏色的酒，干性、半干性、甜酒以及紅、白氣泡酒各種類型的酒，有釀造好即可飲用的清鮮酒，也有經得起存放 30、50 年，甚至百年且具有特性的好酒。

氣候

本區有兩種不同類型的氣候，西邊是溫和多雨、空氣溼潤的海洋性氣候，葡萄園多處於海拔 60 公尺左右，面向南方及東南方的坡地上。東邊是大陸性氣候，乾寒、雨量不穩定、春霜早，導致葡萄樹常錯過發芽期。葡萄園處於海拔 150 ～ 200 公尺的山丘坡地上。

這種明顯的對立剛好位在安茹（Anjou）和都漢（Touraine）交界的
地方。區內還有很多具有「小地理氣候」（Microclimat）的小產區：
雨少、日照時間多，加上品種和土質，孕育出一些極出名的葡萄園。

土地

　　西邊以阿美利肯（Armoricain）山系的片頁岩為主，和一點火成
岩土地，包括了安茹（Anjou）、南特（Pays Nantais）的部分。東邊
從梭密爾（Saumur）一直到桑塞爾（Sancerre）一帶是大巴黎盆地的
邊緣，以凝灰土、白堊土為主（包括 Touraine 部分）。土地表層是
幾千萬年的沉積岩土，經過了侵蝕、風化、沖刷，不同層次的土地
結構也形成了各小產區的風格。

葡萄品種

　　羅亞爾河產區西部自大西洋岸邊一直延伸到最東邊的侯安丘
（Côte Roannaise），縱深 500 公里，氣候、土地的變化極大，使用
的葡萄種類也多，以適應不同環境的生長。基本上分為三組：

本區原生葡萄品種

　　白梢楠（Chenin blanc）：羅亞爾河區（Loire）的王牌，尤其在
Anjou、Touraine 兩地長得非常好，是晚熟型的葡萄，遲至秋末才會
採收，成熟度不是很一致，必須分幾次摘取。它具有大量的蘋果香、
蜂蜜、杏仁、檸檬、洋槐、榅桲梨味，酸度強，但是熟透了的葡萄
其含糖量可高達 450g/l。同一族系黑色的梢楠是羅亞爾河谷地區古
老的品種，多用來釀造玫瑰紅，現在非常稀少了。前者非常適合釀
造白甜酒，可以長期存放。

　　蘇維濃（Sauvignon）：又稱為白芙美（Blanc Fumé），是十分芳
香的葡萄種，精壯、耐寒。對於土質、生長的環境特別敏感，從花、
果的香味到植物的青澀、礦石味，都能從栽種的土地、釀造的方式

反映出來。在石灰質的土地上可以散發出多種不同的氣味。

在桑塞爾（Sancerre）、普依（Pouilly）地方出產的酒更具特色，果香味多，細緻中融合了香料和植物嫩芽味。如果葡萄園土質中的矽石成分多，則有電石、礦石味，非常容易辨認。

果若（Grolleau 或 Groslot）：品質平凡，但產量極高，多用來釀造玫瑰紅酒，一般種植在 Anjou 一帶，西南產區、蘭格多克（Languedoc）地方也有種植。

阿爾伯（Arbois）：酸度不高，多在都漢（Touraine）一帶種植，常和別的白種葡萄混合使用。

果若（Grolleau 或 Groslot）

來自東邊的葡萄品種

黑皮諾（Pinot noir）：原是布根地的葡萄品種，中世紀時引進到羅亞爾河谷一帶，最早種植在羅亞爾河上游聖普桑（St. Pourçain）地方，後來慢慢地傳到中下游地區。在桑塞爾（Sancerre）地方用來釀造玫瑰紅，釀出的紅酒沒有原產地那麼道地。

夏多內（Chardonnay）：在布根地可釀出高貴白酒的 Chardonnay，進入本地反而用來釀造氣泡酒（Crémant），或是混在別的白葡萄種中以補其不足之處。

皮諾莫尼耶（Pinot Meunier）：來自香檳區的紅皮葡萄，味道較平淡，沒有 Pinot noir 那麼細緻，但是採收率很高。

灰皮諾（Pinot gris）：果皮呈玫瑰紅色的阿爾薩斯區白葡萄品種，採收率不高，釀出的酒強勁，酒精度高，但對於環境很挑剔，產量不大。

加美（Gamay noir）：薄酒萊地區的王牌葡萄，十九世紀時引進羅亞爾河地區，在 Touraine 一帶長得非常地好，釀出的酒都很清淡。

布根地香瓜（Melon de Bourgogne）：1709 年南特（Nantais）地方發生的冰寒氣候凍死所有的葡萄樹，修士們在布根地產區找到了一種極耐寒的葡萄種，酸度不大，非常芳香，有一種麝香味，本地人稱它為蜜思卡得（Muscadet）。

侯莫宏丹（Romorantin）：原名為"Danney"，十六世紀時自布

布根地香瓜（Melon de Bourgogne）

根地引進後，種植在修維尼鎮（Cheveny）附近的 Romorantin 城堡四周，時間久了名字就被"Romorantin"取代，原始名稱反而被遺忘了，釀出的酒芳香，酸度不大。

夏斯拉（Chasselas）：酒精度低，酸度也小，逐漸減少使用。

來自南邊的葡萄品種

卡本內－蘇維濃（Cabernet-Sauvignon）：是波爾多的葡萄品種，在本地使用不多，常和 Cabernet Franc 混合釀造。

卡本內－佛朗（Cabernet Franc）：多集中在希濃（Chinon）一帶種植，一般都單獨釀造，配合土質和地理環境，可成為羅亞爾河區最好的紅酒，顏色深，芳香，有青椒味，澀度高雅，口感圓潤。可是在 Anjou 地方多和卡本內－蘇維濃（Cabernet-Sauvignon）混合使用。

鉤特（Côt）：又稱馬爾貝克（Malbec），來自西南區的卡歐（Cahors）地區，性喜石灰黏土，澀度強，芳香味低，只在幾個小產區內種植。

白芙勒（Folle Blanche）：來自干邑（Cognac）地區的白葡萄種，多種在南特（Nantais）地區，極易腐爛，釀出的酒有活力、酸度大、酒精度低。

四個大產區
Ⅰ 南特產區（Pays Nantais）

羅亞爾河（Loire）出海口一帶以出產蜜思卡得（Muscadet）酒聞名於世的南特（Nantais）區，葡萄園從羅馬時代一直到中世紀時變動不大。大約在 1635 年，由布根地引進一種圓葉子，稱為香瓜（Melon）的白葡萄，種植在本區的地理環境下長得比原產地還要好，而且它還有一種抗寒的天賦，所以能避過 1709 年南特（Nantais）地區的大結霜，之後它也變成本區的種植主力，反而在原產地布根地漸漸消失了，本地人叫這種葡萄為「布根地香瓜」

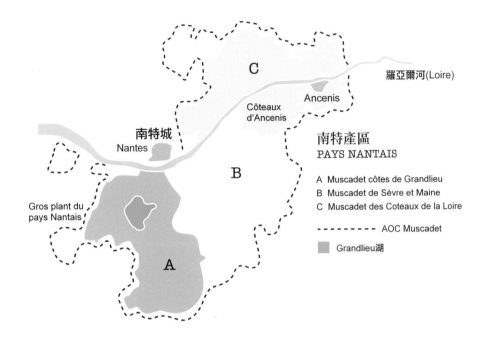

（Melon de Bonrgogne），又稱為蜜思卡得（Muscadet），第一次世界大戰後這種酒在巴黎地區極為暢銷。

南特（Nantais）地方有 13,000 公頃的葡萄園，多處於一些向陽的山坡地上，海拔最高處也只有 50 公尺，古老的土壤多是由晶狀的片頁岩、火成岩土組成，有的地方則是沉積的矽質岩土、混有礫石和砂石黏土的砂石土。因受到海洋的影響，此地區的風多，空氣潮溼，氣候溫和。

AOC 級小產區

（1）蜜思卡得（Muscadet）

在南特（Nantais）46 個村莊中的葡萄園，從 1937 ～ 1994 年經過幾次的產區釐定，除了後三種 AOC 級以外的出產品，都可稱為 AOC Muscadet，它是以蜜思卡得（Muscadet）葡萄釀造的酒，土地面積 2,833 公頃，酒性清淡、酸口，有輕微的杏仁、礦石和刺激的麝香味，多半趁清鮮期飲用。

　　如果把酒和釀造時剩餘的一些渣滓物浸泡一個冬天、採收率從
65hl/ha 降到 55hl/ha，酒會更香醇。

（2）蜜思卡得－塞維曼尼（Muscadet de Sèvre-et-Maine）

　　葡萄園在南特市（Nantes）南邊23個小村莊的土地上，1936年進
入 AOC 等級。葡萄園面積 9,417 公頃，土地多為片麻岩、輝長石、
雲母片岩，因塞維（Sèvre）和曼尼（Maine）溪穿過本區而得名，產
量占了全蜜思卡得（Muscadet）產品中的85%，酒結構堅實、細緻，
性干、清鮮、芳香，後口感也較長。

（3）蜜思卡得－羅亞爾河丘（Muscadet des Coteaux de la Loire）

　　葡萄園位於南特市東北邊陡斜的坡地上，500 公頃的葡萄園多為
片頁岩、花崗岩土。1936 年獲得產區獨立權，出的酒結構堅實，
有礦石味，後口感也長。

（4）蜜思卡得－格蘭里奧丘（Muscadet Côtes de Grandlieu）

　　1994 年獲得產區的獨立權，325 公頃的葡萄園位於南特市南邊，
位於格蘭里奧（Grandlieu）湖附近而得名。田地多為混著大卵石的
砂石土，以及少部分的砂石黏土地，產出的酒柔和，芳香，尤其是
花香味濃厚。

（5）大普隆（Gros Plant）

　　一種極為出名的白酒，產區位於南特市（Nantes）南邊和蜜思卡
得（Muscadet）產區相鄰，葡萄園極為分散，多為砂岩土、礫石土
地，種出的葡萄酸度大，是採用一種從干邑（Cognac）地方引進的
品種 "Folle Blanche"，本地人稱它為 "Gros Plant"，釀出的酒性干，
口感酸，是搭配當地的海產、殼貝類最好的酒。不能久存，多趁清
鮮時飲用。

（6）安謝尼丘（Coteaux d'Ancenis）

　　介於南特市和安傑市中間，約 300 公頃的葡萄園跨在羅亞爾河兩

岸，多是石灰黏土、火成岩土，是加美（Gamay）葡萄的最佳表現
處，其他還有少許以卡本內（Cabernet）、梢楠（Chenin）或是灰皮
諾（Pinot gris）、馬瓦西（Malvoisie）葡萄釀出的紅、白、玫瑰紅酒。
一般都很清淡、軟和、有大量的果香味。酒標上必須註明葡萄名稱。

VDQS 級優良餐酒產區

菲耶弗馮蒂（**Fiefs vendéens**）：產區已遠離羅亞爾河了，300
公頃的葡萄園極為分散，出產了多樣式的酒，主要還是紅酒，
以 Pinot noir、Cabernet、Gamay 葡萄釀造。白酒則以 Chenin、
Sauvignon、Chardonnay 釀造。玫瑰紅產量不多，採用釀造紅酒的葡
萄來製作。

整個南特（Nantais）地方的出產還是以白酒為主，一般酸度大、
性干、清鮮，缺少了圓潤性，又受了海洋的影響，酒中有微量的碘
味，最適合搭配各種淺海魚類，或河魚、蝦、貝、蠔類的海產，尤
其是本地出產的殼、貝類最為宜。

> **Sur lie（未去渣的白酒）**
> 南特地區的酒農有一種習慣，他們都會保留一點當年
> 最佳的酒存放在木桶內，但不立刻做撇清、過濾等手
> 續，等到了喜慶節日、女兒出嫁時招待親友享用。這
> 種經過存放的酒有一種特別的風味，口感清爽，香味
> 複雜，南特地方浸泡過的酒 "Sur lie" 就是這樣產生的。
> 到了 1972 年，這種傳統習俗就變成了一種釀造的方
> 式。很多酒廠為加強產品的口感，每年秋收釀造完畢
> 的酒，仍存放在酒槽或大木桶內，繼續和死亡的酵母、
> 酒渣一起浸泡，過了一個冬天再裝瓶。因酒和沉澱物
> 長時間的接觸，吸收更多的味道，口感也變得圓潤，
> 香味複雜，酸度沒那麼尖銳。

II 安茹和梭密爾產區（Anjou & Saumur）

1. 安茹產區（Anjou）

安茹（Anjou）地方氣候溫和，多變的地形和土質，孕育出一些
美好的葡萄園，總面積約 15,000 公頃的土地上有 20 個小產區，出

安茹和梭密爾產區
ANJOU & SAUMUR

Pays Nantais

Touraine

Angers

Nantes

Saumur

Chinon

1. Muscadet Cötes de Grandlieu
2. Muscadet de Sèvre-et-Maine
3. Muscadet des Coteaux de la Loire
4. Coteaux du Layon   4a Chaume Ier cru
5. Coteaux de l' Aubance   4b Quarts de Chaume
6. Anjou Coteaux de la Loire 4c Bonnezeaux
7. Savennières
8. Anjou & Anjou Village
9. Saumur Champigne
10. Saumur
11. Haut-Poitou, Thouarsais
12. St.Nicolas de Bourgueil
13. Bourgueil
14. Touraine
15. Chinon
16. Coteaux d'Ancenis

梢楠葡萄散發出大量楒梓果的味道。

產了紅、白、玫瑰紅酒，干性、半干、白甜酒，紅、白氣泡酒。類型和顏色種類繁多，其中干性、半干性的安茹玫瑰紅（Rosé d'Anjou）馳名於世。但是酒農們更驕傲的是，他們的產品中以梢楠葡萄（Chenin）釀成的貴腐甜酒，媲美索甸（Sauternes）。

中世紀時因受到波爾多政策的影響，加上本地運輸便利，產品大量銷售到英國，荷蘭人更把它們帶到了各殖民地，比波爾多的酒出名得還要早。更藉著羅亞爾河（Loire）的水運，方便由奧爾良市轉運到巴黎地區。

安茹區（Anjou）內有兩種類型的土地，東邊的梭蜜爾市（Saumur）以南是水成岩土區，滿布白色凝灰土（craie-tuffeau），也是在大巴黎盆地的邊緣上，稱為「白色安茹區」，在西邊是

Armoricain 山脈的火成岩，一種顏色深暗的片頁岩（Schisteuses）上覆蓋了一層矽質黏土，稱為「黑色安茹」。在莎弗尼耶地區（Savennières）土壤中的火成岩土更豐厚。

區內使用的葡萄種類也多，白酒主要是採用 Chenin 和少許的 Sauvignon、chardonnay，紅酒主要是採用 Cabernet Franc、Cabernet Sauvignon、Pineau d'Aunis、Gamay。玫瑰紅主要是使用 Grolleau（Groslot）外加 Côt，其他的和釀造紅酒的葡萄相同。

美麗的花朵不是用來裝飾用，它們對孢粉菌特別敏感。

A. 大區域性的產區

（1） **安茹 （Anjou）**：8,000 公頃的葡萄園散布在 Anjou、Saumur 區的西部，出產了紅、白、玫瑰紅、氣泡酒。以梢楠 （Chenin） 葡萄為主釀造的白酒占了大部分，其中還可以攙和最多 20% 其他的白種葡萄，清香易飲，但不能久存。紅酒用 Cabernet、Pineau d'Aunis、Gamay 釀造，柔和、清鮮、香味多，是日常喝的酒，不宜存放。如果只使用 Gamay 葡萄釀造，在酒標上必須註明 "Anjou Gamay"（因為在 Saumur 區不可以使用這種葡萄。而它自成一個獨立的 AOC）。

（2） **安茹村莊 （Anjou Village）**：Anjou 區內一些獨特環境的村莊所出產的紅酒，1987 年獲得獨立的 AOC，葡萄園的面積只有 300 公頃，但是出產了一些品質優越的紅酒，複雜的香味，平衡豐厚的口感，澀度溫和，後口感也較 Anjou 紅酒長。好年份的產品可存放十幾年。

（3） **玫瑰紅安茹 （Rosé d'Anjou）**：採用和釀造紅酒同樣的葡萄種，外加 Côt、Grolleau 葡萄，釀出半干型的玫瑰紅，非常出名。美好的玫瑰色，清鮮可口，極微的苦味，冰鎮後是夏日最好

的解渴酒。玫瑰紅氣泡酒是用「香檳釀造法」釀造而成，產量並不多。

（4）卡本內安茹（Cabernet d'Anjou）：一般的卡本內葡萄（Cabernet S、Cabernet F）都是用來釀造紅酒，1905 年本地區的酒農們用它來釀造玫瑰紅，葡萄都出自於區內的矽質礫石、砂岩土地，有非常好的效果。出產的酒細緻，結構也較 Rosé d'Anjou 堅實，有大量的果香味，口感平衡、易飲。近 3,000 公頃的葡萄園，1964 年獲得獨立的 AOC。有干性，半干性兩種。

在 Saumur 部分也有一塊 50 公頃的田地，同樣用 Cabernet 來釀造，出產的酒稱為卡本內梭蜜爾（Cabernet Saumur），口感較前者為干。

羅亞爾河玫瑰紅（Rosé de Loire）：在 Anjou、Saumur、Touraine 三地所出產玫瑰紅酒的總稱，它們也是採用紅種葡萄釀造的，但其中的卡本內葡萄不得低於 30%，酒的含糖量每公升不得超過 3 公克。性干，輕巧活潑，不宜久存，是夏天烤肉季節最好的搭配。

安茹羅亞爾丘（Anjou Coteaux de la Loire）：安傑城（Angers）西邊一塊面積 60 公頃的葡萄園，只出產以 Chenin 葡萄釀造的白酒，通常是干性。依天氣狀況，有時也會將其釀造成半干或甜口酒，比安茹（Anjou）的白酒為強勁，後口感也長。

B. 鄉村級的產區

（1）莎弗尼耶（Savennières）：莎弗尼耶位於安傑城（Angers）西邊十幾公里的地方，一個極為出名的白酒產區，遠在十一世紀時就已經存在了。土質是砂岩、片頁岩、花崗岩土，非常有利於 Chenin 的生長，採收率只有 25,000 升／公頃，所以 140 公頃的葡萄園生產量並不多，會隨著當年的天氣狀況再來決定釀造干白酒或是半甜酒，甚至在特別好的年份也會釀造一些「貴腐」白甜酒。不過近年來已慢慢走向釀造干白的趨勢了。莎弗尼耶（Savennieres）的酒性干，強勁，剛開瓶時有一種花香味（洋槐花）和一種「礦石」味，和空氣接觸之後增加了熟透的水果、乾果味，口感平

衡，非常細緻，酸度強但不尖銳，介於清鮮和甘美之間，從它的結構和細緻表現顯示出 Savennières 是一種高品質的好酒，存放 10 ～ 20 幾年都沒有問題。

　　產區內有兩塊特別好的土地，其產品常被視為「特級品」，地籍名稱都註明在酒標上，有自己獨立的 AOC，它們是岩石的僧侶（Roche-aux-Moines）和辜雷得瑟航（Coulée-de-Serrant），另外加上格里業堡（Château Grillet）、蒙哈謝（Montrachet）、夏隆堡（Château Chalon），伊觀堡（Château d'Yquem），是法國五大白酒。路易十一世說過 Savenniers 是「看不見的金子」（C'est une goutte d'or）。

（2）萊陽丘（Coteaux du Layon）：羅亞爾河的支流蜿蜒於萊陽河谷（Layon）兩岸坡地上，布滿了葡萄園，這裡就是出名的白甜酒產地萊陽丘（Coteaux du Layon）。它是在「黑色安茹」範圍內，土地非常適合 Chenin 葡萄的生長，又受到小地理氣候（Microclimat）的影響，可使葡萄長得更熟透，如果遇上了白黴菌，很容易就達到貴腐的效果。

　　萊陽丘（Coteaux du Layon）產區的面積 1,452 公頃，散布在 27 個小村莊上，其中 6 個村莊的土質特別，釀出的酒口感複雜，會把

萊陽丘

地籍的名稱註明在酒標上。其中有一個鄉村：侯須佛－羅亞爾河
（Rochefort-sur-Loire）的產品可冠以萊陽修姆丘（AOC Coteaux du
Layon Chaume）的名稱，2011 年晉升為 AOC Coteaux du Layon 1er cru
Chaume。

　　一般萊陽丘（Coteaux du Layon）酒的花香、果香味重，隨著葡萄
園的方位、土質、天氣等因素，會有不同的漿果、熱帶水果、礦石
味。當酒齡增加時，果香味開始緩和，轉變成乾果、果醬、杏仁、
蜜蠟味，熱帶水果味、礦石味也會增加，而使口感平衡，由於有適
當的酸度，所以不會感到甜膩，這是和其他產區的甜酒不同之處。

　　Coteaux du Layon 在 5 ～ 10 年間，仍有它的第一清鮮味，隨著時
間的增加，10 ～ 40 年的酒才開始有第二、三氣味出現，保存良好
的特佳酒，置放 100 年都沒有問題。

（3） 邦若 （Bonnezeaux）：在 Layon 溪右岸有一塊非常陡斜
的葡萄園，地表布滿了一層卵石，朝向西南方，Chenin 葡萄在此
可長得十分成熟，其含糖量高過 Layon 河谷其他的地段。到了晚
秋，這些過熟的葡萄遇上白黴菌的侵襲，葡萄則變成 「貴腐」，
而且長得十分完美，採收時都是由人工分幾次 「顆粒摘取」，費
工費時，74 公頃的葡萄園年產量只有 1,800 仟升，價格昂貴。

　　Bonnezeaux 酒的顏色濃厚，淡金中帶點翡翠綠，「貴腐」過後的
酒會帶點橘子色。有高雅的香味而不濃郁，帶有白色花香、果香，
熱帶水果味，口感複雜、強勁（比同型酒卡得修姆 Quarts de Chaume
柔軟），後口感極長，是典型的 Anjou 白甜酒，可列入法國特殊級
的甜酒之一。

（4） 卡得修姆和修姆 （Quarts de Chaume & Chaume）：這兩
個不同的產區在同一鄉村內，地理位置剛好避過了北風，在 Layon
河谷的葡萄園中，更容易使葡萄長得過熟而達到貴腐的程度。
20 多公頃的田地採收率更低，年產量只有 70 萬公升。酒極細緻、
強勁，芳香味極重，帶點輕微的苦味。可以長時間存放，開瓶後比
Bonnezeaux 更豐厚，也是知名的特殊級白甜酒。

（5） 歐班斯丘 （Coteaux de l'Aubance）：產區介於 Loire 河和

Layon 河之間，84 公頃的葡萄園地勢較為平坦，土質中的片頁岩較淺，上面覆蓋了一層河泥、黏土，溼度較大，出產的酒性干，比 Layon 河岸的酒為清淡。酒的品質會隨著年份而有很大的差別。

2. 梭密爾產區（Saumur）

緊鄰安茹 （Anjou） 產區的梭密爾 （Saumur） 產區內，除了葡萄園外，還有一些知名的中世紀城堡、古老的村莊和法國騎術學校，每年都吸引了極多的觀光客到此地。Saumur 產區雖然在行政區上歸於 Anjou 地區，但它也可算是都漢 （Touraine） 部分的延伸，同樣是凝灰白堊岩土 （craie-tuffeau） 上覆蓋著礫石、砂石，也是 「白色安茹」 土地，出產的酒其性清鮮、活潑，特別知名的是它的氣泡酒。

（1） 梭密爾 （Saumur）：梭密爾市 （Saunur） 南邊近 3,000 公頃的葡萄園，出產的氣泡酒就占了一半，使用 「香檳法」 （Méthode Champenoise） 來釀造，採用的葡萄和安茹 （Anjou） 地方相同，酒性干、芳香、巧緻，有美好的氣泡，多做開胃酒。另一半的產品中，白酒又占了大部分，剩餘的則是紅酒、玫瑰紅。

梭密爾（Saumur）的白酒清淡，芳香，性干，帶有輕微的酸味，適合搭配簡單的海產。紅酒清淡，有植物的香味、軟和，搭配前菜或簡單食物。如果紅酒只採用卡本內（Cabernet）葡萄釀出的酒結

梭密爾城堡

深宅大院

平坦的葡萄園

構較好，稱為「卡本內梭密爾」（Cabernet Saumur），有自己獨立的 AOC，比同型酒——卡本內安茹（Cabernet d'Anjou）略干。

玫瑰紅酒也分干性和半干性兩種，另外一種羅亞爾玫瑰紅（Rosé de Loire）採用多種葡萄釀造，酒性干，每公升含糖量不超過 3 公克，也有自己的獨立 AOC。

（2） 梭密爾丘 （Coteaux de Saumur）：在梭密爾 （Saumur） 東邊的一塊小葡萄園，面積只有 15 公頃，土質中含較純的石灰土，釀出的酒也特別細緻。用單一梢楠葡萄 （Chenin） 釀造，白酒芳香、微甜、細緻、高雅，採收率不高，年產量也不多。

（3） 梭密爾－香比尼 （Saumur Champigny）：位於 Saumur 市東邊的一個鄉村級小產區，它和都漢 （Touraine） 區內的希濃 （Chinon） 為鄰，加上其北邊的聖尼古拉布戈憶 （St. Nicolas de Bourgueil） 以及布戈憶 （Bourgueil），4 個鄉村級的小產區構成了羅亞爾河區最好的紅酒集中地，也是最佳的卡本內弗朗 （Cabernet Franc） 葡萄生長搖籃區。

　　1,380 公頃的葡萄園，在 1957 年獲得獨立的 AOC，1968 年修訂區內 9 個小村莊，以 Cabernet Franc 葡萄釀出的紅酒才可冠名為梭密爾－香比尼（Saumur Champigny）。"Champigny" 出於拉丁文（Campus-inis、Champs de feu），區內的地表層是以石灰黏土為主和一點矽質黏土、砂石黏土，地下是凝灰白堊岩土（craie tuffeau），白天會吸收大量的日光熱能，到了夜間再散發出來，這種「熱地」非常有利於葡萄的成熟。

　　此區處於大西洋氣候的邊緣線上，因有一些山丘的阻擋，所以沒有過多的溼氣，葡萄園多坐落於山丘的向陽部位，日照時間也多。9 個小村莊的土地結構和環境的影響都反射在酒中，其特性也有差異。一般而言，梭密爾－香比尼（Saumur Champigny）酒的顏色濃厚、不可思議的清鮮和絨柔、自然的高雅。出產於石灰黏土的酒強勁、細緻，有複雜的結構。土中礫石多的地方，出產的酒柔和有魅力。依釀造的技巧，酒農們都儘量保持梭密爾－香比尼酒的本色。酒齡低的酒適合夏天當解渴酒，釀造單寧度大的酒，可搭配些口味重的食物、野味類、大菜，出自特殊土地的酒則留給同好或者行家品嚐。

（4） 上布阿圖葡萄酒 （ Vins du Haut-Poitou）：已遠離 Anjou、Saumur 產區，孤立於南邊，出產的白酒是以 Sauvignon、Chardonnay 及 Chenin 釀造，紅酒玫瑰紅用 Gamay 和 Cabernet 釀造。2010 年底晉升為 AOC 級。

　　南邊的優良餐酒產區：

- **杜阿榭葡萄酒（VDQS Vins du Thouarsais）：**產區位於 Anjou 區南邊，上好的白酒是以 Chenin 和 Chardonnay 釀造，紅酒和玫瑰紅酒則是用 Gamay 和 Cabernet 葡萄釀造。

III 都漢產區（Touraine）

　　長久以來本區就有「法國花園」的美譽，古堡、田園縱橫交錯，散布在羅亞爾河及一些支流的岸邊，形成一幅美麗的畫面。大約西

Azay-le-Rideau 堡

卡本內佛的生長搖籃

元前 450 年，有一支從北德來的部族 "Turons" 在此落腳，本區因
而得名，稱為都漢（Touraine）。

在都漢（Touraine）葡萄耕種非常地早，在阿列麗多鎮（Azay-le-
Rideau）附近還發現了屬於第二世紀的壓榨器。西元四世紀時，因
受到聖馬丁的大力推動，葡萄園在羅亞爾河谷區內開展起來。西元
十～十三世紀期間，王公貴族、大地主、僧侶、修士們到處興建古
堡、教堂、修道院，連帶附近的土地也逐漸開墾成良田、葡萄園。

文藝復興期間，荷蘭人來此大量地收購白酒，調配成一種稱為
"Haute mer" 的酒，深受北方水手們所喜愛。十六世紀在巴黎地區
的小酒館，禁售附近 20 個地方的產品，Touraine 的酒就地利用水運之
便，大量供應了首都之需，種種原因都助長本區葡萄園的開發，當
時的面積高達 6 萬多公頃。十九世紀時，面對南部酒的競爭，市場大
受影響，葡萄園也漸漸萎縮了，又加上全國性的蚜蟲災害，摧毀了
更多的葡萄園，從此酒業蕭條不振。地區上的酒農發現要拯救落魄
的酒業，必須放棄不好的田地，乃著手於葡萄樹的改種來提高品質。

1939 成立了「法定產區」，經過了幾十年的努力，一直到 1970
年代才有了今日美好的容貌和美譽。

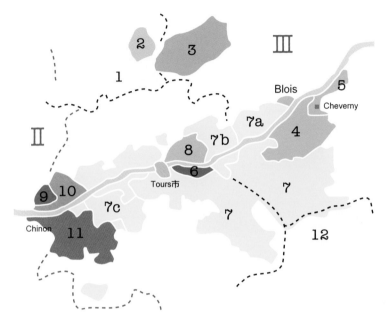

都漢產區
TOURAINE

1. Coteaux du Loire
2. Jasnières
3. Coteaux du Vendômois
4. Cheverny
5. Cour Cheverny
6. Montlouis
7. Touraine a,b,c**
8. Vouvray
9. St.Nicolas de Bourgueil
10. Bourgueil
11. Chinon
12. Valençay

** 7a Touraine Mesland
    7b Touraine Amboise
    7c Touraine Azey le rideau

土地

　　整個產區位於大巴黎盆地的邊緣上，在第二疊紀初，本地還是一片汪洋，幾千萬年來沉積一層極厚的凝灰岩土（tuffeau），也是當地用來建造城堡、教堂的好石材。這種沉積物到了白堊紀，其中的石灰質大減而變為矽質黏土，到了第三疊紀，海水退去，土地浮出，一些溪河的形成，帶著中央山脈的沖積土沉積在河床兩邊，形成一些緩和的坡地，再經過風化、侵蝕的變化，本區可歸納成三種類型的土地：(1) 侵蝕較小的地方，河泥、黏土成分高，土壤肥沃，適合當做牧場來耕種穀物。(2) 含矽質黏土多的地方，非常適合栽種葡萄，因為排水傳熱的功能較好，出產的酒有性格、結構強。(3) 如果土地受侵蝕過度，土中只剩下石灰黏土覆蓋於凝灰岩土上（tuffeau），土地傳熱性好，有利於葡萄的成熟度，出產的酒有衝勁，堅實、細緻。

氣候和品種

　　本產區遠離大西洋有 100 多公里，只有在西邊的部分地方會受到輕微海洋的影響，白天陽光普照，十分和諧，晚秋的氣候有利於葡

萄的成熟，尤其是 Cabernet Franc 葡萄。

相對而言，產區東邊可說是半大陸性氣候，天氣乾寒，是 Sauvignon 白葡萄的天下，酒性干。Cabernet Franc 要擇地而種，反而 Cabernet Sauvignon 長得較好，有豐厚的香味，但是結構脆弱。有些區域性的土種葡萄受了「小地理氣候」的影響，長得十分美好。

紅 酒 還 可 採 用 Côt（Malbec）、Pinot noir、Gamay、Pinot Meunier、Pinot gris、Pineau d'Aunis，其中 Gamay 使用量占了 60%。白酒還可採用 Chardonnay、Arbois、Chenin。玫瑰紅除了使用紅種葡萄外，還加上 Groslot（Grolleau）來釀造。

小產區

（1）羅亞爾丘 （Coteaux du Loire）：羅亞爾丘產區位於都禾市（Tours） 北邊，和賈斯尼耶 （Jasnières） 毗鄰，這兩塊非常古老的葡萄園，在中世紀時就很出名，並有相當輝煌的歷史，產品大量運銷到外地，田地不停地開發，滿坑滿谷都栽種了葡萄。到了十九世紀，也像都漢 （Touraine） 其他的產區一樣受到南邊酒的競爭、運輸成本提高，加上蚜蟲災害的影響，使得酒業逐漸沒落。二十世紀時，此區開始重建，排除了土種葡萄，只挑選優良的品種和土地來栽種，以便提高品質。1937 年，賈斯尼耶 （Jasnières）脫離本區獲得了獨立的 「法定產區」 權，10 年後的 1948 年，羅亞爾丘 （Coteaux du Loire） 也獲得了 「法定產區」 權。雖然只有 65 公頃的園地，卻種植了多種不同的葡萄，出產了各種顏色的酒。

白酒是以梢楠（Chenin）釀出的干性酒，近似於賈斯尼耶（Jasnières）。紅酒以皮諾歐尼斯（Pineau d'Aunis）、加美（Gamay）葡萄為主，外加卡本內（Cabernet），一般酒的澀度小，有大量的香料味，特別是丁子香（clou de girofle）味道，如果是加美葡萄釀出的酒具櫻桃味多，不能久存，可搭配些簡單的食物。

玫瑰紅是以 Côt 或是 Grolleau 葡萄釀造的，清淡芳香（香料味），可搭配清淡的食物或香料味重的濃湯。

（2） **賈斯尼耶**（**Jasnières**）：三個只出產白酒的鄉村產區之一，位於羅亞爾河谷北邊，一塊面積只有 45 公頃的葡萄園，土地結構也和 Touraine 其他的產區一樣，但是地層表面的石灰岩土、矽岩土比較粗糙，是一塊良好的葡萄耕地，產區的向陽性也好，出產了高品質的酒。Chenin 是區內唯一的白種葡萄，只能釀造干性白酒，性干、漿果味多、礦石味重、細緻，可以儲存 20 年以上。適合搭配海鮮食物及各種魚類。

（3） **馮多瑪丘**（**Coteaux du Vendômois**）：位於 Tours 市北邊羅亞爾河谷的坡地上，是一塊古老的田地，2004 年升格為 AOC 級產區。200 公頃的葡萄園多為石灰黏土、石灰土。使用釀造的葡萄種類也多，出產了各種顏色的酒。

　　紅酒使用 Pineau d'Aunis（必須占 1/3 成分）、Gamay、Cabernet、Pinot noir 葡萄釀造。白酒使用 Chenin、Chardonnay，以前者為主。玫瑰紅酒使用 Pineau d'Aunis、Gamay，也是以前者為主。產品中大部分是玫瑰紅或是淺淡色的玫瑰紅（Vin gris），酒性干，有輕微的刺激性、香料味：紅酒清淡，易飲；白酒清鮮，性干，產量不多。三者都不能久存。

（4） **修維尼**（**Cheverny**）：從東邊順著羅亞爾河進入都漢（Touraine） 地方的第一個小產區，是中世紀時開墾出來的葡萄園，1519 年從布根地引進的葡萄樹——克朗內 （Clanney） 被種植在侯莫宏丹（Romorantin） 城堡的四周，當時間一久，這種葡萄樹就被稱為 "Romorantin"，反而原來的名稱被遺忘了。當時荷蘭人大量採購羅亞爾河一帶的酒，本地也靠了水運之便，大肆開發葡萄耕地，產品運送到南特市 （Nantes） 集中外銷。十八世紀更借助新開鑿的運河，把產品銷售到巴黎地區，昌盛一時。十九世紀末，內陸的鐵路鋪設，大大降低了南來貨品的成本，使本地的產品難以與其競爭，再加上全國性芽蟲災害的肆虐，造成酒業一蹶不振。二十世紀初，由於生產不當又造成另一次的危機，於是地方上的酒農組織起來共同改善，拋棄原生種和過度使用的土地，改採用良好的葡萄品種，嚴格地管制釀造等工作。1949 年 VDQS 首次承認了 Montprès-

Chambord-cour-Cheverny，1973 年改名為修維尼 （Cheverny），經過多年的努力和改善，終於在 1993 年升格為 AOC 級。

本區介於海洋性和大陸性氣候間，小地理氣候有利於葡萄的成熟，四周的樹林起了保護作用，天氣並不嚴寒，常有半干性酒的收成。380 公頃的葡萄園多為矽質黏土、砂石土及部分石灰黏土。種植的葡萄種類也多，出產各種顏色和等級的酒，但是 AOC 級的酒都要混酒。

紅酒使用 Gamay（占了 62%），其次為 Pinot noir、Cabernet、Côt，通常多採用前兩者混合釀造，具有大量的果香味，有活力。玫瑰紅也使用上述紅種葡萄釀造，不過必須含有 50% 的 Gamay，釀出的酒爽口，略帶香料味。白酒使用 Sauvignon（占了 77%）、Chardonnay、Arbois、Menu Pineau，通常由前兩種葡萄混合釀造，釀出的酒芳香、圓潤、高雅。

（5）固爾修維尼 （Cour-Cheverny）：是在 Cheverny 區內 24 個小村莊，其中 11 個村子土地上只出產唯一以 Romorantin 葡萄釀出的白酒。38 公頃的矽質 （siliceux） 土地，出產非常具有特色的白酒。釀造時都做極長時間的低溫酒精發酵，攝取其大量的果香味，之後就不再做乳酸發酵了，低齡時清鮮活潑，酒質輕巧，一段時間之後顏色轉變為淡金色，充滿礦石的味道，口感豐厚、高雅，可存放 10 年。

（6）蒙路易 （Montlouis）─三個只出產白酒的鄉村產區之二：一塊極老的葡萄園，處於羅亞爾河及歇爾 （Cher） 河之間，和對岸的梧雷 （Vouvray） 產區遙遙相對，在第五世紀時就非常出名了。中世紀時因荷蘭人大量收購，葡萄園發展速迅，早年都以 Vouvray 的名義出售。土地結構也和 Vouvray 相似，但本區黏土成分較高，又受到南、北兩條河的影響，再加上葡萄園朝向南邊，陽光充足，非常有利於葡萄的成熟，依照每年天氣的炎熱度，決定是生產干白酒、半甜或甜酒。不到 350 公頃的葡萄園，大半都生產氣泡酒，其餘的部分是靜態白酒。1938 年獲得自己獨立的 「法定產區」 權。

蒙路易（Montlouis）的酒沒有像 Vouvray 那麼醇厚、濃味，不必等待很長的變化期才開瓶，非常符合經濟效益。搭配食物也和 Vouvray 相同。一般儲存的年限沒有 Vouvray 那麼長。

（7） 都漢 （Touraine）：葡萄園散布在 Indre-et-Loire、Loir-et-Cher 兩個省內的 170 個小村莊上，面積約有 5,000 公頃，出產了紅、白、玫瑰紅、氣泡酒。紅酒占了產量的一半，白酒 （含氣泡酒） 占 40%，玫瑰紅只占 10%。

區內有三塊土地屬於明訂區域的產區（Appellation Sous-Régionale），都有自己的獨特風格，出了品質較優的紅、白、玫瑰紅酒。

- **都漢－梅思隆（Touraine-Mesland）：**緊鄰安伯日（Amboise）產區，位於羅亞爾河北岸的坡地上，異於 Touraine 其他地方，因為土中含有火成岩砂土，天氣也逐漸傾向於大陸性氣候。十一世紀由於梅思琅（Mesland）修道院的建立，附近的土地也跟著開發，到了十九世紀初受到蒙畢斯女伯爵（Montebise）的建議，改種加美（Gamay）葡萄後，產生意想不到的效果：它非常適合本地的環境。此外，紅酒還可以用 Cabernet、Côt 釀造；玫瑰紅也是以 Gamay 葡萄釀造；白酒主要是以 Chenin 釀造，其他還有 Sauvignon、Chardonnay 葡萄都可以使用。紅酒占了總產量的 80%，其餘各占 10%。

- **都漢－安伯日（Touraine-Amboise）：**西元 1463 年，路易十一世下令在都和（Tours）市場上，安伯日（Amboise）的酒要放在前排，因為它的品質優越。到了 François 一世時，它也被王室所欣賞，本地的酒農們也非常自

Amboise 城堡

傲地說這是「國王們所喜愛的酒」，葡萄園介於都和（Tours）和伯瓦（Blois）市之間。土質和前者一樣，但裡面的碎石較多，容易傳熱、儲存熱量，有利於葡萄的生長成熟。紅酒是以 Gamay、Cabernet、Côt 葡萄釀造；白酒是以唯一的 Chenin 葡萄釀造，分為干性、半干性兩種；玫瑰紅主要是以 Gamay 葡萄釀造。其中紅酒占生產量的 55%，其他兩種則占 20% 及 25%。

- **都漢－阿列麗多（Touraine Azay-le-Rideau）**：在 Azay-le-rideau 附近挖掘出第二世紀羅馬高盧人使用過的壓榨器，也證明了本地區是 Touraine 葡萄園的搖籃地，它位於安得爾（Indre）溪和羅亞爾河交匯的地方，是由矽質黏土、石灰土構成的地表層，地下層是凝灰岩土，加上受到兩條河流的影響，氣候特別溫和，葡萄容易達到過熟的程度。

白酒是以 Chenin 葡萄釀造，有干性或半干性兩種，果香味多，刺激性。玫瑰紅可用四種葡萄釀造：Grolleau（果若）、Gamay、Cabernet、Côt，其中的 Grolleau 葡萄必須使用到 60%，生產量占全部的 70%。本區不出產紅酒。

（8） 梧雷 （Vouvray）：三個只出產白酒的鄉村產區之三，葡萄園位於 Tours 市的東邊，羅亞爾河北岸縱橫交錯的河階地上。西元 372 年聖馬丁就已開闢了這塊葡萄園，八世紀時為瑪目惕耶（Marmoutier） 修道院所有，他們也到處覓尋日光充足、土質良好的地段闢為葡萄園，釀出的酒活潑生動、芳香圓潤，極為知名。

到了十六世紀梧雷（Vouvray）的酒也像都漢（Touraine）其他產區一樣，借助羅亞爾河的水運銷售到大巴黎地區，還一度出現在王室的餐桌上，也大量被荷蘭人收購轉銷到北歐各地，木桶上還用火漆標明了葡萄園的名稱。這種昌榮的景象一直到了十九世紀末期，由於南部酒的競爭、運費的高昂，外銷情況也隨之停滯。

1936 年成立「法定產區」釐定了種植的範圍，2,056 公頃的葡萄園散布在 8 個村莊的土地上，以梢楠（Chenin）葡萄來釀造白酒。本地的氣候極為特殊，夏天沒有熱到燒烤的感覺，秋天陽光充足，冬天溫和，每年的氣候變化也大。如果當年的天氣特別好，葡萄會

有過熟甚至出現貴腐的現象，適合釀成半甜或甜口白酒。如果提前
採收，葡萄中的含糖量不高，可釀成干性酒。氣泡酒則是用酒精度
低的酒，做第二次瓶中發酵所產生，並不是本產地的特產。

基本上，梧雷（Vourary）產區的地下層是白堊岩土，上面沉積了
石灰黏土、矽質黏土，再經過幾千萬年的風蝕、沖刷，加上淤積的
河泥，形成了一些具有不同層次的緩和坡地。土中含有大量河泥和
黏土的地方，土壤肥沃，是良好的農地和牧場。石灰黏土、矽質黏
土多的土地有利於葡萄的耕種，一些被侵蝕沖刷過度的土地幾乎只
剩矽質土和凝灰岩（tuffeau），出產的酒具有性格，細緻、強勁、
豐厚帶有特殊的香味和微甜的口感。

每年以人工摘取的採收方式，搬運時會儘量避免碰破葡萄以免氧
化變質，再送往在白堊土中挖掘出的酒窖釀造、儲存。為求酒的細
緻、穩定性，釀好後的第二年春天立即瓶裝以保持它第一階段的香
度（arômes），梧雷酒經得起長年的存放，一般 10～20 年不成問題。
好年份的產品可保存 30～50 年，甚至一個世紀都有。

酒齡低時就有濃密的花香味、洋槐、丁子香、蜂蜜味，陳年的酒
會轉變成熟透的榲桲味（coing）。氣泡酒比較清香，有青蘋果、乾
果味，較佳的產品則有土司味、蜂蜜、榲桲味。氣泡酒、半甜的酒
適合做開胃酒或配前菜；干酒配河魚或羊乳酪；半甜的酒也可配有
醬汁的白肉類；甜酒、半甜酒可配甜點。

3 個鄉村級的產區

在 Touraine 產區的西邊，因小地理氣候和土地等因素，非常適合
Cabernet Franc 葡萄的生長，釀出的紅酒極有特性。1937 年，3 個緊
鄰的小產區都獲得自己獨立的 AOC，它們是聖尼古拉布戈憶（St.
Nicolas de Bourgueil）、布戈憶（Bourgueil）、希濃（chinon）。前兩
個產區位於羅亞爾河北邊，後者位於羅亞爾河的南邊。和西邊的
Saumur-Champigny 產區，構成羅亞爾河區以 Cabernet Franc 葡萄釀成
最好的紅酒集中地。

（9）　瓦隆榭　（Valençay）：位於 Touraine 南邊 Cher 河的坡地

葡萄園中的恐龍化石牙齒

上，140 公頃的葡萄園大部分是石灰黏土。紅酒占了產量的大部分，使用釀造的葡萄種類極多，有 Côt、Gamay、Cabernet、 Pinot noir、 Gascon、 Pineau d'Aunis、 Gamay de Chaudenay 及 Grolleau，釀成的酒清淡、鄉土風味多，適合低齡時飲用。玫瑰紅酒亦同。

　　白酒用 Arbois、Chardonnay、Sauvignon、Chenin 釀造，性干，果香味多，好的年份可以存放幾年。本產區在 2004 年升格為 AOC 級。

　　地方上出了一種極為出名的角錐形的山羊乳酪，搭配酸味多、結構堅強的白酒，例如：Sancrre、Reuilly、Fumé，萊陽丘區的甜白酒或是本地的清淡紅酒。

（10） 布戈憶 （Bourgueil）：羅馬時代就已經存在的葡萄園，第十世紀時隨著 Bourgueil 修道院的建立，附近的田地也跟著發展。面積 1,200 公頃的葡萄園幾乎完全種植了 Cabernet Franc 葡萄，98% 的產品是紅酒，2% 是玫瑰紅酒。

　　在 Bourgueil 地區還可以感覺到海洋性的氣候，春天葡萄發芽也早，晚秋日光也比 Tours 地方為多。葡萄園坐落在向南的斜坡地上，受到北邊山丘的保障，獲得極多的熱源，有利於葡萄的成熟。出自於礫石土地（近河谷下端）的酒柔和，果味重，成熟也快。坡地上端的凝灰岩土（tuffeau）出的酒強勁，澀度大，結構十足，必須存放一段時期酒質才會圓潤。這兩種 Bourgueil 的特色不同，通常會兩者互相混合以達和諧的程度。前者適合搭配白肉類、燒烤的食物或簡單的菜色，後者則搭配口味重的菜餚、野味，或搭配有醬汁的紅肉類。兩者都適合搭配羊乳酪。

希濃 (Chinon) 鎮街景一角

（11） 希濃 （Chinon）：產區位於 Tours 市的西南方 Vienne 溪兩岸的坡地上，以 Chinon 鎮為中心，1,850 公頃的葡萄園分散在 19 個小村莊的各角落，面向著南方，一直延伸到了羅亞爾河的交匯處。Chinon 鎮是一個具有歷史性的小鎮，百年戰爭時期受到聖女貞德的感召，在此地的戰役中最後戰勝英軍光復了國土。此區也受了文藝復興的影響，成為一個具有魅力的鄉鎮，知名

白堊岩土中鑿出的酒窖

Chinon 市鎮的老建築

的作家 Rabelais 出生在離 Chinon 鎮不遠的小村上。每年有大量的
觀光客到此旅遊也並非完全為了名勝古蹟，令人朝聖的還有酒神
"bachique"。

在 Vienne 兩岸的河床是礫石土地，出產的酒清淡、芳香，尤其
有大量的果香味，要趁低齡時飲用。坡地的上端或平台地上是矽質
黏土、石灰黏土，出產的酒深厚，結構強，澀度大，細緻，香味濃。
土地結構的變化對 Cabernet Franc 葡萄影響很大，釀成的酒在品質
上也十分懸殊，占總產量的 96%。

白酒用 Chenin 葡萄釀造，性干、品質高，數量非常稀少。玫瑰
紅是以 Cabernet 釀造，順口易飲，可搭配前菜小食。

（12） **聖尼古拉－布戈憶 （St. Nicolas de Bourgueil）**：位於 St.
Nicolas de Bourgueil 村莊內，850 公頃的葡萄園只出產紅酒。土地也

可分為兩類：產區北邊是沖積的礫石土地，出產的酒柔和、清淡；
南邊是典型的羅亞爾河石灰黏土、矽質黏土，地下層是凝灰岩土
（tuffeau），出產的酒結構堅強，酒勁強，一般特性都和鄰產區
Bourgueil 酒極為相似。酒齡低時個性封閉，等到 4 ～ 5 年熟成變化
後，澀度融於酒中，則變成為複雜的香味，後口感也長。

Ⅳ 中央產區（Le Centre）

1. Vin de l'Orléanais
2. Coteaux du Girnnois
3. Pouilly-Fumé
4. Sancerre
5. Menetou Salon
6. Quincy
7. Reuilly
8. Châteaumeillant

中央產區（Le Centre）位於羅亞爾河中上游，剛好又是法國的中
心，因而得名。這裡的幾個小產區分散得極廣，北邊的奧爾良區已
快接近葡萄種植的臨界了。南邊則接近中央山脈區，酒的特性有點
近似南部的酒。本區大陸性氣候極為明顯，夏天炎熱，冬天乾冷，
春天又有霜害。葡萄園多選在海拔 150 ～ 350 公尺向陽山坡地上。
土質是石灰岩、泥灰岩、矽質黏土和靠近中央山脈的火成岩土。葡
萄種類也極單純，主要是 Sauvignon、Pinot noir，其他還有少許的夏
斯拉（Chasselas）、Gamay。

產區：

（1）奧爾良酒（Vins de l'Orléanais）

羅亞爾河從發源地向北流，到了奧爾良市向西轉，然後注入大西洋。以該市為中心的產區也算是羅亞爾河區最北的產地，酒質一般，但城市卻非常出名，早年很多產區的酒是靠羅亞爾河水運，在奧爾良市聚集後再轉運到大巴黎地區，占了地利之便，其商業發展也繁榮一時。到了十六世紀，通往巴黎的運河開鑿完成，加上十八世紀鐵路的鋪設，貨品不必再經過本市轉運，過去的繁華已不存在。奧爾良也是出名的食醋出產地。

95 公頃的葡萄園，地層也是凝灰岩土，上面覆蓋了矽質黏土或砂石，主要是以 Pinot Meunier 和 Cabernet 葡萄釀造的紅酒，顏色深，果香味多，口感清爽、平衡。白酒以 Chardonnay 葡萄釀造，清鮮、易飲。適合搭配簡單的食物。

（2）杰諾瓦丘（Coteaux du Giennois）

葡萄園位於松塞爾（Sancerre）北邊，杰昂（Gien）城附近的羅亞爾河古老台地上，土層是矽質黏土，南邊是石灰黏土。白酒用 Sauvignon 葡萄釀造，紅酒和玫瑰紅則用 Pinot noir 和 Gamay 葡萄釀造。1998 年晉升為 AOC 級。

（3）普依－芙媚和普依－羅亞爾（Pouilly-Fumé & Pouilly-sur-Loire）

在松塞爾（Sancerre）產區對岸有塊極古老的台地，近千公頃的葡萄園早年也由教會開墾、種植，釀出的酒利用羅亞爾河水運到奧爾良城再轉送到大巴黎地區。十六世紀時，雖然蘇維濃（Sauvignon）、夏斯拉（Chasselas）兩種葡萄被引進到本地，可是兩百年來幾乎都在種植 Chasselas 葡萄，變動不多，通常被當作食用葡萄在巴黎的市場上出售，這也是普依地方上唯一的產物。十九世紀碰上全國性的蚜蟲災害，又有南邊葡萄酒的競爭，導致本區的酒業一蹶不振，災難過後酒農們積極地重建他們的園地，種植、釀造技術科學化，並加入了商業和管理觀念。1937 年升為「法定產區」級，依照產區內的地理環境、土質，發現夏斯拉葡萄採收率不穩定，又容易受到卷葉蟲（coulure）的侵害，而蘇維濃葡萄非常適合本地的環境而且生長得極好，釀出的酒具有更多的特性，多數的酒農們都改種這種蘇維濃葡萄，之後它反而成了普依－芙媚（Pouilly-Fumé）產區的主力，目前夏斯拉葡萄只剩下 5% 的栽種面積，大多種植在普依－羅亞爾（Pouilly-sur-Loire）地方。

不同類型的土層結構所出產的酒，特性也會不一樣：

a. Les Calcaires de Villiers de l'Oxfordien：第二疊紀時形成的沉積石灰岩土地，圓扁型的卵石混合了黏土、砂石土，蓄熱、排水容易，遍布在產區的東邊，葡萄成熟得早。

b. Les Marnes à petites huitres du Kimméridgien：鈣質黏土、泥灰岩土、白堊土中混合了不同比例的貝殼類化石，這類土壤占了產區的大部分。釀出的酒堅實、芳香，較出自於石灰土的酒成熟得慢。

c. Les Calcaires du Barrois du Portlandien：在產區的西邊是一種鈣化的卵石，較前者為堅硬，也造成了土地乾旱、貧瘠。

d. Les Argiles à Silex du Crétacé：產區東北邊一些小丘的頂端是矽石黏土，釀的酒細緻堅實，結構好，有一種電石味。

e. 矽質黏土新形成的沖積地：出產的酒特性變化多，和其中的砂石、黏土比例有關。砂質多的土地，酒清淡芳香，漿果味多；矽土成分多的土地，酒平衡，酸味較重，香味持久。

一般普依－芙媚（Pouilly-Fumé）的酒有大量的漿果香味，之後會轉變成具有羊齒植物、薄荷、灌木的清香。上述 a、b 兩種土地出產的酒中會有黑醋栗、黃楊、晚香玉或水仙花味。在矽石土出產的酒，其所具有的植物清香趨向於酸澀味和一種特別的電石味。

Pouilly-sur-Loire 的酒比較中性，帶有清淡的白色花香、綠蘋果、乾果味。前者適合搭配高級的水產、羊乳酪，後者可搭配一般的前菜、乾煎魚。

田野

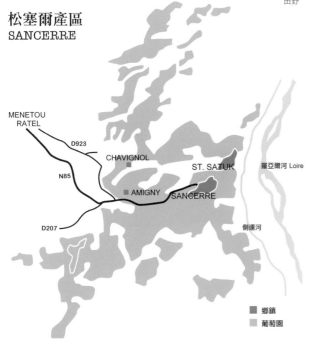

松塞爾產區
SANCERRE

MENETOU
RATEL
D923
CHAVIGNOL
N85
ST. SATUK
羅亞爾河 Loire
AMIGNY
SANCERRE
D207
側運河

■ 鄉鎮
■ 葡萄園

（4）松塞爾（Sancerre）

位於布階（Bourges）市東北方的松塞爾（Sancerre）小產區，遠在西元一世紀時就開始耕種了，到西元 582 年時才有文獻記載。中央產區的第一大葡萄園面積有 2,800 公頃，也像很多別的產區一樣，

早年都是由一些修道院的僧侶們所開墾、種植。十二世紀時，受
到松塞爾（Sancerre）伯爵和聖莎圖市（St. Satur）的主教奧基斯坦
（Augustins）影響，葡萄酒業發展更迅速，也相當知名，Duc Jean de
Berry 公爵稱讚它是最好的王室葡萄酒。

　　十八世紀是羅亞爾河內陸航運的黃金時代，Sancerre 的酒就靠著
這條水運傾銷到大巴黎地區，甚至運到海外消費於中上層社會。
十九世紀末全國性的蚜蟲災害，摧毀了大部分的葡萄園。二十世
紀初的重建幾乎都改種適合本地氣候、土質的蘇維濃（Sauvignon）
和黑皮諾（Pinot noir）葡萄。1936 年成立「法定產區」，只限以

山城的老街

Ladoucette 城堡

松塞爾產區一景

Sauvignon 釀造的白酒。到了 1959 年，Sancerre 的紅酒和玫瑰紅才晉升為 AOC 級。

本地常有春霜的威脅，酒農多選擇向陽的山坡地或古老的沖積台地來種植葡萄，以彌補本地氣候上的缺陷。土壤和釀造方式是表達松塞爾酒重要的因素，尤其是受前者影響更大。

- 產區西邊：一些海拔度高的小山岳，石灰黏土、泥灰岩土中帶有矽質土和貝殼化石，出產的酒結構好、衝勁大，豐滿的香味不易消散。

- 產區中間：薄層的石灰土混合卵石、礫石，有利於葡萄的成熟，出產的酒高雅、芳香、清淡，香味散發得快。

- 產區東邊：靠近羅亞爾河岸，卵石、矽質黏土豐富，出產的酒細緻、堅實，結構好，有一種特別的「礦石味」。

松塞爾地理解剖圖

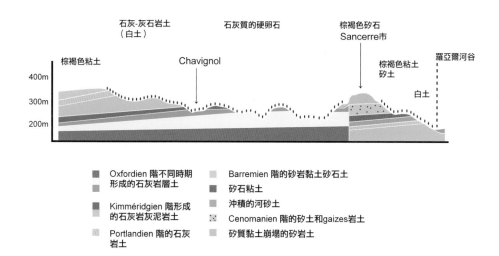

蘇維濃（Sauvignon）葡萄對於松塞爾（Sancerre）地方的土壤有特別的偏好。一般釀出來的酒有漿果的香味（橘子、石榴柚、檸檬），其中又混有植物味（薄荷、羊齒莧、洋槐）。如果土壤中卵石、碎

石多，出產的酒中會有茶藨子、黃楊（buis）香味。以石灰土為主的田地出產的酒則有晚香玉（tubéreuse）、水仙花香味，出自於矽質多的土地上，酒中有染料木（Genêt）、洋槐、電石味。適合搭配烹調有汁的魚、貝類或羊乳酪。

用 Pinot noir 釀出的紅酒，有一種黑櫻桃、甘草、桑葚味及魚類的腥騷味，如經過木桶陳年後則帶有橡木香。玫瑰紅酒則有桃子、杏子、薄荷、胡椒、醋栗香味。兩者都適合搭配白肉類、家禽類。

（5）蒙內都－沙龍（Menetou-Salon）

產區介於松塞爾（Sancerre）和甘希（Quincy）之間，336 公頃的葡萄園極為分散，2/3 的土地種植釀造白酒的蘇維濃葡萄，剩餘的則是種植黑皮諾葡萄，用來釀造紅酒和玫瑰紅酒。本區也是在大巴黎盆地的範圍內，泥灰岩、石灰岩、白堊土的地層中混合了大量的貝殼化石。產區介於海洋性和大陸性氣候之間，但受了小地理氣候的影響，蘇維濃葡萄長得非常美好，釀出的酒特性多、高雅、果香味重，也是好的白酒之一。紅酒美味可口，不易久存，有些廠牌把它們置放於木桶陳年以增加香、澀味，不過最好趁清鮮、低齡時飲用。

（6）甘希和（7）荷依（Quincy & Reuilly）

為兩塊相鄰的葡萄園，也是中央產區中幾塊頂尖的葡萄園之一，面積不大，卻有相當輝煌的聲譽。

甘希 （Quincy）：葡萄園位於 Cher 河岸邊，一塊古老的沖積黏土地，上面蓋著砂石、礫石，或是湖邊的石灰岩土。180 公頃的葡萄園全都種植蘇維濃葡萄來釀造白酒。氣候介於大陸性和海洋性氣候之間，春霜並不常見，雨量也適中。酒的特性極接近松塞爾（Sancerre） 酒。若土質中的矽土成分多，釀出的酒性干，細緻，較松塞爾酒的果香味多。

荷依 （Reuilly）：緊鄰甘希 （Quincy） 西南邊的一塊葡萄園，130 公頃的土地上出產了各種顏色的酒。土層中泥灰岩土、白堊土成分較多的地方，適合種植蘇維濃葡萄以釀造白酒。在礫石、砂質

的台地上種植了 Pinot noir、Pinot gris 來釀造紅酒和淡玫瑰紅 （Vin gris）。白酒特性近似於 Quincy，紅酒果香味多，澀度不夠。

（8）夏托美雍堡（Châteaumeillant）

本區主要是出產紅酒及少數玫瑰紅酒，多由 Gamay 葡萄釀造，有時也加點 Pinot noir 或 Pinot gris，以降低酒中的酸度。區內出產的淡色玫瑰紅酒（Vin gris）非常知名。兩者都是夏天郊外烤肉的好搭檔。2010 年晉升為 AOC 級。

（9）侯安丘（Côte-Roannaise）

一塊古老葡萄園，中世紀時由教會的修士們栽種及拓展，生產的葡萄酒也如同極大多數的產區一樣，利用羅亞爾河的水運外銷到各地，到了十九世紀末，受到各種蟲害的侵襲，葡萄園幾乎全毀。之後經過了重建，1955 年被列為 VDQS 等級，1994 年升格為「法定

產區」（AOC），並劃定羅亞爾河左岸 165 公頃的山坡地為侯安丘
（Côte-roannaise）產區。

　　葡萄園多處於海拔 1,000 公尺，面向著東北方向，北邊的山坡地
是第一疊紀的火成岩土，半大陸性的氣候，出產了唯一以 Gamay
葡萄釀造的紅酒、玫瑰紅，此地區向東 50 公里處就是 Beaujolais
產區了，酒的特性極為相近。紅酒採用「半碳酸浸漬法」（Semi-
Carbonique）釀造，以保持酒中的果香味、圓潤的柔和。玫瑰紅則
用「出血法」（Saignée）釀造，以求美麗的顏色。

　　中央產區內還有很多自古以來就很知名的 VDQS 級葡萄園，它們
的面積不大而且分散，使用釀造的葡萄種類也多，但是產量不大。

（10）弗瑞丘（Côtes du forez）

位在 Côte-Roannaise 產區南邊，2000 年晉升為 AOC 級，165 公頃
的葡萄園是砂石和火成岩混合土地，非常適合 Gamay 葡萄生長。
以碳酸浸漬法釀出的紅酒，清鮮易飲，但產量不大，多在本地就消
耗掉，極少外運。酒中散發著香料味 （百里香、加里哥灌木），
非常近似地中海沿岸的酒。

293

（11）聖普桑（St. Pourçain）

是中央產區中一個比較知名的小產區，過去皇室一度採用本區的酒，530 公頃的葡萄園是火成岩土、石灰黏土地、礫石地。產品中有一半是玫瑰紅酒，其餘是紅、白酒，紅種葡萄是 Gamay 和 Pinot noir，白酒則用 Chardonnay、Sacy、Sauvignon、Aligoté 葡萄釀造。出產的酒都是清淡易飲型，保存時間也不能太久。2009 年晉升為 AOC 級。

（12）歐維涅丘（Côtes d'Auvergne）

近 500 公頃的葡萄園，土層是火成岩土和石灰黏土，主要的是種植 Gamay 和一些 Pinot noir 葡萄，兩者都用來釀造紅酒、玫瑰紅。用 Chardonnay 葡萄釀造白酒。一般都趁清鮮時飲用，不太容易久存。

歐為涅也是一個出名的美食、乳酪產區。

第七章　普羅旺斯和科西嘉產區
（PROVENCE ET CORSE）

A. 普羅旺斯（Provence）

　　蔚藍海岸的邊緣上，一排排的葡萄樹聳立在陡峭的坡地上，當中夾雜著橄欖樹和薰衣草田，面對著晴空萬里的地中海，這邊就是法國最南端的普羅旺斯葡萄酒產區，也是極出名的觀光勝地，一年四季遊客絡繹不絕，在炎熱夏日下來杯冰鎮玫瑰紅酒，清涼解渴，暑意全消，是法國人口中常說的「令人回味的假期」。

　　最早在普羅旺斯地方種植葡萄的人，可能就是希臘人了，西元前六世紀馬賽建城的時候，附近的土地同時也被開發出來。在外海發現的古代沉船中，載有不少的大耳壺、陶器等盛裝物，顯示出在那時期已經有酒業的貿易了。到了羅馬時代，葡萄的種植開始向各方面擴展，東邊延伸到了義大利的邊界，同時也沿著隆河（Rhône）向北發展，一直到了里昂附近。

普羅旺斯和科西嘉產區 PROVENCE ET CORSE

1. Bellet
2. Bandol
3. Cassis
4. Palette
5. Côtes de Provence
6. Coteaux Varois
7. Coteaux d'Aix en Provence
8. les Baux de Provence
9. Coteaux de Pierrevert
10. Corse

　　普羅旺斯（Provence）葡萄園雖然古老，歷史也很悠久，但是極少為人所知，一些產品幾乎都在當地就被消費掉了，只有幾個城堡出產的酒在巴黎還有市場，因為產量少無法廣泛地讓大眾接觸。十九世紀中葉，蚜蟲災害摧毀了大部分的葡萄園，為了重建田園，酒農們在沒有選擇的情況下，便在一些肥沃的草原上耕種，導致產量過剩，酒性平凡，只能適合某方面的市場。為了拯救葡萄酒業，一些小地主聯合組成「合作社」來改善不景氣的情況。第二次世界大戰之後，觀光客大量的增加，加上合作市場的大力推銷，普羅旺斯（Provence）酒漸有起色，廣為北邊諸多鄰國所喜愛。

　　普羅旺斯產區跨越了 4 個省份，土地遼闊，大部分的田地還是在瓦爾（Var）省，其中 AOC 葡萄園的面積有 27,000 多公頃，採收率僅次於 Beaujolais、Alsace 兩產區而名列第三，生產量算是高的了。產品中玫瑰紅酒占了 80%，品質非常懸殊。

氣候

南邊由尼斯到馬賽之間的地段因受到地中海型氣候的影響，氣候
溫和，北邊的山區地則是大陸性氣候。全區氣溫均勻，一年四季陽
光普照，幾乎沒有什麼霜害問題。冬天由阿爾卑斯山吹來的乾烈寒
風，部分受到山脈的阻擋；夏天來自南邊地中海的海風，常挾帶著
北非的砂塵，這兩個季節特別乾旱。春、秋則是雨季（秋天常有驟
雨，雨量也大；春雨較緩和而規則）。氣候也隨著地形和海拔高度
而變化。

土地

從地中海沿岸往內陸，有五種不同類型的土地：1. 沿海第一區是
莫爾（Maures）山脈的結晶質岩石（碎片頁岩、火成岩、雲母片岩
等）。2. 第二區是二疊紀下陷的紅色砂岩、矽質黏土、砂土，出產
的酒細緻，品質高。3. 北邊是白堊、三疊紀的石灰岩基，混有不同
量的黏土或其他礦物質，此三處的面積占了整個產區的大部分。
4. 西北角靠近 Rhône 河出口處的 Arc 高山盆地，也是產區的極限，
盆地的南端是 Olympe 和 Aurélien 山脈，葡萄園坐落在砂岩變化成

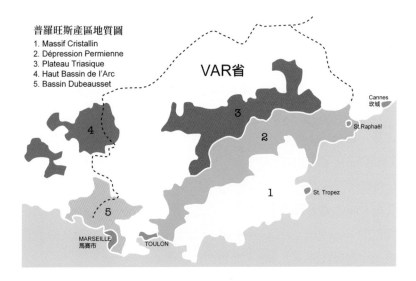

普羅旺斯產區地質圖
1. Massif Cristallin
2. Dépression Permienne
3. Plateau Triasique
4. Haut Bassin de l'Arc
5. Bassin Dubeausset

褐色土壤的碎砂質黏土、腐植石灰土、崩塌或沖積土地上。5. 朝著卡西斯（Cassis）海灣的堡思特（Beausset）盆地是侏儸紀前後的泥灰土，區內邦斗爾（Bandol）的葡萄園土層深厚，普羅旺斯丘（Côtes de Provence）的葡萄園則坐落在古老的沖積土地上。

　　不論出自何種土地，普羅旺斯的酒總是會讓人感受到有股奔放的熱情。白酒性干；紅酒顏色深，結構堅強，衝勁大，但非常平衡；玫瑰紅清鮮爽口易飲。除了幾塊特殊葡萄園的產品外，一般都趁酒齡低時飲用。

普羅旺斯也是生產香料、橄欖的大本營。

葡萄品種

其與隆河谷（Rhône）產區使用的葡萄大致相同，紅酒是以格那希（Grenache）、慕維得爾（Mourvèdre）、珊梭（Cinsault），還有地方性的葡萄品種——拔給（Braquet）為主，第二線的葡萄是Counoise、Carignan、Cabernet Sauvignon、Tibouren 等。

白酒是以克雷賀特（Clairette）、白于尼（Ugni blanc）為主，其他的還有 Bourbonlenc、Muscat、Chardonnay、Grenache、Sémillion 等，以及一種專門釀造貝雷（Bellet）白酒的侯爾（Rolle）葡萄。雖然有這麼多種類的葡萄可以使用，但是土層變化大，加上天候等因素，有的葡萄只適合在局部地方種植，確能釀出極有風味的美酒。

鄉村級的產區

在 Provence 產區內有 4 個極出名的鄉村級小產區，品質高，但產量不大。

（1） 貝雷 （Bellet）：葡萄園位於尼斯市西邊的山丘地上，是第二、三疊紀形成的台地，表層散佈了碎砂石、卵石，氣候溫和，風也不強，有利於葡萄的生長，32 公頃的葡萄園出產了三種不同顏色的酒，各占 1/3。釀造用的葡萄種類也多，主要是用土種葡萄，

反而傳統葡萄位居其次。紅酒或玫瑰紅使用拔給（Braquet）、Folle noire、Cinsault、Grenache 等葡萄來釀造，白酒是以侯爾（Rolle）、Roussan、Mayorquin、Clairette、Muscat、Chardonnay 等葡萄來釀造。紅酒澀度不高，細緻；玫瑰紅的果香味多，細緻，性干；白酒柔和，性干，有白色花的清香。

（2）**邦斗爾（Bandol）**：土隆市（Toulon）西邊一塊由海底升起的土地，西元 2,600 年前腓尼基人（Phénicien）就已經在此墾植了，之後羅馬人也在本地區從事酒業和橄欖貿易的事業，還在外海的沉船中發現大量當時盛酒的器皿。產區土質中的石灰岩、泥灰岩土成分多，經過了幾百萬年的風蝕、沖刷，地表形成了微白乾枯狀。葡萄園面積有 1,300 公頃，全年的日照時間高達 3,000 小時，微涼的海風帶來了溼潤的空氣，剛好調節此區酷熱的陽光，好讓葡萄慢慢地成熟。慕維得爾（Mourvèdre）是一種晚熟型的紅種葡萄，在這種環境下表現得非常出色，也成為地區的王牌。好土地種植出的慕維得爾葡萄多用來釀造紅酒，它占了總產量的 1/3。產區內的紅種葡萄很多，但是釀造邦斗爾紅酒，此三種葡萄—— Mourvèdre、Grenache、Cinsault 要有 85% 的占有量，其中的一半必須是 Mourvèdre 葡萄，釀好之後需經過 18 個月的木桶陳年才能瓶裝。酒的顏色深濃，口感強勁，結構堅實，澀度高雅、細緻，含有大量的紅色水果香味，還有胡椒、麝香或薄荷味，有時還有松露、皮革等味，可以存放很長的時間。

同樣地，釀造玫瑰紅也要使用上述三種紅葡萄，其分量至少占有 80% 的比例，還可混入一些其他品種的紅、白葡萄，它有鮭魚、野薔薇般的顏色，帶有白色水果味或熱帶水果味、香料味（茴香、八角、薄荷），清鮮易飲。如果酒中含有的慕維得爾葡萄成分多，保存的時間較久。白酒產量不多，使用傳統隆河谷地區的葡萄，具有白色花香，性干，石榴柚味重，不能久存。

（3） **卡西斯 （Cassis）**：在馬賽市東邊不遠處一個美麗的濱海小漁港——卡西斯 （Cassis），躲藏在白色岩石的海灣內，面對著蔚藍的地中海。附近山坡地上一些古老的葡萄園、橄欖園，於中世紀

時就很出名了，當時幾乎都種植 Muscat 葡萄來釀造甜酒，到了十九世紀末受到蟲災的侵襲，葡萄園全毀，重建的葡萄園再也看不到 Muscat 的葡萄，而改種其他的品種。1936 年起有自己獨立的 AOC。

175 公頃的田地大多為含有石灰質的泥灰岩土。白酒占了產量的 70%，釀造的葡萄是以白于尼（Ugni blanc，占 45%）為主，外加瑪珊（Marsanne）、克雷賀特（Clairette，至少要有 38%）及一些地域性的葡萄。酒性干，有白色花香，口感淡。

紅酒和玫瑰紅是以傳統的葡萄釀造，前者顏色深濃，結構十足，香醇，後者性干，果香味多，細巧。

法國人常說「看過巴黎，但如果沒看過 Cassis 等於沒看。」
（Qui a vu Paris s'il n'a pas vu Cassis n'a rien vu.）

（4）巴雷特（Palette）：產區位於艾克斯－普羅旺斯市（Aix en Provence）的東南邊，十九世紀時葡萄園的面積高達 700 公頃，當時出產一種「熟酒」供當地人喜慶、節日時飲用。蚜蟲災害後，葡萄園全毀，幾乎沒有什麼生產，第二次世界大戰時又停止生產，目前只有 35 公頃的葡萄園。1984 年獲得獨立的 AOC，出產了三種顏色的葡萄酒。白酒（占 40%）清香，結構堅強，後口感有乾果、蜂蜜、樹脂香味，可保存 10 幾年。紅酒（占 35%）豐厚強勁，結構十足，澀度細緻，可以存放，還有一種清淡型的紅酒；玫瑰紅酒圓潤芳香，水果、焦烤味多。

區域性的產區

（5）普羅旺斯丘（Côtes-de-Provence）：本區 18,500 公頃的葡萄園是普羅旺斯產區中面積最大的一塊，它們幾乎都集中在產區的東邊，當中夾雜著許多的橄欖樹園和薰衣草田。產區遼原廣闊，土質變化大，使用的葡萄種類也多，加上釀造的方式，品質十分懸殊。

玫瑰紅酒馳名於世，產量可觀，占了總量的 80%。白酒（5%）、紅酒（15%）的品質也非常地好。1977 年獲得獨立的「法定產區」，

劃定了產區的界限，規定了使用的葡萄品種，大致和隆河南邊使用的葡萄一樣。玫瑰紅出自不同的土地，都反映在酒中，或濃厚或稀薄差別大。一般帶有紅色水果味、花香、植物清香，或多或少雜混著香料、焦烤味，口感圓潤、細緻、清鮮爽口，性干、微澀，酒精度平衡但不強烈，十分高雅，非常適合東方人的食物，尤其是中國菜。

紅酒有清淡或本土味極重兩種類型，後者需要時間軟化，適合搭配口味極重的亞洲菜餚。白酒結構好，口感清鮮，適合搭配當地的海產，可惜產量不多，幾乎在當地就被消耗掉了，極少銷售外地。

（6）瓦華丘（Coteaux Varois）：葡萄園位於邦斗爾（Bandol）北邊的山區內，海拔 400 ～ 800 公尺之間，很早以前希臘人就到此地從事葡萄和橄欖的種植，中世紀時本地出產的葡萄酒就非常盛行，專供給王室或教區的主教們。土地是由不同疊紀的石灰岩土組成，葡萄園坐落在一種脫鈣黏土（groies）的山坡地上，地表還覆蓋了一層崩積的碎卵石或是褐色的泥灰岩土，面積有 1,700 公

普羅旺斯寒冬仍有新鮮的香料、蔬果市集。

頃。氣候變化大，常有春霜，各小盆地氣候也不一致，南北兩端的
葡萄成熟期常相差至 0.5 ～ 1 個月的時間，雨量在 700 ～ 900 釐米
之間。1993 年獲得獨立的 「法定產區」。

　　出產的玫瑰紅酒占了一大半，是以傳統隆河區的紅種葡萄來釀
造，酒細緻、果香味極多。紅酒占 35% 的生產量，也是採用同樣的
葡萄品種，花香、植物香味多，第一口感粗獷，結構堅強，需要時
間來軟和，顏色比鄰近產區為淡。白酒不多只有 5% 的產量，細緻，
芳香，清鮮，爽口，天氣對品質影響較大。

（7） 艾克斯－普羅旺斯丘 （**Coteaux d'Aix-en-Provence**）：產區
位於隆河出海口的東邊，地中海和都杭斯 （Durance） 河之間的
一片廣大土地，早在西元前希臘人就已在此種植葡萄和橄欖，後來
羅馬兵團在此建城的時候更加擴展了葡萄的種植。中世紀時，普
羅旺斯的酒特別是艾克斯 （Aix） 地方的產品，大量銷售到鄰近
的歐洲國家，葡萄園的面積高達 23,000 公頃，到了十九世紀末，
蟲災的侵襲搗毀了所有的田地，目前只有 3,200 公頃的 「法定產
區」。以前 Aix 地方的酒稱為河內王丘 （Coteaux du Roi René）
後經過幾次更名，1985 年升格為 AOC 級，定名為艾克斯－普羅旺

斯丘 （Coteaux d'Aix-en-Provence），產區還是以普羅旺斯區的石灰岩為主，有的地方混有石灰黏土、砂石、河泥土或是崩積岩土，變化極大，全年約有 350 ～ 680 釐米的雨量但並不規律，全年的日照時間在 2,700 ～ 2,900 小時之間，沿著隆河吹下來的蜜史脫拉（Mistral） 強烈寒風十分乾冷，有利於葡萄的健康，和產區東西兩端葡萄成熟期的不一致。

玫瑰紅酒占了 70% 的產量，有紅珊瑚般的顏色，果香味強，混著花香、松香、香料味，柔和易飲。紅酒占 25%，顏色較普羅旺斯其他小產區為淡，帶有紫羅蘭的香味、植物青澀味，久存的酒則有桂皮、皮革味。清淡型的酒馬上可以飲用，傳統型的酒風土味重，澀度大，粗獷，需要時間來緩和。白酒只占了 5%，漿果味多，也帶花香味，結構好，口感清爽。

（8） 博的－普羅旺斯 （Les baux-de-Provence）：產區在隆河出海的東邊，過去和 Coteaux d'Aix-en-Provence 是同一產區。1985 年成立法定產區時，Les Baux-de-Provence 並未獲得認可，直到 1995 年才獲得獨立的 「法定產區」 權。300 公頃的葡萄園多為石灰黏土、灰泥土，地表非常乾燥，下層結構變化也大，只適合栽種紅種葡萄，釀造的紅酒高貴、大方，占了 80% 的產量。玫瑰紅酒則占其餘的 20%，酒味芳香，比較圓潤、粗獷。

（9） 皮耶維爾丘 （Coteaux de Pierrevert）：位於 Coteaux d'Aix-en-Provence 產區的北邊，420 公頃的葡萄園，出產了三種顏色的酒，使用的葡萄也和其他的小產區相同，產區內氣候乾燥又因位於高山區較南邊地方為涼，土質是一種塌落的石灰岩土，排水性極佳，出產的紅酒澀味較重大量紅、黑水果味，玫瑰紅圓潤，但酸度平衡，白酒性干，都不宜久放。

B. 科西嘉（Corse）

普羅旺斯南邊一個孤立在地中海中的大島，南北長約 180 公里，東西寬約 85 公里，島上到處是崇山峻嶺，平原地不多，面積也不

大。12,000 公頃的葡萄園環繞在島的四周，處於海拔 300 ～ 360 公尺的山坡上，這麼大的耕地中，只有 1,800 公頃屬於 AOC 級的葡萄園。

科西嘉地方的葡萄園被開發得甚早，西元前五世紀時，這裡也是希臘人的勢力範圍，當時他們已經開始種植葡萄了。Aleria 建城時，附近的葡萄園就跟著被開發出來，後來羅馬人又經營了幾個世紀之久。十二到十七世紀時，葡萄酒受到熱那亞人的嚴格管制，出口也不多，經濟開始衰退。一直到了 1768 年法國購買本島之後，解除了一些稅則，葡萄園又慢慢地擴展，酒也開始外銷並小有名氣。好景持續到了十九世紀末，由於蚜蟲災害的侵襲，摧毀了 85% 的田地，而之後的重建工作困難又緩慢，隨著兩次世界大戰的影響，葡萄酒業更形黯淡。戰後農民們還固執的開墾險峻的山坡和地上的叢林，但沒有多大起色。1960 年後，一些由北非回來的僑民，在東邊一帶重新開墾新田地，帶來新的經營理念和耕種技術，十年有成，1976 年獲得了獨立的「法定產區」（AOC Vin de Corse）權，出產了紅酒、玫瑰紅和白酒，其中紅酒占了產量的 60%，白酒只有 10%。

2 個鄉村級的產區

阿加修 （Ajaccio）：葡萄園位於島的西邊，面積只有 250 公頃，是火成岩土地。紅酒、玫瑰紅採用西亞卡列羅 （Sciacarello）、巴巴羅莎 （Barbarossa）、Carignan、Cinsault、Grenache 葡萄。其中的 Sciacarello 必須占到 40%。白酒採用維門替諾 （Vermentino）、Ugni blanc 葡萄。

本地的酒細緻芳香，蘊含一些特殊的鄉土風味，紅酒可保存 5 年，白酒、玫瑰紅要盡快飲用完畢。產量不多，大多為島上居民和觀光客消耗掉，極少外銷。

巴替摩尼歐 （Patrimonio）：位於島的西北邊，425 公頃的葡萄園多為石灰黏土、片頁岩。紅酒主要是以尼陸修 （niellucio） 葡萄釀造 （占 75%），其他的還有 Sciacarello、Grenache noir，香料味

重，有黑色的果香味，澀度大，要等 2 ～ 3 年的陳年變化後再飲用
為宜。白酒多用維門替諾 （Vermentino，占 90%）、Ugni blanc 葡
萄釀造，出產的酒芳香，帶有一些熱帶水果香味，存放的期限比
Ajaccio 稍微長一點。玫瑰紅也是採用紅種葡萄釀成。

區域性的產區

(1) 科西嘉酒 （Vin de Corse）：主要分布在島的東邊，葡萄園的
面積總共 1,200 公頃，釀造時也是採用本島的葡萄品種為主，區內
有五塊葡萄園，地理環境、土質都比較好，出產品也可冠上地名。

a. 科西嘉角丘酒 （Vin de Coteaux du Cap-Corse）：葡萄園位於最
　北端地形險峻且凸出的海岬 （角） 上，屬於片頁岩土，最出名

的是一種以 Muscat 葡萄釀出的天然甜酒，高雅細緻，有甜蜜的果香味。

b. 科西嘉波特－維希歐酒 （Vin de Corse Porto-Vecchio）：葡萄園位於島的東南角，出產了三種顏色的酒，其中的紅酒非常細緻，可以存放。

c. 科西嘉菲嘉里酒 （Vin de Corse Figari）：在島的南端，老葡萄園之一，紅酒澀度大，酒醇，後口感長。白酒、玫瑰紅為道地的科西嘉酒。

d. 科西嘉莎丹酒 （Vin de Corse Sartène）：在島的西南邊，面積較大，出產的酒品質較高，紅酒結構好，豐腴。

e. 科西嘉卡蜜酒 （Vin de Corse-Calvi）：葡萄園在島的西北邊，火成岩土，出產的紅酒細緻又強勁、圓潤。

科西嘉產區除了上述五塊葡萄園之外，其餘的地方都是出產科西嘉酒「AOC Vin de Corse」。有白酒、玫瑰紅、紅酒，其中後者占大部分，多用本地的葡萄品種釀造，風土味十足。

（2） 科西嘉角－蜜思嘉酒 （Muscat du Cap Corse）：產區位於科西嘉島的北邊，是以 Muscat 葡萄釀造的白甜酒，口感較蘭格多克的 VDN 為淡。1993 年獲得了 AOC 晉級。

第八章 阿爾卑斯山 —— 侏羅和薩瓦產區
（JURA ET SAVOIE）

侏羅部分（Jura）

　　侏羅（Jura）產區是法國幾塊最古老的葡萄園之一，從一些考古史蹟來看至少也有五千年的歷史了。弗西亞人（Phocéens）在馬賽建城的時候，慢慢沿著隆河（Rhône）向上游發展，部分的人到了侏羅地方開闢他們的葡萄園，一直到了西元 92 年多米恬（Domitien）下令拔除所有的葡萄樹改種穀糧來供應羅馬兵團，種植才延緩下來。兩個世紀以後波畢士（Probus）取消了禁令，人們又開始種植葡萄了。在阿禾累（Arlay）小鎮上仍保存了羅馬人留下的酒窖。以後的幾個世紀，由於一些有力的權威人士、皇族們對於 Jura 酒的喜愛，帶動了酒農們的栽種，葡萄園的面積不斷地擴展，同時本區出產的葡萄酒也進入了「楓丹白露」（Fontainebleau）皇宮的餐桌上。

　　到了十九世紀初，葡萄園的面積已高達 20,000 公頃，世紀中不幸受

到了根瘤蚜蟲災害的侵襲，幾乎摧毀了所有的葡萄園，雖然災難後的重建也非常迅速，但又受到戰爭的影響，耕種面積逐漸萎縮，1918年還有7,000公頃的葡萄園，到了第二次世界大戰之後只剩下4,000公頃。接著，1956年一個新的災難再度降臨，當時嚴重的結霜，幾乎再度摧毀所有的葡萄園，近幾十年來經過酒農們的努力重建、栽種，目前葡萄園的面積有2,050公頃，其中只有1,650公頃是AOC級。

地理位置

位於法國東邊，阿爾卑斯山麓，介於布根地和瑞士之間。葡萄園由東北走向西南，南北長約100公里，東西只有7～8公里寬的狹長土地，處於海拔250～500公尺的陡峭山坡地上。土質多為藍色的泥灰岩土、侏儸紀前後的黏土，較高的地方土中還攙有崩塌的石灰岩土。

氣候

屬於半大陸性氣候，冬天嚴寒，時間也長，但是春天開始則變得十分溫和，夏、秋兩季十分炎熱，全年平均氣溫只有10℃（70～100天低於0℃），全年日照時間有1,800小時，雨量豐富（1,240毫米／年）。採收期較晚，通常都在10月份以後。

葡萄品種

白酒

- 夏多內（**Chardonnay**）：布根地的葡萄品種，十四世紀傳入侏羅地區後即能適應本地的環境，占了產量的一半，顆粒飽滿、芳香、甘甜。除了釀造干白酒外，還用來釀造麥稈酒、氣泡酒。
- 莎瓦涅（**Savagnin**）：幾乎只生長在侏羅地方的葡萄品種，特別適合本地藍灰色泥灰岩土，但只占產量的15%。它的名字源於「野生」（Sauvage），和萊茵河區的"Trminer"同族系。葡萄顆粒飽滿，成熟時帶點古銅色，味道甘甜，並帶有酸度，細緻，採收期常拖延到10月底。

紅酒

- **普莎（Poulsard）**：侏羅地方的原生種葡萄，顆粒略長，多汁、甘甜，有時也當作食用葡萄，占產量的 20%。對於春霜、落花非常敏感，釀出的酒顏色非常淡，接近玫瑰紅色，即使釀造紅酒浸泡後也不例外。釀好的酒多趁低齡時飲用，大量的水果味中混有苔蘚味。

- **土梭（Trousseau）**：也是本地的原生種，葡萄顏色深，非常甜，產量只占了 5%。大多種植在侏羅北邊的礫石土中。

- **黑皮諾（Pinot noir）**：布根地的葡萄種，十五世紀時引進本區，特別用來釀造氣泡酒。如果用來釀造紅酒，絕無法達到布根地酒般的水準。通常多和普莎（Poulsard）混合，以增加酒的顏色和結構，極少單獨使用。

侏羅區的產品

白酒：出自於夏多內 （Chardonnay） 和莎瓦涅 （Savagnin） 葡萄，通常都單獨釀造以顯風味，典型的山區酒，特別是莎瓦涅葡萄散發出一種氧化的氣味，但並不是壞掉，釀成的酒可保存極長久的時間。

紅酒：出自於土梭 （Trousseau） 葡萄，酒的顏色和澀味都深重，常和 Pinot noir 混合，有時也和普莎 （Poulsard） 葡萄混合以求平衡，只用 Poulsard 釀出的酒顏色淺淡，十分芳香。

玫瑰紅酒：多以土梭 （Trousseau） 葡萄釀造，特性有點接近紅酒，顏色也比其他產區的玫瑰紅為深，存放時間也久，可以搭配口味極重的菜餚。如出自 Poulsard 釀成的酒，其顏色淡，口味也輕。

氣泡酒：有干性、半干性、白色、粉紅色幾種類型，也是採用香檳法釀製，第二次瓶中發酵獲得大量的氣泡。侏羅氣泡酒 （Crémant du Jura） 於 1995 年時升格為 AOC 級。白色的 Crémant 使用 Poulsard 和 Pinot noir 葡萄釀造，兩者至少要占 50% 成分，其他的還有 Pinot gris、Trousseau 都可使用。

侏羅區利口酒 （Macvin du Jura）：十四世紀時就已經存在的一種

香甜利口酒，葡萄的汁液中注入了本地出產的烈酒，之後須經 18
個月木桶陳年才可瓶裝上市，有種特別的風味，1991 年獲得了自
己獨立的 AOC。通常當做開胃酒或搭配甜點，侍酒溫度在 4 ～ 8℃
之間。

侏羅區白蘭地 （Marc du Jura）：本地出產的白蘭地酒，法國三
大烈酒佳釀之一，有種特別的本土風味，酒精度在 40 ～ 50 度之
間，細緻高雅。通常在飯後品嚐。

特別的產品

黃 （葡萄） 酒 （Vin Jaune）：是侏羅 （Jura） 區最具代表性
的產品，全世界幾乎也只有在侏羅這個地區才能生長，是以一種
稱為莎瓦涅 （Savagnin） 葡萄釀造的，多半是在秋收期第一次下
霜後才去摘取，是為了讓葡萄獲得更濃縮的糖分。汁液發酵完成之
後存放在 228 公升的橡木桶中，至少要 6 年 3 個月的時間，在這段
漫長的歲月中，由於木桶的吸收、酒精的揮發，酒量減少而產生了
一個空間，這時並不像其他的產區一樣添加同樣的酒來填補空間以
防止氧化。發酵後桶內死亡的酵母菌會浮在酒的表面形成了一層薄
膜 （voile de micro-organismes），分隔了酒和空氣層，而起了保護
作用使酒不易氧化，能保存很久的時間，還會產生一種特殊的核桃
味，這就是出名的葡萄黃酒 （Vin Jaune）。長期存放會讓酒農損
失甚多，因此這種酒特別被允許裝在一種容積只有 62cl 的矮胖型酒
瓶中出售，它們稱為克拉芙蘭瓶 （clavelin）。

黃葡萄酒

黃酒是種非常特別的酒，散發明顯的核桃榛子味，細緻高雅，適
合搭配所有的菜餚，從開胃酒一直到正餐，或者飲用時搭配一小碟
乾果、乳酪，以本地出產的 Comté 最為宜。建議於飲用前數小時
開瓶醒酒與室同溫，甚至在前一天置入酒壺中。好的黃酒可存放
50 ～ 100 年之久。

麥稈酒 （Vin de Paille）：一種甜口的白酒 （呈琥珀色），秋收
之後選擇美好的葡萄一串串地攤放在稻草 （麥稈） 編成的篩子
上，或是人工加熱，或是懸掛在乾燥、空氣流通的地方，利用本

區的天然環境，讓葡萄中的水分揮發到最大極限而不腐爛，壓榨出來的汁液含糖量高，釀的酒甜口。這些工作都會在耶誕節前完成，故也稱為 「耶誕酒」（Vin de Noël）。100 公斤的葡萄只能榨出 15 ～ 18 公升的汁液，發酵後酒精度高達 14.5 ～ 17 度，口感甜潤，和索甸（Sauternes） 酒相似，但是散發出不同的香味。釀造完畢導入小木桶中陳年 3 ～ 4 年的時間，然後裝入 0.375 公升的小瓶內出售，可保存 50 年之久。麥稈酒並沒有添加任何的人工糖分和烈酒，它會散發出一種自然的葡萄香甜味，時間久了則轉變成焦烤香味。飲用時的酒溫介於 4 ～ 7℃，通常搭配甜點，有時也配點鵝肝醬。

本區特產乳酪

　麥稈酒是一種非常稀有的產品，栽種葡萄時的成熟度不夠則酸味太多、葡萄過熟則壓榨的汁液量少、在風乾的過程中每串葡萄的健康變化異常，這些都是造成葡萄汁液來源不足的原因，加上釀造費工費時，以致成本提高，產品稀少，既使在侏羅地區也不太容易找到。

　除了侏羅（Jura）地方，隆河（Rhône）區的艾米達吉（Hermitage）地方也出產這種類型的麥稈酒。

4 個法定產區

（1） 阿爾伯 （Arbois）：位於侏羅產區北邊的一塊葡萄園，也是
法國最早獲得 AOC 的產區，附近的阿爾伯鎮 （Arbois） 也是本
區的行政中心，中世紀的建築物仍保留至今，還有巴斯特紀念博物
館、葡萄博物館、葡萄酒研究中心，每年都吸引了大批的遊客，熱
鬧非凡。近 800 公頃的葡萄園，幾乎占了侏羅區的一半，出產了紅
酒、白酒、粉紅酒、氣泡酒和兩種特別的產品：黃酒、麥稈酒，
以及馬克凡甜酒 （Macvin） 和侏羅區白蘭地 （Marc du Jura）。
產區內布布蘭村 （Pupillin） 的產品較優異，且有權在酒標上註明
"Arbois-Pupillin"。

地標

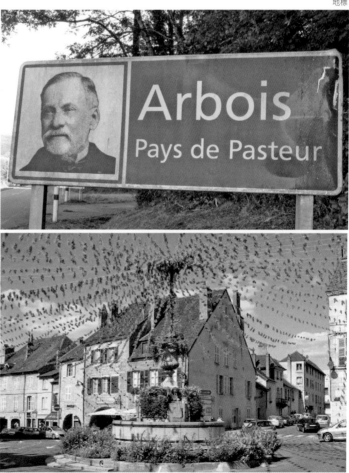

阿爾伯鎮（Arbois）的節日

老舊的消防栓和公共洗衣場

（2） 埃托勒 （L'étoil）：中文意思為 「星星」，一個美麗的名字，可能源自於區內 5 個美麗的城堡，或是環繞本區的 5 個小山丘，或是因為土中有很多星狀的化石，傳說不一。80 公頃的葡萄園只出產白酒，帶有一股電石、榛子、果香味，是極為特殊的山區風格。此外還出產氣泡酒、黃酒、麥稈酒。

（3） 夏隆堡 （Château-Chalon）：這裡的 "château" 並不具有任何的意義，夏隆堡 （Château-Chalon） 是一個五世紀就已存

簡陋的小鎮　　　　夏隆堡村

在的小城，附近的土層是一種藍灰色的泥灰岩土，非常適合莎瓦涅 （Savagnin） 葡萄的生長，50 公頃的葡萄園只生長這種葡萄，專門釀造全世界獨一無二，素有 「酒王」 之稱的 「黃酒」，也是整個侏羅產區內出產黃酒的搖籃。區內 10 多位酒農都能釀出他們的精心傑作，釀好的酒存放在 228 公升的橡木桶中陳年 6 年 3 個月，這段期間並不填補因木桶吸收或揮發而產生的空間，這是和其他產區不同的地方，由於死亡的酵母浮在酒的表面形成一種薄膜狀，為阻止酒的氧化起了保護作用，可以保存很長久的時間。

本區只出產黃酒，對於品質上的要求極為嚴格，如果葡萄收成不理想就不釀造，例如 1974、1984 年就沒產品。對於葡萄的挑剔淘汰特別嚴格，加上漫長的陳年期，也不保證沒有意外的損失，造成產量不穩的因素。產品罕見也十分昂貴，在鎮上的一些飯店、酒館中總是論杯出售不同的產品，來滿足愛酒族和觀光客們。黃酒本身抗氧化力特強，開瓶後的酒，放個幾天也不易變質。

（4） 侏羅丘 （Côtes du Jura）：侏羅區的第二大葡萄園，700 公頃的葡萄園散布在 58 個小村子的土地上，出產了所有類型的酒，由於它的價格非常吸引愛好侏羅酒的人們，常常可以用較低的價格

找到品質非常好的酒。

除了一般的紅、白、玫瑰紅、氣泡酒之外，也出產世界上獨一無二的黃酒和本地的特產——麥稈酒、利口酒、烈酒，此三者也都非常出名。

薩瓦部分（Savoie）

由於冬季運動的發展，薩瓦（Savoie）地方已變成一個非常出名的觀光區，葡萄產區介於瑞士邊境和隆河上游之間的薩瓦地區。從文獻的記載顯示出，本區葡萄酒業曾經繁榮過幾個世紀，早年當地的人把酒裝在浸泡過樹脂的羊皮袋中，有一股特殊的味道，在羅馬地方也風行一時。

九世紀開始在塞樹（Seyssel）地方種植葡萄，十世紀時由於修道院增多，葡萄園也跟著擴展，一直到了中世紀末期，薩瓦的酒幾乎都在各小酒館和市集上銷售。文藝復興後期葡萄園發展得太快，破壞了它的品質，僅有極少數的葡萄園保持較高的水準。接著連年的戰爭滯延了葡萄園的發展。1860 年薩瓦（Savoie）地區重歸法國後，葡萄酒的年產量已高達 4,000 萬公升，葡萄園遍布滿山滿谷，都處於向陽性好的地方，到了世紀末經過了幾次蟲災的侵襲，幾乎 3/4 的田地消失了。二十世紀初經由慢慢地改善和重建，葡萄園也恢復了以往的榮景，1942 年，塞樹（Seyssel）產區獲得了獨立的 AOC。之後，克雷皮（Crépy）於 1948 年，而薩瓦酒（Vin de Savoie）和胡樹特薩瓦（Roussette de Savoie）也於 1973 年都升格為 AOC 級，總面積約 2,000 公頃。南邊的布杰（VDQS Bugey）面積約 500 公頃。

土地
石灰岩土或是石灰黏土、冰河沖積土。

氣候
屬大陸性的氣候，凜冽的北風乾、冷，同時又受到南邊地中海氣

候的影響，由西南邊帶來溫和的雨水，葡萄樹到了 4 月底才開始發
芽，6 月中旬才開花，7 月份天氣不熱，8 月份又有暴風雨，真正決
定葡萄的好壞是 9 月份的天氣。由於葡萄園多處於湖邊、溪谷、坡
地附近，湖水的反射和一些小地理氣候（micro climat）發揮了作用，
皆有利於葡萄的成熟生長。

葡萄品種

本區可使用的葡萄種類高達 23 種之多，大多數都是地方性的品
種，雖然產量不多卻有特殊的風味。

白種葡萄

賈給爾 （Jacquère）：十二世紀才引進本區的葡萄種，幾乎已成
為薩瓦 （Savoie） 地區釀造白酒的主力，釀出的酒清鮮，顏色
淺，有大量的果香、花香味，酒精度低。成熟度好的葡萄釀造出的
酒中常有一股電石的特殊味道，都趁低齡時飲用。

阿爾地斯 （Altesse，又稱為 Roussette）：中世紀時由塞浦路斯引
進本區的葡萄品種，甜度高、芳香，採收率低，可釀出高品質的好
酒，陳年後更能顯出獨特的風味。

夏斯拉 （Chasselas）：早熟型的葡萄，幾乎多種植在雷蒙湖邊，
釀出的酒清淡，酸度不大，細緻，果香味多，多在低齡時飲用。在
酒槽中儲存一個冬季，瓶裝後常有極微小的氣泡。

夏多內 （Chardonnay）：布根地的品種，在此地釀出的酒不像布
根地白酒那樣油潤，通常和 Altesse 葡萄混合釀造。

格齡介 （Gringet）：幾乎只種植在 Arve 谷中，多用來釀造氣泡酒。

胡珊 （Roussane）：隆河谷的品種，能釀出高品質的酒，可存放
若干年。

莫雷特 （Molette）：本地原產葡萄，常和 Altesse 混合釀造 Seyssel
氣泡酒。

此外，還有 Aligoté、Malvoisie、Velteliner 等的葡萄種類。

紅種葡萄

加美 （Gamay）：十九世紀蟲災後才引進的葡萄品種，種植面積

極廣，釀出的酒清淡，果香味多，但種在 Chautagne 地方的葡萄較封閉強勁，同時可存放若干年。

蒙得斯 （Mondeuse）：本區特有的葡萄品種，它的澀、香味非常具有風格，至少可存放 5 年再飲用，會變化成更複雜的香味。

黑皮諾 （Pinot noir）：近幾十年才引進的葡萄品種，芳香細緻。

卑珊 （Persan）：晚採收的葡萄品種，幾乎近於被淘汰的邊緣。

鄉村級的產區

a. 塞必 （Crépy）：雷蒙湖南岸，面向著西南方向，海拔 500 公尺的坡地上，面積只有 75 公頃，只生產以 Chasselas 葡萄釀造的白酒。

b. 塞樹 （Seyssel）：在隆河上游的谷地上，1942 年就獲得獨立的 AOC。60 公頃的葡萄園生產白酒，靜態酒只准用阿爾地斯（Altesse） 葡萄釀造，氣泡酒中必須有 10% 的 Altesse 葡萄，可與 Molette、Chasselas 等葡萄混合釀造。

區域性的產區

a. 薩瓦酒 （Vin de Savoie）：葡萄園散布在整個 Savoie 區內，出產了紅酒、白酒，使用的葡萄品種比較多，1973 年升格為 AOC 級。在某些小村莊上的產品質地較優，使用釀酒的葡萄限制也嚴格，它

們都可在酒標上註明村莊名稱，例如：Vin de Savoie Chautagne。

b. 胡榭特薩瓦酒 （Roussette de Savoie）：也是和薩瓦酒 （Vin de Savoie） 一樣，葡萄園分散在薩瓦區內，只出產白酒，採用阿爾地斯 （Altesse，又稱 Roussette），和不超過 50% 的夏多內 （Chardonnay） 葡萄混合，釀出的酒果香味多，細緻，有特殊的風味。1973 年獲得獨立的 AOC。

在 4 個小村莊上的出品只准用 Altesse 葡萄，釀出的白酒則為「Roussette de Savoie ＋村莊名稱」。這 4 個小村莊是：馮吉 （Frangy）、瑪斯戴勒（Marestel）、蒙圖（Monthoux）、蒙蝶米諾 （Monterminod）。

VDQS 級的優良餐酒

在薩瓦（Savoie）省西邊，隆河左岸有一塊極大的葡萄園，種植的葡萄幾乎和 Savoie 產區相同，1963 年被歸成為 VDQS 級，即稱為布傑酒 （Vin du Bugey），出產了紅酒、白酒、氣泡酒。較好的村莊名稱可加附於酒標上，例如：Vin du Bugey-cerdon，是 Cerdon 鄉鎮的產品。

第九章 西南產區（SUD-OUEST）

　　介於波爾多和西班牙邊境之間的西南產區，它的葡萄園並不像其
芳鄰──波爾多產區一樣那麼集中。各小產區散布在西南部的各個
角落，就像是五線譜上的音符一樣組成了一曲美好的樂章。每個小
產區都有它們的歷史淵源、地理環境、選擇不同種類的葡萄釀出了
各具風格的美酒。把它們全部歸納在西南產區之內，是為了分類上
的方便，其實酒的同質性不高。西南產區也是全法國最具有本土風
味的酒了，可惜並不是很出名。遠在羅馬高盧時代，葡萄園就已
經被開發出來了，十世紀時，加亞克（Gaillac）的酒，在聖本篤會
的推動下，一度外銷到荷蘭、英國各地。在十二世紀時，產區內有
一部分的土地也被當做 Aliénor d'Aquitaine 的嫁妝。由於「波爾多保
護政策」，也就是說必須等到波爾多酒售罄之後，其他地區的產品
才能經由波爾多港口轉運外銷，這種情況差不多維持了五個世紀之
久，1776 年才開始解禁。十八世紀鐵路鋪設完成，產品比較容易運
銷到外地，經過了一個世紀的時間，西南產區的酒才開始廣為人們

所接觸，十九世紀末期不幸碰上了全國性的蚜蟲災害，酒業開始蕭條，而災難後不當的重建導致產量過多，除了酒質平凡外，同時也帶來負面的名聲。第二次世界大戰之後，地方上的酒農們才朝著品質方向去改進。目前全區近 32,000 公頃的葡萄園，包括 30 個 AOC 級、優良級（VDQS）、地區級（Vin de Pays）和日常餐桌級（Vin de Table）的葡萄園，出產了各種不同類型、顏色的葡萄酒，有立即可飲用的清淡酒，也有濃重，澀度大，可長期存放的酒，全部有一股特別的本土風味。

產區的中央地有一塊約 15,000 公頃的雅馬邑（Armagnac）葡萄園，只種植白種葡萄，釀出世界馳名的 Armagnac 烈酒。

土地

西南產區幅員遼闊，涵蓋了 10 個省份的土地，依土質變化歸納成三大部分：

多爾多涅 （Dordogne） 河中游地方：葡萄園在河谷的兩岸，北邊是礫石、砂石土地，南邊是石灰黏土地。

產區的東邊：在加隆 （Caronne）、洛特 （Lot）、但 （Tarn）等河流兩岸的谷地是沖積土，在山坡、台地的部分則是石灰黏土，布列 （Buzet） 地方以礫石土為主，卡歐 （Cahors） 地方主要是石灰土、石灰黏土地。

庇里牛斯山地區：貝亞 （Béarn） 地方是黏土、砂岩、灰泥或砂石土。居宏頌 （Jurançon） 地方是石灰黏土、矽黏土。馬第宏 （Madiran） 地方是矽黏土或是沖積的土地。

氣候

在產區北邊靠近波爾多的地方是 Aquitain 盆地，因受到大西洋的影響，氣候溫和、潮溼，冬天嚴寒，夏、秋非常的炎熱，春天常會結霜。

　　在產區南邊靠近庇里牛斯山麓，雨量由西向東逐漸減少，夏天酷熱，晚秋天氣良好。

　　其他各處的台地、山坡地段，都有不同的小地理氣候（Micro climat）對各葡萄園發揮了很大的作用。例如，蒙巴季亞克（Monbazillac）地方的氣候有利於葡萄貴腐，可以釀出極好的甜酒。

西南產區
SUD-OUCST

1. Bergerac
2. Montravel
3. Saussignac
4. Pécharmant
5. Rosette
6. Monbazillac

7. Côtes de Duras
8. Côtes du Marmandais
9. Buzet
10. Côtes du Frontonnais
11. Cahors
12. Gaillac
13. Marcillac

14. Madiran
　　Pacherenc du Vic Bilh
15. Béarn
16. Jurançon
17. Irouleguy
18. Côtes de St Mont

VDQS ABCDEF

葡萄品種

　　西南產區內有幾塊極老的葡萄園，使用了高達 60 幾種的原生葡萄品種來釀造，但是產量不大，有品種博物館之稱。

近多爾多涅河（Dordogne）、貝傑哈克（Bergerac）一帶的產區，採用波爾多傳統葡萄為主，外加地方上的土種葡萄，釀成的酒都具有它們自己的特色。

產區

| 西南產區北邊 Dordogne 河一帶的葡萄園：習慣上稱為貝傑哈克區（Bergeracois）

（1） 貝傑哈克、貝傑哈克丘 （Bergerac、Côtes de Bergerac）：
貝傑哈克市 （Bergerac） 四周的葡萄園，遠在西元一世紀時就已經被開發出來了，羅馬人在波爾多種植葡萄的時候，沿着多爾多涅河 （Dordogne） 向上游發展到了貝傑哈克地方。區內使用的葡萄品種也和波爾多產區相同，但是因為氣候、土壤的不同，釀出的酒在風味上也略有差異，這裡的酒較柔和，酸度明顯，主要是出產紅酒，具有寶石般的深紅色，帶有茶薰子味，澀度不高、清淡易飲；也有出產少數的玫瑰紅和干白酒，前者清淡、果香味極多，後者性干、活潑有力、酸度適中，是搭配帶殼海鮮的好酒。城北邊 Périgueux 市附近的 Sorges 村，其樹林中出產了世界上最好的黑松露（truffe）。

野外避難所

貝傑哈克丘 (Côtes de Bergerac) 只出產較強勁的紅酒，採收率比前者為低，芳香、高雅；也出產一些白甜酒。

（2） 蒙哈維爾丘、 上蒙哈維爾、 蒙哈維爾 （Côtes de Montravel、Haut-Montravel、Montravel）：3 個小產區在 Bergerac 市和 St. Emilion 市之間，總共有 1,000 公頃的葡萄園，前兩個小產區只出產白甜酒，豐厚、芳香，後口感也長，其中的 Haut-Montravel 酒較甜。最後的一個小產區蒙哈維爾只出產干性白酒，釀造用的葡萄也多加了 Ondenc、Cheninr 及 Ugni blanc，口感平衡，清淡易飲。

（3） 蘇西涅克 （Saussignac）：位於蒙巴季亞克 （Monbazillac） 西邊的一塊葡萄園，只出產白甜酒，但產量不多，酒性和 Monbazillac 極為相似。

Les meilleures truffes du Périgord sont de Sorges.
ECOMUSEE de la TRUFFE - Centre Bourg

（4） 貝夏蒙 （Pécharmant）：位於 Bergerac 市北邊一塊約 300 公頃的葡萄園，由於土中的礫石、砂石特別多，非常適合種植紅種葡萄，釀成的酒味道豐厚，結構好，具有奔放的野花香味，可以長期的存放。

（5） 侯塞特 （Rosette）：位於 Bergerac 市西北邊的一個小產區，只出產白甜酒，其酒芳香、細緻，產量不多。

（6） 蒙巴易亞克 （Monbazillac）：位於 Bergerac 市南邊的一個小山城，面積 2,500 公頃的葡萄園處在面向東南的坡地上，因受到小地理氣候的影響，葡萄很容易達到貴腐的效果，所以本區只出產貴腐甜酒，1937 年就獲得 AOC 級，釀出的酒帶有濃厚的蜂蜜、洋槐花 （acacia）、桃子、焦烤香味，口感強烈而豐腴，和索甸 （Sauternes） 酒很相似，遠在十六世紀時產品就已外銷到了北海諸國，而且非常的出名。

‖ 西南產區中央和東邊的葡萄園

習慣上稱為高地區（Haut Pays）。這邊的幾個小產區極為分散，葡萄園多位於一些河谷的坡地或台地上，這些小河源自於不同的山區，沉積的礦物質也不一樣，土地的結構變化大，種植的葡萄種類

Monbazillac 城堡   榭密雍葡萄是釀造貴腐甜酒的主力。

極多,釀造出來的酒各有千秋。加隆河(Garonne)附近有 4 個古老
的小產區:Duras、Marmandais、Buzet、Côtes du Frontonnais。(見
西南產區地理圖 7 ~ 10)

(7)都哈斯丘 (Côtes de Duras):位於蒙巴季亞克 (Monbazillac)
的南邊,雖然和波爾多的葡萄園連成一片,但是出產的酒還是有不
同之處,十八世紀時都以波爾多的名義出售,1937 年獲得獨立的
AOC。1,500 公頃的葡萄園出產了白酒、紅酒、玫瑰紅酒,使用釀
造的葡萄也和波爾多品種一樣,但是白酒中可以加入 Ugni-blanc、
Mauzac 和 Chenin 葡萄,酒性干,果香味極多。紅酒有兩種類型:一
種果香味多的清淡型,一種濃厚、澀度大的強勁型,通常可以存放
3 ~ 5 年。有時也出產白甜酒,果香味極多,高雅易飲,須存放若干
年再開瓶。

(8) 馬蒙地丘 (Côtes du Marmandais):位於 Duras 城南邊的
一塊老葡萄園,1990 年升格為 AOC 級,出產的干白酒清淡,果香
味多,後口感也長。紅酒、玫瑰紅除了使用波爾多傳統的葡萄品種
外,還可以加入 Abouriou、Fer、Côt、Gamay 及 Syrah 葡萄混合,香
味複雜,香料味也多,非常適合搭配亞洲食物。

(9) 布列 (Buzet):位於馬蒙地 (Marmandais) 南邊,1,300
公頃的葡萄園,1973 年獲得獨立的 AOC。出產了紅、白、玫瑰紅

三種顏色的酒，使用的葡萄也和波爾多地區相同，產品中紅酒就占了98%，通常存放在橡木桶中作為期一年的陳年過程。酒中混合了水果和桶中木質的香澀味，口感豐厚、強勁，有輕微的澀度，搭配細緻的野味，或是水禽的鴨、鵝。最好等待3～4年再開瓶。

（10）　風東內丘　（Côtes du Frontonnais）：位於土魯斯市北邊的風東（Fronton）小鎮附近，一塊約1,200公頃的葡萄園，地下是沉積的黏土，含有大量的氧化鎂、鐵，土地非常貧瘠，中世紀時一度是主教的駐地，田地也歸教會所有，雖然受到「波爾多保護政策」的影響，本地的酒仍然很暢銷，到了十九世紀末，因受到蚜蟲災害的蹂躪，葡萄酒業一蹶不振，經過半世紀的重建，1945年獲得VDQS級，到了1974年升格成AOC級。產區屬於大西洋氣候，夏天炎熱，西邊吹來的風潮溼，東邊吹來的風乾燥、有時強烈，但是有利於葡萄的成熟與健康，要注意的是暴風雨。

紅酒占了產量的90%，主要是採用一種名叫聶格列特（Negrette）葡萄釀成，雖然美好，可惜缺少酸度，所以加入一些其他的葡萄，例如：Syrah、Malbec、Fer-Servadou、Gamayc或Cabernet等，以增加酒力和強勁度。另外，還出產少量的玫瑰紅酒，清淡易飲，須趁低齡時飲用，本產區不出白酒。

III 東邊其他的產區：高地區（Haut Pays）

（11）　卡歐　（Cahors）：羅馬時代就已經存在的葡萄園，它們的產品也利用洛特（Lot）河水運到波爾多，再轉運銷售到海外，長期以來就受英國人所喜愛，中世紀時也因「波爾多政策」而使葡萄酒業受到極大的影響，直到解禁後才得以繼續發展，它的酒一度運銷到俄國出售，好景一直持續到了二十世紀初。1956年一次嚴重的大風雪，幾乎凍死了所有的葡萄樹，後來慢慢地重建，到了1962年由208公頃的葡萄園增加到2,600公頃，目前4,200公頃的葡萄園只出產紅酒，主要是使用馬爾貝克〔Malbec，又稱鉤特（Côt）〕葡萄，釀造時至少要有70%的馬爾貝克葡萄，酒

的顏色深，果香味多，澀度大，其他還有塔那（Tannat）、梅洛（Merlot）等葡萄都可以使用，1971 年升格為 AOC 級。

產區內有兩種不同的土地，在 Lot 河谷地帶是由石灰岩土、卵石和沖積土形成的台地；而東邊地帶則是石灰岩高原地，石灰黏土土層薄，如雨量足夠則土地肥沃。出產了兩種不同類型的紅酒，通常混合兩地的產物以求其和諧。卡歐（Cahors）酒可以趁低齡時飲用，淡紫的顏色，芳香、粗獷。有些年份的產品經過陳年後，顏色也由深紫色偏向於黑色，具有複雜的香料、松露味，圓潤，豐厚，可以存放很久的時間。

年輕的卡歐（Cahors）可搭配紅肉或是油膩的燉肉，陳年老酒則適合搭配細緻的肉類或是香料味重的菜餚。

（12） 加雅克和加雅克首丘 （Gaillac & Gaillac Premier Côtes）：
此區的葡萄園在西元前兩百多年前就已經被開發出來了，十世紀在聖本篤會的推動下，才得到真正的發展。中世紀時它們的酒已經銷售到了英國、荷蘭等地，一直到了十八世紀，因為戰爭而滯銷，在十九世紀初期由於它的品質和特殊的風味，漸漸受到人們的重視和喜愛，到了世紀末遇上了全國性無法避免的蚜蟲災害，葡萄園近乎全毀。重建後的田園白酒品質優於紅酒，主要的是後者採用雜牌葡萄，採收率太高，導致品質平庸，以致名聲下降。1938 年時，白酒就是 AOC 級了，但直到 1970 年，紅酒才獲得 AOC 級。Gaillac 也是西南產區中面積最大的小產區，葡萄園極為分散，10,000 公頃的葡萄園中，只有 1,700 公頃是 AOC 級，多半集中在加雅克 （Gaillac） 城附近。雖然屬於半大陸性氣候區，可是又受到了大西洋和地中海的影響，氣候十分溫和。產區介於中央山脈和阿基坦 （Aquitain） 盆地的邊緣上，但河 （Tarn） 貫穿本區，河左岸是礫石土適合種植紅種葡萄，河右岸是石灰土、火成岩土對白種葡萄有利，土地因素、使用的葡萄種類多樣都是構成 Gaillac 酒複雜的原因。產區內出產了紅酒、白酒 （干性）、甜酒、氣泡酒和玫瑰紅酒。
釀製加雅克的葡萄品種極多，它們有：

白種葡萄

- **莫札克（Mauzac）**：是 Gaillac 地區的主力，十分芳香，但因缺乏酸度，每年會依照葡萄的成熟度來決定釀造的類型。
- **連得勒依（Len de l'El）**：細緻、酒精度少，通常和前者混合以增加酒的酸度。
- **翁東克（Ondenc）**：用來增加酒的顏色，這種葡萄對於卷葉蟲非常敏感，目前已逐漸消失。

除了以上三種本土葡萄外，還有 Sauvignon、Sémillon、Muscadelle 葡萄可以使用。

紅種葡萄

- **都哈斯（Duras）**：道地的 Gaillac 本土葡萄種，顏色深、細緻、微酸。
- **費爾－塞瓦都（Fer Servadou，又稱 Bracol）**：顏色深、粗獷、豐厚，帶有黑醋栗、覆盆子及青椒味，可以增加酒的結構力和保存時間，產量不多。

其他品種的葡萄

- **希哈（Syrah）**：使酒香醇，顏色深，微澀，平衡。
- **卡本內（Cabernet Sauvignon 或 Franc）**：可提高品質，增加保存年限。
- **梅洛（Merlot）**：使酒柔和。
- **加美（Gamay）**：清淡，果香味多，酸口，可用二氧化碳浸漬法釀造新酒。

還有許多其他的地方葡萄品種，但是不合 AOC 的規定，只能用來釀造餐桌酒。

加雅克（Gaillac）酒的特性變化極大，要依葡萄的品種和成份而定，不過都具有特殊的風味。

加雅克首丘（Gaillac Premier Côtes），在 Gaillac 產區內 12 個小村莊上，只出產白酒，採收率較低，特性和 Gaillac 白酒相似，但是品質較優。1984 年升格為獨立的法定產區。

（13） 馬西雅克 （Marcillac）：羅馬高盧時代就已存在的葡萄園，到中世紀才開發出來，位於西南產區的東北角、中央山脈的南端，土地結構複雜，一種混合的石灰質、紅棕黏土覆蓋於地表。全區是大陸性的氣候，但是也受到地中海和大西洋的影響，葡萄能散發出大量的香味。500 公頃的田地有 110 公頃在 1990 年時升格為 AOC 級。紅酒主要採用 Fer Servadou 葡萄 （占 90%），釀出的酒顏色深濃，有大量紅色水果香味，澀度豐厚，口感雖然強勁但是圓潤。玫瑰紅酒清爽易飲，含有大量果香味。白酒使用地方上的葡萄品種釀造，但是產量極少。

IV 西南產區南邊庇里牛斯山（Pyrénées）一帶的葡萄園

（14） 馬第宏和巴歇漢克－維克－畢勒 （Madiran & Pacherenc du Vic Bilh）：馬第宏 （Madiran） 葡萄園位於 Peu 城的北邊，Adou 河南邊的台地上，它已經存在兩千五百多年了，十二世紀時，本篤會的修士們在此建立了修道院，並改善葡萄酒的品質，經過許多朝聖人的嚐飲後，把 Madiran 酒的美譽帶到了歐洲各地，十六世紀時又是法王 François I 的御用葡萄園，因而出名。

1948 年獲得獨立的 AOC，1,600 公頃的葡萄園土質變化極大，同一塊土地上種植出的紅葡萄釀成的酒稱為馬第宏（Madiran），用白葡萄釀造的酒則稱為巴歇漢克－維克－畢勒（Pacherenc du Vic Bilh）。好酒多出自含有黏土、矽質黏土、石灰黏土的葡萄園，反而礫石土地上的產品平凡。釀造 Madiran 主要使用的是典型的庇里牛斯山（Pyrénées）地區的原生葡萄——塔那（Tannat），剛釀出的酒有點苦澀味，經過了 5、6 年的陳年變化，酒則變成有焦烤、酸梅、香料、複雜的香味，口感強勁醇厚，還可以加入一點卡本內（Cabernet Sauvignon、Cabernet Franc）、費爾－塞瓦都（Fer-Servadou）葡萄以降低酒的澀度。適合搭配各種野味、紅肉類，或是肥膩的鵝、鴨最為理想，酒可以保存極長的時間。

巴歇漢克－維克－畢勒（Pacherenc du Vic Bilh）葡萄園採用阿

胡菲雅克（Arrufiac）、大蒙仙（Gros Manseng）、小蒙仙（Petit Manseng）、榭密雍（Sémillon）、古爾布（Courbu）、蘇維濃（Sauvignon）葡萄釀造，依照當年葡萄的成熟度來決定釀成干性或是甜白酒。酒細緻活潑，熱帶水果味極多，但是產量不多。

（15）貝亞 （Béarn）：在 Jurançon 產區西北邊的一塊小田地，羅馬時代就被開發出來了，加上中世紀時教堂、修道院的設立，教士們也從事品質上的研究和改進。十七世紀時，一些新教徒把酒銷售到荷蘭、英國等地，葡萄園也跟著發展起來。1975 年獲得獨立的 AOC，150 公頃的葡萄園當中，13 個小村子的產品可稱為 Béarn Bellocq，也和 Madiran 產區一樣，釀造是以塔那 （Tannat） 葡萄為主，其他還可以用 Cabernet、Fer-Servadou 及 Courbu。釀成的酒顏色深，單寧和酒精度都強，同樣的葡萄釀成的玫瑰紅酒細巧，果香味多，占了產量的 75%。白酒採用 Gros Manseng、Petit Manseng、Lauzet、Camaralet、Sauvignon 葡萄，酒性干，芳香，口感不重，產量也十分稀少。

（16）居宏頌 （Jurançon）：法王亨利四世受洗儀式上所用的酒，在中世紀時就很出名了。葡萄園位於 Pau 城的南郊，庇里牛斯山麓海拔 300 ～ 400 公尺的坡地上，朝陽性極佳，又受到大西洋氣候和庇里牛斯山氣候的影響，葡萄容易達到過熟的程度，適合釀造白甜酒，1975 年獲得獨立的 AOC。

Jurançon 產地出產白甜酒

干性酒使用大蒙仙（Gros Manseng）葡萄釀造，12 ～ 13 度的酒精度，性干、強勁而豐厚，口感清鮮活潑，後口感極長。甜酒是以小蒙仙（Petit Manseng）葡萄釀造，通常延遲到 11 月底採收，這段時間利用庇里牛斯山（Pyrénées）的山風，濃縮了葡萄的汁液後才摘取，從 1995 年起稱為「晚採收的葡萄酒」（Vendanges Tardives），也是法國名列前茅的好甜酒之一，酒甜中帶酸並不膩口，風格獨特，有大量的熱帶水果味，還有蜂蜜、榛子、焦烤、洋槐花香味。依出自不同結構的土地，還散發出肉桂、芭樂味（goyave）。可以保存 20 ～ 30 年之久。

（**17**）　**依蘆雷姬**　（**Irouleguy**）：接近巴斯克地方，100 公頃的葡萄園位於陡峭坡地上，以矽土、砂岩土、泥灰土為主，土中含有大量的二氧化鐵。本區屬於海洋性氣候區，晚秋又受到西班牙吹來的熱風影響，有利於葡萄達到過熟的程度。紅酒仍然採用塔那（Tannat）葡萄釀造，豐厚的單寧，強勁的酸澀度，加些 Cabernet Sauvignon 或 Cabernet Franc 使酒軟和，一般都要等待若干年的陳年後才開瓶。玫瑰紅也是採用相同的葡萄釀成，酒清鮮，水果和野花香味多，要趁低齡時飲用。白酒採用大、小蒙仙葡萄和古爾布（Courbu）葡萄釀造，酒性干，清淡，產量不多。

（**18**）　**聖峰丘**　（**Côtes de St. mont**）：產區位於 Madiran 北邊，2003 年升格為 AOC 級，1,100 公頃的葡萄園出產了紅酒，玫瑰紅使用 Cabernets、Tannat、Fer-Servadou 釀造，白酒使用 Baroque、Petit Manseng、Gros Manseng 釀造。

VDQS 級的優良餐酒

1 個位於產區西南邊的葡萄園：圖爾松（Tursan），釀造紅酒、玫瑰紅使用的葡萄和聖峰丘（Côtes de St.mont）相同。（西南產區地理圖 A）

2 個位於產區中央的葡萄園：拉威勒里奧（Vin de La Villedieu）、布里瓦丘（Côtes du Brulhois）。（西南產區地理圖 B、C）

2 個位於產區東北方的葡萄園：翁台各和菲勒（Vin d'Entraygues et du fel）、艾斯坦（Vin d'Estaing）。（西南產區地理圖 D、E）

　　西南產區內還有很多的地區餐酒（vin de pays）葡萄園，請見第六篇地區餐酒的介紹。

第十章 蘭格多克區與乎西雍區
（LANGUEDOC ET ROUSSILLON）

　　位於地中海獅子灣西端的蘭格多克和乎西雍產區，是法國也是全世界面積最大最集中的葡萄種植區，38 萬公頃的葡萄園幾乎是法國葡萄園總面積的 1/3，和普羅旺斯產區一樣，這裡也是塊極古老的葡萄酒出產地，從附近海岸挖掘出的一些古物中，可顯示出酒業至少也有 2 千 600 年的歷史了，最早是腓尼基人在此栽種，並從事葡萄酒的貿易，一直昌榮到了西元一世紀。後來由於羅馬的保護政策，因而滯延了葡萄酒業的發展，西元 280 年禁令取消後，葡萄的種植已慢慢地擴展延伸到了西邊的 Aquitaine（波爾多地區）和北邊 Moselle 地方（盧森堡附近）。西羅馬帝國崩潰後，部分的田地被西哥特人占有，又經營了 300 年之久，後來種植開始衰退、田地長期荒廢，一直到了第九世紀時，大量的傳教士來到此地，他們到處建蓋教堂和設立修道院，接著附近的土地也跟著開發闢為田園，才改

變了這種頹廢的景象。他們也在釀造和種植方面，做了很多的研究和技術上的改進，並且發現山坡地更有利於葡萄的生長，種植了特定的葡萄釀出的酒也較甘美，這種研究發展的狀況保持了好幾個世紀之久。

在第十四、十五世紀時本地出產的酒已經外銷到義大利，和北邊的佛朗得地方，甚至到了亞洲地方，十七世紀兩海之間的運河開鑿完成，紡織加工業的興起，更帶動了本區的經濟。1776 年 Turgot 頒令自由開放酒的運輸，使得本區的產品能自由進入全國各地的市場，於是打開了葡萄酒新的一頁。這時葡萄園的面積已高達 17 萬公頃，年產量 3 億公升，大半外銷，購買者多為北方諸國，剩餘的酒則在本地銷售或者蒸餾成烈酒。十九世紀初由於烈酒市場的需要，加以蒸餾技術的改進，又是葡萄種植的一個新紀元，葡萄園也積極地由山坡地滑進了平原和河谷地方，主要是種植採收率較高的品種，例如阿拉蒙（Aramon）、鐵烈（Terret）等都朝向量的方面生產，到了十九世紀中葉，葡萄園的面積已高達 47 萬公頃。

1864 年來自美國的根瘤蚜蟲，首度在 Gard 地方出現，接著蔓延到了全國各地，造成重大的危機。這次的蟲災本區幾乎有 3/4 的葡萄園被摧毀，度過難關之後葡萄園再次過度擴展，導致二十世紀初葡萄的生產過剩而使市場崩潰，1907 年酒價暴跌引起了農民們的暴動，也受到當局嚴厲的鎮壓，在這次危機中更讓酒農們產生了現代化的覺悟，當時區內出產的大量日常餐酒平凡無奇也沒有前景，於是 1914 年時成立了一些生產和市場銷售上的組織機構來進行改善，第二次世界大戰之後，又朝向品質改進方面邁進，使用的葡萄品種也趨向於多元化，1951 年區內也出了幾個 VDQS 級的酒。

近幾十年來地區上的酒農們，除了要確保傳統釀造的特色外，還要利用現代化的設備和釀造的技術使產品更加穩定，上好的葡萄酒產量也不斷提升，許多單一葡萄釀成的酒更能表現其特色，加上平實的價格也能吸引大多數的消費者，這種單一葡萄釀酒的趨勢，也成為地中海沿岸各產區的新潮流。目前 AOC 葡萄園的面積約 4.3 萬公頃，僅次於波爾多產區，是法國第二大法定產區，年產量 3 億

公升，其中 80% 是紅酒，其他的還有干白酒、玫瑰紅、傳統方式或
香檳法釀造的氣泡酒、利口酒（VDL）、烈酒，以及幾乎只有在本
地區出產的天然甜酒（VDN），都馳名於世。

土地

從隆河出海口的西邊，沿著半月形的獅子灣，一直到達西班牙的
邊境，全長 200 公里，縱深也有 200 多公里，幅員遼闊，地形變化
極大，有沿海地區沖積的平原、河床地，也有地中海區特有的灌木
叢林地和內陸的山區地，土質由第一疊紀的火成岩到新的砂石土地
都有，大致歸化成五類：矽質土地、火成岩土地、砂岩土地、碎卵
石台地、崩塌的岩石土地。

氣候

本區處於大陸性氣候（受到中央山脈的影響）、地中海性氣候
（南邊的地中海）和海洋性氣候（西邊的大西洋）的交匯處，也是
法國最炎熱的產區，夏天氣溫常高達 35℃ 以上，冬天氣候溫和，
春、秋兩季常會有烈風或是驟雨，下雨期並不規律，有時夏天雨量
不足，還好有山區來的蓄水，雨量也由沿海一直到內陸山區逐漸減
少。由陸上吹來的北風，乾燥而強烈，容易摧毀幼苗；由海上吹來
的海風，溫和潮溼，有利於葡萄生長。

葡萄品種

紅葡萄種

卡利濃 （Carignan）：源自於西班牙的葡萄品種，現已成為本產
區的主力，占 40% 的種植面積，是種晚熟型的葡萄，性喜炎熱和
乾燥的矽土山坡地生長，釀成的酒顏色深，結構良好，有一點苦澀
味，酒精度常超過 12 度，如果能降低採收率，或是出自於老葡萄

樹，酒質更佳，特色十足，種植於平原地上，每公頃的採收率可高達 200 仟升。但葡萄不容易達到成熟度，釀出的酒平凡，而且口感酸，酒精度薄弱。

格那希 （Grenache）：源自於西班牙的葡萄品種，但在法國南部大量種植，葡萄樹耐乾旱，抗風性強，尤其喜愛在隆河口附近的卵石地上生長。如果降低採收率，釀出的酒顏色深，芳香強勁，豐濃的酒精度，置放久了顏色漸減，轉變成磚瓦色。如果和空氣接觸容易氧化，之後會便轉變成一股燒煮味。通常和別的葡萄混合釀造，互補不足。也可以單獨釀造紅甜酒。

仙梭 （Cinsault）：傳統的蘭格多克品種，種植在良好的環境，採收率不高的情況下，釀出的酒顏色美好，微甜、細緻，久存之後散發出複雜的香味，就像波爾多產區使用 Merlot 葡萄一樣，會讓酒圓潤，結構強，散發出大量的果香味。

阿拉蒙 （Aramon）：二十世紀以前阿拉蒙是本區葡萄的主力，生產量極高，每公頃土地的產量可達 250 萬公升，酒精度不高，品質平凡，現在已經很少使用了，近幾十年來已被卡利濃 （Carignan）和其他的葡萄取代，種植面積也萎縮了 3/4。

Syrah 葡萄

希哈 （Syrah）：雖然大量栽種在地中海沿岸各地區，可是用於 AOC 的葡萄園還是最近幾十年的事，它是一種高貴的葡萄種，採收率不高，皮薄多汁，釀成的酒顏色呈深紫紅色，口感緊密、豐厚，澀度極大但不粗獷，酒精度強，有大量的紫羅蘭香味，抗氧化力特強。長久保存後，帶有複雜的香味 .

慕維得爾 （Mourvèdre）：古老的葡萄品種釀成的酒顏色深，酒精度強；口感堅實，有大量的單寧澀味，經過幾年的瓶中變化，酒會變得細緻、芳香。在本區極少單獨釀造，多加入其他的葡萄品種混合釀造，可增加保存期限，如果採收率過高，品質馬上下降，在本區種植面積不大。

Merlot、Cabernet Sauvignon：兩種來自波爾多的葡萄品種，最近幾十年才在本區出現，釀成的酒細緻芳香，擁有完美的酒精度，通

常和別的葡萄品種一起釀造，以補其不足的地方，近幾年來也有單
獨釀造的趨勢，來顯示出其特性。

白葡萄品種

白格那希 （**Grenache Blanc**）：細緻芳香，酒精度強，口感柔和。

白于尼 （**Ugni Blanc**）：酸度大，釀出的酒適於存放。

布布蘭克 （**Bourboulenc**）：酒清淡，有大量的花香味道。

克雷賀特 （**Clairette**）：如果採收率不高，釀成的酒強勁，酒
精度高、有一股煮燒味。如果提高採收率則酒精度低，酒清鮮易
飲。通常都和別的葡萄混合釀造。

莫札克 （**Mauzac**）：有蘋果的香味，採收的時間須正確，以保持
良好的酸度，但是經常延遲採收，以確定有最多的糖分來釀造氣泡
酒。

馬卡貝甌 （**Macabeu**）：酒細緻，酒精、果香味都多，酸度不夠。

蜜思嘉 （**Muscat**）：蜜思嘉葡萄有很多種，但都屬同一族系，它
們都帶有獨特的麝香味、玫瑰花香味及熱帶水果味極多，性干，酒
精度高，在本區多用來釀造天然甜酒 （VDN）。

夏多內 （**Chardonnay**）：多用來釀造氣泡酒。

榭楠 （**Chenin**）：多用來釀造氣泡酒。

皮克朴爾 （**Picpoul**）：綠皮的皮克朴爾葡萄，釀成的酒性干，種
植面積不廣。另外一種紅皮的皮克朴爾葡萄，酒精度高，花香味極
多，通常都和別的葡萄混合釀造。但有例外：在皮克朴爾－得－皮
內 （Picpoul de Pinet） 小產區內是單獨釀造。

蜜思嘉葡萄

　除了上述使用的葡萄外，還有波爾多地區的葡萄品種，以及非法
定級的本土葡萄，它們或是單獨或是混合釀造，都可發揮出原始特
性，栽種的土質也很容易地反映出酒的形態。例如，古老的片岩土
釀出的酒堅強、精壯；礫石土、石灰岩土釀出的酒芳香；石灰岩土
中夾帶著紅色的矽土釀出的酒有種特別的松木、灌木香味 （此種
形態也只有在蘭格多克區才存在）。

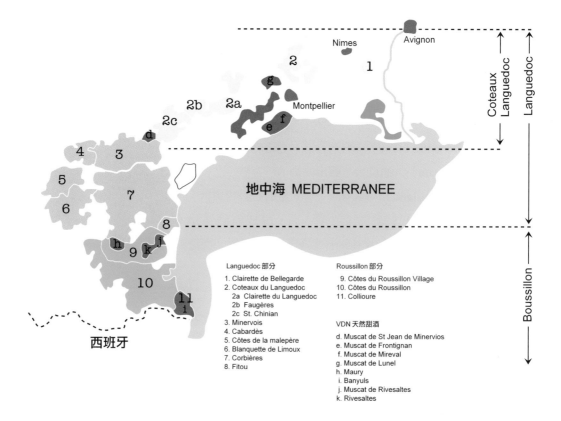

Nîmes
Avignon

2

g

2b   2a

f   Montpellier

2c

e

d

4   3

5

7   地中海 MEDITERRANEE

6

8

h   j

k   l

9   i

10

11   i

西班牙

Languedoc 部分
1. Clairette de Bellegarde
2. Coteaux du Languedoc
   2a Clairette du Languedoc
   2b Faugères
   2c St. Chinian
3. Minervois
4. Cabardès
5. Côtes de la malepère
6. Blanquette de Limoux
7. Corbières
8. Fitou

Roussillon 部分
9. Côtes du Roussillon Village
10. Côtes du Roussillon
11. Collioure

VDN 天然甜酒
d. Muscat de St Jean de Minervios
e. Muscat de Frontignan
f. Muscat de Mireval
g. Muscat de Lunel
h. Maury
i. Banyuls
j. Muscat de Rivesaltes
k. Rivesaltes

Coteaux Languedoc — Languedoc

Boussillon

｜ 蘭格多克部分（Languedoc）

（1）克雷賀特－貝勒加德（Clairette de Bellegarde）*

一個位於亞維農市西南方向，嵌在 Costières de Nîmes 產區中的葡萄園，產區的地表是土層深厚的小卵石地，1,800 公頃的葡萄園，1949 年時就獲得了獨立的 AOC，只出產以克雷賀特（Clairette）葡萄釀造的白酒，性干，芳香、細緻，口感清鮮平衡，多趁低齡時飲用。不宜久存，侍酒溫度不必太冰（10 ～ 12℃）。

（2）蘭格多克丘（Coteaux du Languedoc）

它是一個大區域性的法定產區，2007 年重新命名為 AOC Languedoc，法國極古老的葡萄園之一。從出土的化石顯示出，史前時代本地就已經存在不同種類的釀造用歐洲葡萄（Vitis Vinifera）。

葡萄園處於 3 個省內的 157 個小村莊上，面積大約有 3 萬公頃，多屬於片頁岩土、砂岩土，1982 年紅酒獲得了獨立的 AOC，到了 2005 年白酒才升格為 AOC 級。區內 3 個獨立的小產區：佛傑爾（Faugères）、聖西紐（St. Chinian）、克雷賀特－蘭格多克（Clairette du Languedoc）。12 塊特別的土地，產出的酒都具有特殊的風味，雖然獲得獨立的 AOC，但是產品還是具名於蘭格多克丘（Coteaux du Languedoc）之下，同時也可以標示地籍或村莊的名稱於酒標上。

例如，蘭格多克丘－聖路峰（Coteaux du Languedoc Pic-Saint-Loup）名稱中的聖路峰（Pic-Saint-Loup）便是地籍的名稱，其他的還有 Quatourze、La Clape、Picpoul de Pinet、 Cabrières、La Mejanelle、St. George d'Orque、St. Christol、St. Drezery、St. Saturnin、Montpeyroux、Coteaux de Verarques 等，總共 12 塊土地。其中克拉普（La Clape）、聖路峰（Pic St. Loup）出產紅、白酒，皮朴爾得－皮內（Picpoul de Pinet）只出產白酒，其餘的土地則出產紅酒。

蘭格多克丘（Coteaux du Languedoc）產區內有兩種類型的土地：貧瘠的片頁岩土所釀出的酒強勁，有豐厚的酒精度；石灰砂岩土、卵石地所釀出的酒圓潤，果香味重。

一般酒農們都採用傳統方式釀造紅、白、玫瑰紅酒，也有極少的廠家使用碳酸浸漬法來釀造他們的酒。

產區內的 3 個獨立小產區

a. 克雷賀特－蘭格多克 （Clairette du Languedoc）：小產區位於艾侯 （Herault） 山谷坡地的中段，面積約有 1,000 公頃，1948 年獲得獨立的 AOC，區內只出產一種以 Clairette 白葡萄釀造的白酒，釀出的酒細緻，含有花果的香味，微苦，一般搭配帶殼的海產或是魚類。

如果是晚採收的葡萄，多釀成甜酒，酒精度也高些，久存之後有一股特殊加烈葡萄酒的陳年風味（Rancio，近似陳年火腿味）。

b. 佛傑爾 （AOC Faugères）*：位於蘭格多克丘 （Coteaux du Languedoc） 區內較高的丘陵地上，海拔約 600 公尺，葡萄園面向

著南方，典型的地中海氣候，雨量稀少，加上片頁岩土地，樹根必須往極深的土中尋找水分，採收率自然不是很高，所以釀出的酒較濃，長久以來 Faugères 的酒就很出名，1982 年由 VDQS 級升格為 AOC 級，只出產紅酒和少數的玫瑰紅，其特性與使用的葡萄比例有關，儘管卡利濃（Carignan）葡萄占有的比例不高，但它會給酒帶來細緻性，Syrah 和 Mourvèdre 則帶給酒芳香、顏色和澀度。一般而言，佛傑爾（Faugères）的酒圓潤，有適當的澀度，顏色深、具各種紅色水果的香味，需要一些時間變化，之後就變成一種帶有焦烤、甘草和皮革的味道。

本區還出產一種白蘭地（生命之水 eau-de-vie），稱為 Fine Faugères。

c. 聖西紐（St. Chinian）＊：緊鄰佛傑爾（Faugère）的另一塊葡萄園，同樣也在 1982 年獲得獨立的 AOC，面積 2,500 公頃的葡萄園分散在 20 個小村莊上，只出產紅酒和少數玫瑰紅，聖西紐（St. Chinian）的酒在中世紀時就出現於各種文獻記載中了，十九世紀時巴黎附近的醫院多採用 St. Chinian 的酒。因為受到黑山地形的影響，St. Chinian 區也有小地理氣候，有利於葡萄的成熟。具有兩種類型的土地：片頁岩和石灰黏土。前者釀出的酒柔和、高雅，果香味多，酒精度適中，通常置放 1～2 年後才開瓶，可搭配燒烤、白肉類食物。後者釀出的酒豐厚、強勁，結構好，須等待 4～5 年再開瓶，適合搭配紅肉類或是野味。一般都有股植物的香味（松木、百里香、染料木、岩薔薇）。玫瑰紅的產量不多，只占了 5% 左右，酒清淡，果香味多，大多搭配一些開胃前菜。

（3）蜜內瓦（Minervois）

產區位於卡荷卡頌納（Carcassonne）、那蹦納（Narbonne）、賓斯（Beziers）三個城市之間，羅馬人在蘭格多克（Languedoc）選出的第一塊田地來種植葡萄，也是法國古老的葡萄園之一，在 1985 時獲得獨立的 AOC。約 5,000 公頃的田地，背靠著 Cevennes 山坡地，面向著南方，地形起伏變化很大，土質有石灰岩土、泥灰岩土（marno-greseau）、砂石土，出產的酒其特性變化極大。

東邊產區的紅酒：櫻桃般的紅色，帶有高雅的水果香味，尤其是茶藨子，結構堅強。

南邊產區的紅酒：柔和，香料味多。白酒清鮮，有大量的花香味。

西邊產區的紅酒：有刺激的芳香味、紫羅蘭味十分明顯。

中央產區的紅酒：細緻平衡，紅色水果味多 （茶藨子、覆盆子）。

較高地方的葡萄園，出產的白酒芳香、微酸。

一般而言，蜜內瓦（Minervois）的紅酒粗獷，結構堅強，可以存放 5 ～ 6 年，產區內除了出產白酒、紅酒、玫瑰紅之外，還有一種以蜜思嘉（Muscat）葡萄釀成的白天然甜酒 （VDN），它有自己獨立的 AOC（見天然甜酒篇）。

不同的葡萄，裝用的瓶式也不一樣。

（4）卡巴得斯（Cabardès）

位於馬勒佩爾丘（Côtes de la malepère）的東北邊，320 公頃的 葡萄園出產紅酒、玫瑰紅酒，特性接近 Côtes de la malepère。出名的是介於兩產區間的卡荷卡頌納（Carcassonne）古要塞城，是重要的觀光區。

（5）馬勒佩爾丘（Côtes de la Malepère）

位於 Languedoc 產區西邊的葡萄園，面積 530 公頃出產了紅、玫瑰紅酒，用來釀造的葡萄種類也多，成分比例的多少影響到酒的特性，一般的酒粗獷、堅強，適合搭配口味重、油膩的亞洲菜餚或煎烤類。

（6）布隆給特－利慕、利慕氣泡酒和利慕（Blanquette de Limoux、Crémant de Limoux & Limoux）

布隆給特—利慕產區（Blanquette de Limoux），有三種不同型的酒，它位於 Carcassonne 城南 Aude 谷的坡地上，一塊極老的葡萄園，面積 2,000 公頃的石灰黏土地，出產了靜態干性酒和氣泡酒。這裡受到了大西洋和地中海乾燥氣候的影響，有利葡萄的生長。傳統上採用 Mauzac 葡萄釀造，如果加入 Chenin 和 Chardonnay 葡萄，酒則

變得更為清鮮、細緻。

　　釀造氣泡酒採用一種傳統的鄉村法（méthode rural），在沒有完全完成酒精發酵之前就瓶裝，繼續在瓶內完成發酵，這時會產生大量的二氧化碳氣體溶於酒內，且保留極多的果香味。它是法國最早生產氣泡酒的產區，遠在十六世紀時，St. Hilaire 修道院中的修士們就發現了這種氣泡酒的釀造法。另外一種方法為香檳法（見香檳篇），是第二次瓶中發酵而獲得氣泡，為了使酒更細緻且有大量的芳香味，在釀造過程中把死亡的酵母菌、一些渣滓物和酒一起浸泡至少 9 個月的時間，產生的即是利慕氣泡酒。釀造 Crémant de Limoux 渣滓物和酒則要浸泡 12 個月的時間，有干性（Brut）、半干性（Demi-Sec），1990 年獲得獨立的 AOC。干性氣泡酒（Brut）用來做開胃酒或是搭配海產物，口感微甜型的酒只用來搭配甜點。

　　出自於同一塊土地的利慕（Limoux）是一種干性靜態白酒，1981年獲得獨立的 AOC。釀造時依規定要和死亡的酵母菌渣滓物浸泡15 天，再置放於橡木桶中培養。酒性圓潤、充實，散發大量的果香味，可搭配海產、鵝肝醬和部分的乳酪。

（7）高比耶（Corbières）

　　一塊具有兩千多年歷史的古老葡萄園──高比耶瓦（Corbières），位於 Languedoc 和 Roussillon 大產區的中心，面積有 23,000 公頃，幾乎成一四邊形，也是區內面積最大的 AOC 葡萄園，產量幾乎占了Languedoc 產區的一半，出產了紅酒、白酒、玫瑰紅酒。區內多山，土地十分乾燥，陽光和風向變化也大。近海部分是石灰岩土和布滿石子的台地，中央地帶是矽質岩土，內陸的高地是石灰質土和片頁岩土，依照自然的地理環境和條件，酒農們自己把土地分成為 11種類型，每塊土地上釀出的酒都有自己的特性，變化極多，但是也有一般的通性，紅酒芳香、豐厚，酒精味重，結構也好，可以存放；玫瑰紅酒輕淡，花果香味多；白酒性干、芳香，在未來的變化過程中潛力極強，端視採用的葡萄而定。

（8）菲杜（Fitou）*

1948 年在 Languedoc-Roussillon 產區內第一個獲得 AOC 的葡萄園，也是 INAO 希望酒農們使用較低採收率的轉型期，本區的採收率最多是每公頃 4 萬公升，相對於其他的產區（常是 50hl/ha）算是低的了，2,600 公頃的葡萄園分成兩部分：處於內陸地勢高的部分是片頁岩、石灰黏土，氣候乾燥；沿海地區是卵石土地，屬地中海型氣候，冬天溫和，夏天極為炎熱而顯得乾燥。本區只出產紅酒，釀成之後要放在木桶中陳年，培養 9 個月後才能上市出售。典型的菲杜（Fitou）口感圓潤，有水果香料味，主要是用 Carignan 和 Grenache 葡萄釀造，如果加了 Mourvèdre 和 Syrah 葡萄，則釀出的酒更和諧。一般酒精味重，強勁豐厚，粗獷，經過了 5 ～ 6 年的瓶中變化則有一股煮熟的紅水果及動物的羶騷味，適合搭配粗烹調的紅肉類、鴨鵝類、野味或氣味重的乳酪。

註 1：「＊」表示為鄉村級的葡萄園。

註 2：在 Coteaux du Languedoc 區域內，還有 4 個只出產白甜酒的葡萄園（見下章）。

II 乎西雍部分（Roussillon）

位於西班牙邊境庇里牛斯山麓的乎西雍（Roussillon）葡萄園，依山面水，地勢崎嶇不平，有些田地處於海邊，有的則攀升到 500 公尺的山坡地上，這是別的產區極少有的現象。這裡也是希臘人開始種植葡萄的地方，到了羅馬時代，葡萄種植更加昌盛一時。中世紀開始採用中途停止法（mutage），釀造的天然甜酒極為出名。

產區內有 80% 的酒農所具有的土地面積還不到 10 公頃，極難運作。二十世紀初，區內著手建立合作制度，很多的酒農已不再自己做銷售方面的工作了。

乎西雍（Roussillon）葡萄園的面積有 8,000 公頃，其中 3 個 AOC 產區的土地就占了 2/3 和一半的產品，主要還是紅酒，使用的葡萄種類也很多，但是採用 Syrah 和 Mourvèdre 葡萄的趨勢也一年比一年

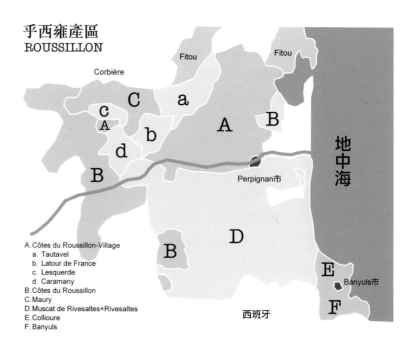

乎西雍產區
ROUSSILLON

A. Côtes du Roussillon-Village
   a. Tautavel
   b. Latour de France
   c. Lesquerde
   d. Caramany
B. Côtes du Roussillon
C. Maury
D. Muscat de Rivesaltes+Rivesaltes
E. Collioure
F. Banyuls

增加，用來代替傳統芳香味不多的 Carignan 葡萄。另外，Malvoisie 葡萄在本區也是一個重要的角色。白酒、玫瑰紅的產量並不是很多。

　　乎西雍（Roussillon）產區還出產大量的日常餐酒（Vin de Table）、地區餐酒（Vin de Pays），它們就占了總產量的 60%。區內還有 4 個天然甜酒產區（見天然甜酒的介紹）。

4 個 AOC 級小產區

（1）　乎西雍丘村莊（Côtes du Roussillon-Village）：位 於 Roussillon 區的北方、Perpignan 市北邊 32 個村子的坡地上，面積 1,660 公頃的葡萄園只出產紅酒，同樣的也在 1977 年獲得獨立的 AOC。釀出的酒必需要有 12 度、採收率最多是 45hl/ha，品質較乎西雍丘 （Côtes du Roussillon） 產區優越，紅寶石般的顏色，有複雜的香味，口感豐厚，結構堅強，產區內 4 個村子上的產品更有風味，可註明地籍的名稱於酒標上以示區別。例如：Côtes du Roussillon Caramany、 Côtes du Roussillon Latour de France、 Côtes du

Roussillon Tautavel、Côtes du Roussillon Lesquerde。

（**2**） **乎西雍丘** （**Côtes du Roussillon**）：位於 Roussillon 區的南邊，葡萄園多處於台地或山坡不毛之地上，土質變化極大，有石灰黏土、泥濘的黏土、卵石土地、片頁岩、火成岩和砂石岩土，總共涵蓋了 125 個村莊，種植面積高達 5,000 公頃，出產了紅酒、白酒、玫瑰紅酒，1977 年獲得獨立的 AOC。

白酒通常在葡萄沒有完全熟透時就摘取，釀成的酒清鮮，性干，果香味極多，但是產量不多。玫瑰紅酒果香味重，口感豐厚。紅酒占了產量的 90%，有兩種類型：

- 碳酸浸漬法釀成的酒清淡柔和，紅色水果味極多，之後轉變成一種香料味，瓶中變化也快。
- 傳統方法釀成的酒果香味多，澀度大，通常要等待兩年瓶中變化後才開瓶飲用，帶有一股梅子、黑櫻桃、烤杏仁味。產區南邊出產的酒清淡，要盡快飲用；北邊出產的酒結構好，可以保存一段時間。

（**3**） **高麗烏爾** （**Collioure**）：Collioure 市位於乎西雍 （Roussillon） 區最南端，也是地中海的一個小港口，600 公頃的葡萄園多處於城外的一些狹窄台地上，土地是以片頁岩 （schisteux） 為主，乾荒貧瘠，1971 年獲得獨立的 AOC，只出產紅酒，產區從 1991 年起准許生產玫瑰紅酒。

釀造紅酒使用傳統的方式，去梗後的顆粒經過極長時間浸泡，因此酒色深濃，澀味重，芳香味多，釀成的酒要經過 9 個月的木桶陳年才能瓶裝出售，低齡時期酒呈紫紅色，紅色水果和香料味極多，另外還有一點土腥味，經過幾年的存放，酒則變成棕紅色，香味轉變成皮革、動物的羶腥和松露菌香味，口感圓潤、平衡，以搭配肉類、野味為宜，同時搭配傳統的地方菜餚，大量供應給至本地度假的遊客飲用。置放一陣子之後，澀味融入酒中，酒變得柔和了，適合搭配河魚類食物。

產區內部分的田地和 Banyuls 產區重疊，後者只出產天然甜酒。

（**4**） **乎西雍丘艾斯貝** （**Côtes du Roussillon Les Aspres**）：在乎

西雍丘村莊 （Côtes du Roussillon Village）32 個村莊當中的兩個村
莊—— Aspres 和 Albères，2004 年獲得自己獨立的 AOC，只出產
紅酒，釀造用的葡萄和其他的村莊乎西雍丘 （Côtes du Roussillon
Village） 一樣，只是其中的 Syrah 和 Mourvèdre 葡萄成分較多，口
感較重、細緻，存放時間也長。

天然甜酒（Les Vins Doux Naturels）

　　葡萄到了成熟階段都會帶有大量的糖分，釀造時如果糖分完全發
酵，釀出來的就是干性酒。如果葡萄中含有的糖分極高，自然發酵
時不可能將糖分完全轉換為酒精，因為酵母菌在 15 個酒精度的狀
況下，就會自然死亡而停止了一切活動，這時尚未完成發酵的糖分
還留在酒中，因此喝起來甜口，其程度也依剩餘量的糖分區別為干
性、半干性、甜酒（見第二篇特別釀造法）。

　　每年天氣變化、各產區的地理位置，加上各地「小地理氣候」的
狀況都不一樣，形成了酒的風味和特色。可是並非所有的葡萄都可
以用來釀造甜酒，如果想要獲得甜口的葡萄酒，另一種方法就是從
釀造的技巧上去著手。

　　在釀造葡萄酒的過程中加入適量的烈酒，停止了酵母的活動，
此時尚未轉變成為酒精的糖分就保留在酒中，這種方式稱為「中止

法」（mutage）。十三世紀時，蒙博利頁（Montpellier）醫學院教授阿諾・維倫紐夫（Arnaud de Villeneuve）發現，使用這種方法釀出的酒易於儲存，而且在搬運上也容易保持其穩定性，這種產品稱為天然甜酒。一般都採用 Muscat 葡萄來釀造白甜酒，紅甜酒則採用 Grenache 葡萄來釀造，其他的還有 Macabeau、Malvoisie 葡萄都可以使用。釀造這種天然甜酒每公頃的採收量常低於 3 萬公升、葡萄汁液中每公升必須含有 252 公克的糖分才能釀造得出來，釀成後的酒精度約 15 ～ 18 度之間，沉積的糖分每公升至少 45 公克，而 Muscat 葡萄釀成的酒每公升的糖分常高達 100 公克以上。

　　法國的天然甜酒（VDN）幾乎都集中在蘭格多克（Languedoc）和乎西雍（Roussillon）地區。此外，在隆河谷地方也有少量的出產。

蘭格多克地方的甜酒小產區

（1） 呂內爾－蜜思嘉 （Muscat de Lunel）：產區位於蒙博利頁市 （Montpellier） 的東邊，300 公頃的葡萄園是矽質土地，當中混合了大量的卵石，屬地中海型氣候，採用小粒的 Muscat 葡萄釀造，酒中的果香味極多。1943 年獲得 AOC。

（2） 米黑瓦－蜜思嘉 （Muscat de Mireval）：產區位於 Montpellier 市的南邊 Gardiol 山坡地上，葡萄園面積 240 公頃，是石灰質的土地，也是使用小粒的 Muscat 葡萄釀造，酒的顏色較蒼白，口感細緻，甜味重。1959 年獲得 AOC。

全區都以蜜思嘉來釀造

（3） 風替紐－蜜思嘉 （Muscat de Frontignan）：產區位於 Mireval 的西南邊，在十三世紀時本產區的酒就很出名了，十八世紀時首先採用波爾多產區的瓶子形式，同時也是路易十四最喜愛的酒，790 公頃的葡萄園多為石灰黏土，此區氣候炎熱，又受到海洋的影響，葡萄極易成熟，釀出的酒呈淡金色，有濃厚的熟漿果味，強勁，細緻高雅，酸、甜，酒精度平衡。1936 年獲得 AOC。產區內也出產一種葡萄利口酒 （Vin de Liqueur），口感較香甜（參考釀造法）。

（4） 聖尚密內瓦－蜜思嘉 （Muscat de St. Jean de Minervois）：

產區位於 Languedoc 的西部，葡萄園的面積只有 100 公頃，處於
海拔 200 公尺高的石灰質山坡地上，並混有大量的碎石子，也和
Frontignan 區一樣採用小粒的 Muscat 葡萄，釀成的酒口感較酸，麝
香味重且極細緻。1972 年獲得 AOC。

乎西雍地方的甜酒小產區

（1）麗維薩特－蜜思嘉 （Muscat de Rivesaltes）：麗維薩特－
蜜思嘉位於 Roussillon 產區西部的台地上，5,400 公頃的葡萄園是石
灰土、黏土、片頁岩組成的，土中有非常多的小碎石子。採用小粒
的 Muscat 或是 Muscat d'Alexandrie 葡萄釀造，這裡出產的酒每公升
可以比 Languedoc 地方的產品少 25 公克的糖分。酒細緻、清淡，果
香味多、麝香味重，花香味也多。1956 年獲得 AOC。

（2）麗維薩特 （Rivesaltes）：產區位於 Muscat de Rivesaltes 的東
北邊，面積 15,600 公頃，土地變化大，葡萄園也分散，本地的氣候
極熱，有利於葡萄的濃縮。區內出產了白酒和少量以 Grenache 葡萄
為主釀成的紅天然甜酒。白酒散發出洋槐、茴香、八角味，存放一
段時間變成桃木色，散發出蜂蜜、染料木 （genêt）、野薔薇味。
紅酒有櫻桃漬酒、香料味，久存之後變成磚瓦色，此時具有一股可
可、腐土、皮革、咖啡、乾果味，一般可保存 3 ～ 25 年。

極少量的陳年麗維薩特（Rivesaltes Rancio），是一種特別處理的
甜紅酒，散發出陳年火腿味道。1936 年獲得 AOC。

（3）莫利 （Maury）：位於 Agly 山谷中心地段的一塊葡萄園，
面積 1,180 公頃的土地全是片頁岩，產區西邊還受到大西洋氣候的
影響。釀造用的葡萄還是以 Grenache 為主，其他的還有 Maccabeu、
Malvoisie 葡萄，酒高雅，芳香味複雜、顏色深，澀味也多，口感強
勁而細緻，結構堅實，可以久存。1936 年獲得 AOC。

（4）班努斯和特級班努斯 （Banyul & Babyuls Grand Cru）：產
區位於乎西雍 （Roussillon） 地方最南端西班牙的邊境上，也是
法國最南的一塊葡萄園，處於 Alberes 山的東邊，一些崎嶇不平的
片頁岩坡地上，酒農們把這些狹窄的田地墾殖成梯田，景色極為

壯觀，面積 1,850 公頃的葡萄園只出產紅色天然甜酒。釀造紅甜酒主要採用 Grenache 葡萄，其他還有 Carignan、Syrah、Malvoisie、Maccabeu 等。在釀造浸泡的過程中，添加了烈酒而中止發酵，這樣可以獲得更濃厚的口感，特別是澀味，釀成的酒至少要木桶培養 10 個月的時間才能瓶裝上市。

如果採用 75% 以上的 Grenache 葡萄，釀造時至少浸泡 5 天以上的時間，釀成之後還要置放於橡木桶中培養至少 30 個月的時間，此即為特級巴紐（Banyuls Grand Cru），它們的採收率低於 20hl/ha，產量不多。區內一個名為 Collioure 的小村莊出產的則是傳統葡萄酒（靜態、干性）。班努斯（Banyuls）和特級班努斯（Babyuls Grand Cru）分別於 1939 年、1972 年獲得 AOC。

紅天然甜酒

班努斯（Banyuls）是一種極為出名的天然紅甜酒，特性也隨著葡萄的種類、儲存的時間、葡萄園的方位而有所變化。一般都有咖啡、茶葉、梅子、香草、燻烤杏仁的芳香味，口感堅實、強勁，高雅大方，如果酒中的 Carignan 葡萄成分多則比較澀口。餐後的甜點中如有巧克力糕點製品，那麼 Banyuls、Maury 是最佳搭配，也是唯一可以搭配所有巧克力產品的酒類，更適合搭配前菜中的「香瓜醃肉」，及餐後的一種綠霉乳酪—— Roquefort，如果能再加上一根雪茄就更飄飄然了。

（5） 大乎西雍 （Grand Roussillon）：在 Roussillon 產區內沒有達成班努斯 （Banyuls）、莫利 （Maury）、麗維薩特 （Rivesaltes）和蜜思嘉－麗維薩特 （Muscat de Rivesaltes） 產品的水準，所有天然甜酒的總稱，產量種類也依年份不同有所變更，一般產量不是很多。

天然甜酒（VDN）是一種高雅、芳香、口感豐富的葡萄酒，如果採用 Muscat 葡萄釀成，都趁新鮮期飲用。如以 Grenache 葡萄釀成，則可以久存。一般都當作開胃酒或是搭配餐後的糕點和水果，其中只有 Banyuls、Maury 最適合搭配巧克力製成的糕點類和冰淇淋。

（6） 卡達介納 （Cartagene）：卡達介納是本地出產的一種葡萄利口酒 （Vin de Liqueur），廣泛在本產區各酒農間交流飲用，它

是新鮮的葡萄汁液 （moût） 尚未發酵前，注入本地出產的烈酒，通常是 1：4 ～ 7 倍的比例，之後裝入一種密封的大玻璃罈內，置放於閣樓頂端靠近窗口處，這樣可以接收較多的光線。酒容易氧化，它也有自己獨立的 AOC。

　　採用的葡萄品種：紅色、玫瑰紅的 Cartagene 採用 Grenache、Mourvèdre、Syrah、Cinsault 葡萄。白色的 Cartagene 採用 Clairette、Grenache、Rolle、Bourboulenc、Maccabeu、Marsanne、Roussane、Ugni blanc、Picpoul 葡萄。一般的酒精度都在 16 ～ 18 度之間，年產量不多，只有 15 萬公升。

第五篇　烈酒

　　在法國凡是經過蒸餾，變成含有較高酒精度的飲料習慣上稱為「生命之水」（les eaux-de-vie），即是烈酒或是白蘭地的意思。

「生命之水」分為兩大類：

● 採用葡萄或蘋果釀造

　　先將葡萄和蘋果釀成一般的干酒之後再去蒸餾，即獲得酒精度較高的飲料。當它們剛從鍋爐中流出時，都是清澈透明狀的液體，之後要置放在木桶中做陳年培養。在這段時間裡，由於和桶壁的接觸，這些液體吸取了材質中的色素、芳香質、礦物質，酒的顏色會轉變成褐色、琥珀色，口感上也較柔和、芳香，這就是「有色的烈酒」。例如：雅馬邑（Armagnac）、干邑（Cognac）、卡瓦多斯（Calvados）等。

● 採用葡萄、蘋果以外其他的水果、甚至青菜或植物來釀造

　　釀造前先經由搗碎、浸泡、發酵等手續之後再去蒸餾而獲得的產品，剛蒸餾好時也是清澈透明的液體，但不必經過木桶陳年的過程，因此一直都呈現白透明色，之後再稀釋，約在 40 ～ 45 度 就可瓶裝上市，此即為「無色的烈酒」。

　　例如：Kirsch（櫻桃酒）、Poire de Willeme（梨酒）等等。

┃有色的烈酒

干邑（Le Cognac）

干邑產區
COGNAC

1. Grande Champagne
2. Petite Champagne
3. Borderie
4. Fin Bois
5. Bons Bois
6. Bois Ordinaires

Ré 島
La Rochelle 市
Rochefort 市
Oléron 島
3
COGNAC 市
Angoulême 市
Charente 河
1
2
4
5
6
Médoc

　　舉世聞名的干邑（Cognac）出自於法國西邊的夏恆特（Charente）地區，位於波爾多和羅亞爾河谷（Val de Loire）產區的中間，一塊面積大約有 9 萬 5 仟公頃的葡萄園地，包括了夏恆特、夏恆特沿海（Charente-Maritime）省分一帶的廣大土地和多荷多涅（Dordogne）、得塞維（Deux-Sevres）兩省的一小部分。

　　夏恆特地區的葡萄園，在第三世紀時就已經陸續開發，第五世紀時一些荷蘭的漁民到本地外海的島嶼上尋找食鹽，以便保存其捕獲的漁類，順便採購生活上的必需品，其中也包括了葡萄酒。第九世紀時，北歐各地的人們也來此地購買鹽和酒，附近的葡萄園也隨之擴展。十二世紀時，由於艾麗諾（Aliénor）的婚嫁，阿基坦（Aquitaine）地區的商業也在英國和北海諸國擴展開來，侯協爾（La Rochelle）的酒也盛名一時，和波爾多的酒不相上下，後來又在紀佑姆十世（Guillaume X）的大力推動下，葡萄的種植更加迅速。那時，香檳丘（Coteaux de Champagne）的出產品是白酒，因其酒香醇略帶一些小氣泡，深受北歐地區人們的喜愛，外銷甚多。由於大量的種植以致葡萄（酒）生產量過多，當時並沒有保存的知識，也不能保證釀成的酒都可以存放。一些荷蘭商人為了減少搬運葡萄酒的體積和人力，以及為了克服長時間在海上的顛簸導致酒變質，於是就在奧尼斯（Aunis）和聖東吉（Saintonge）這兩地開始蒸餾白酒，時間大約是 1600 年左右。

　　另外一種說法是：早在十六世紀末期，有些 Croix Marron 騎士們在儀式上燃燒蒸餾過的酒，他們採用古希臘或是阿拉伯人使用的一種古老方式——鍋爐中再蒸餾，以獲得此種烈酒。荷蘭人首先大量生產這種再蒸餾過的酒，稱其為 "brandewijn"，意思是燃燒的酒（vin brûle），英文則稱為 "brandy"，皆是法文「生命之水」（eau-de-vie）的意思。很快的，地方上的酒農們都改為生產這種蒸餾過的酒。之後，人們又發現經過一段時間的木桶儲存，酒的味道更為香醇，喜愛此酒的程度更勝於白酒。因此，這種生命之水（烈酒）就被稱為「干邑」（Cognac）。

　　十七世紀末期，一些由荷蘭或是英國來此定居的新教徒們，仍帶

有農夫生活的本色，他們也加入了葡萄種植的行列，商人們也開始
販賣這種新酒。到了十八世紀，已有部分產品外銷到北美和印度洋
各島嶼，之後玻璃瓶的使用更有利於酒類的搬運，生產者還在瓶子
上標記自己的廠牌和字號。十九世紀時，生命之水已經銷售到了亞
洲國家，干邑酒也開始馳名於世。1870 年干邑產區的面積已高達
30 萬公頃，年產量 10 億 5 千萬公升，是當時全世界最大的一塊白
葡萄（酒）生產種植區。可惜好景不常，到了十九世紀末期，葡萄
園遭受到根瘤芽蟲（phylloxéra）的侵害，產量大跌，災難過後重建
的葡萄園面積大約有 9 萬 5 仟公頃，年產量大約 1 億公升，但仍是
世界上第一大白葡萄（酒）的生產種植區，其中 95% 的產品外銷到
世界各地。

定義

　　經過了 1909、1938、1978 年幾次的產區界線釐定，規定了夏恆
特地區出產的白葡萄酒要經過兩次蒸餾，再依規定期限做適當的木
桶陳年，一切程序必須完整，其產品才能稱為「干邑」（Cognac），
在法定產區以外的地方，即使是採用同樣方法釀造出的烈酒，也只
能稱為「白蘭地」。

氣候

　　夏恆特（Charente）地區屬於大西洋氣候地帶，溫和潮溼，但又

有地中海型氣候的日光照射，白晝的薄霧阻擋了夏天豔陽的照射，
使得葡萄產生大量的芳香質。

土地

　全區是石灰質的土地，北邊地表層是侏儸紀的脫鈣黏土
（groies），南邊地下層含石灰岩土成分極高，容易排水又有儲熱的
功能，極規律地使葡萄達到成熟狀態，有利於高品質的葡萄酒產
生。整個產區的地勢平坦，葡萄園多處於些微波浪狀的小丘陵地
上，土地遼闊，很容易使用機器耕作。使用附近黎慕桑（Limousin）
林場的橡木來製造儲存的木桶，如果欠缺了這種木桶就不能稱作
"Cognac"。

葡萄品種

白芙爾　（Folle Blanche）：十七世紀時由荷蘭人開始種植，延續
了兩個世紀之久。釀成的酒酸度大，酒精度少，細緻，非常適合再
蒸餾釀成烈酒，成為出產的主力。十九世紀末期受到根瘤蚜蟲的侵
害，改用接枝法來防範，雖然樹根的抵抗力增加了，但此種葡萄對
於病菌還是極為敏感，後來漸漸地被其他品種替換。

白芙爾（Folle Blanche）

白于尼　（Ugni Blanc）：原產地是義大利，中等顆粒，皮薄，抵
抗力強，性喜生長在天氣較熱的地帶。釀成的酒酸度低，但是種植
在夏恆特地區　（也是最北的生長極限了）　則酸度大，如果採收率
提高則酒精度降低，香味極多，酒也細緻，因為它具備了這幾種特
性，因此極有利於釀成再蒸餾的白酒，目前占了全產區 98% 的生
產量。

白于尼（Ugni Blanc）

高倫巴　（Colombard）：本地的品種釀出的酒性穩定，主要用來
製造夏恆甜酒　（Pineau des Charentes 是一種葡萄利口酒 VDL），
其 他 的 還 有 Blanc Rame、Jurançon Blanc、Sémillon、Sauvignon、
Chardonnay。

　Merlot & Cabernet Sauvignon：用來釀造紅、白地區餐酒（Les Vins
de Pays）。

釀造方法

　　每年 10 月期間先把成熟的葡萄釀造成普通的白酒。為了保證品質，所有的一切規章必需要遵守，諸如酸度的要求、所含的酒精度、不可有添加物等。釀成的白酒要和死亡酵母、渣滓物一起浸泡，以便吸取更多的芳香質。釀成後的白酒大約 9 度，酸度要大，11 月就可以開始蒸餾，必須在隔年的 3 月 31 日前完成，這樣就有足夠的時間來緩和培養白酒的品質。

蒸餾：它是採用夏恆特地區傳統的蒸餾器，一種用紅銅製成的鍋爐，稱為 “alambic”。它的耐蝕性強、容易導熱，又有韌性。

　　白酒要經過兩次連續蒸餾，第一次加熱是為了濃縮，蒸餾過程是非常緩慢的，通常要 8～10 小時，獲得的熱酒稱為 “brouillis”，所含酒精量在 27～32 度 之間。接著再做 10～12 小時的第二階段蒸餾，稱為 “la bonne chauffe”，然後分隔剛蒸出的 tête 和剩下的 queue 部分 （頭和尾），兩者混入酒中再蒸餾，只取中間的部分 coeur，也就是日後的 “Cognac”，其似山泉般的清澈、芳香，酒精含量約 70 度。

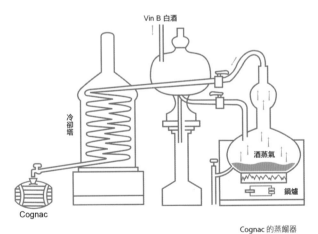

Cognac 的蒸餾器

alambic

儲存 （木桶陳年）：剛蒸出的生命之水 （烈酒） 經過木桶陳年後才能稱為 Cognac。酒存放在 228～450 公升的橡木桶中做陳年變化，木桶多採用黎慕桑 （Limousin） 或是通穗 （Tronçais） 森林

的材質。當微量的空氣從極細的木材纖維中滲入，與密封在桶中的烈酒產生氧化作用，加上和桶壁長期的接觸，吸取了木質中的香澀味、色素質、酚類物 （polyphenols） 等物質，又融合了製造木桶時因烘焙而產生的燻烤、糖漿味，使得原本強勁、辛辣、酸澀的烈酒轉變為香醇可口，同時酒精度也會漸減。這段期間由於木桶壁的吸收和酒精的揮發，在陳年初期，桶中的 Cognac 都會減少散失，據統計每個木桶每年都會損失約 3% 的體積，失去的部分地方上稱為 「天使的部分」 或是 「天使的配額」（La part des Anges），在 Cognac 地區的空氣中常常瀰漫著酒香氣味。

儲存干邑、雅馬邑的木桶烘焙得較重。

　　木桶陳年的期限，是由廠方和專家們依照白酒的本質以及釀造、儲存過程中的實際變化，來決定保存的時限。

為了維持品質的穩定性和每次出品都要有相同的水準，各廠（牌） 都依實際狀況的需要，來調配混合不同年份、不同葡萄園出產的基酒，以達到最和諧的效果，這種混酒稱為 "coupe"，有時可能混合多達十幾種不同的基酒。

　　剛蒸餾出的烈酒（生命之水）大約是 70 個酒精度，如果要達到

40 度 左右上市時，需要等半個世紀的自然變化，此時體積也會減少一半。為了節省時間和經濟效益，一般都會階段性地加入蒸餾水稀釋，加入少量的糖漿是被允許的，一方面是為了顏色，二方面是為了口感。

Cognac 不像葡萄酒那樣具有收成的年份，混合不同的基酒之後以其中最年輕的一種來計算它們的酒齡，瓶裝之後酒質已經定型，並不會因為時間的增長而改善它們的品質。

一般的 Cognac 都以保存在橡木桶中的時間作為酒齡計算的標準，然後置放於地（酒）窖中，一些超過 50 年酒齡的老 Cognac 則特別裝入一種像瓦斯桶一樣的玻璃罈中置放，稱為天堂（le Paradis）。

酒標：Cognac 的酒齡都註明於酒標上

三顆星：是酒齡最低的一種，必須在木桶中儲放 2 年半的時間。

VO、VSOP、RESERVE：在木桶中存放 4 年半的時間。

Extra、XO、Napoléon、Grande Réserve、Royal：陳年過程至少有 5 年以上的時間。

產區

根據 1909 年官方的劃分，Cognac 產區土地依含鈣的成分和一些小地理氣候的特性，可分為 6 個不同的產區，就像箭靶一樣圍繞著 Cognac 市。

（1） 大香檳區干邑 （Grande Champagne）：位於產區的中心，Cognac 市的東南邊，像香檳地區的土質一樣，是一種白堊土（crayeux），含鈣量極為豐富，長出的葡萄釀成白酒後細膩、芳香，陳年之後口感更佳。

（2）　**小香檳區干邑**（**Petite Champagne**）：位於大香檳區的周邊，酒的特性極為接近大香檳區的酒，但是醇度方面比較弱。

（3）　**邊林區干邑**（**Borderies**）：位於 Cognac 市的西北邊，由於土質，出產的酒芳香、口感好，極具有特性，但是比前兩種酒容易老化。

（4）　**優質林區干邑**（**Fins Bois**）：位於前三產區的周圍，出產的酒沒有前三者細緻，酒更容易老化。

（5）　**佳質林區干邑**（**Bon Bois**）：位於前四產區的周圍，酒質香味淡，酒精味重。

（6）　**普通林區干邑**（**Bois Ordinaires**）：產區已瀕臨海邊了，受到海洋氣候的影響更大，酒中碘味、鹹土味重。

　　如果混合了大小香檳區的酒（至少要 50% 以上大香檳區的酒），則稱為「優質干邑」（Fine Champagne），它們沒有固定的葡萄園。

　　大廠牌的出產量極大，為了保持一定的水準，通常混合了不同葡萄園、不同年份的基酒，調配出一種迎合大眾口味和風格的招牌酒，有利於市場銷售。這種穩定型的干邑或許不能激起一些愛好品嚐者的興趣，有的愛好者反而會從一些小廠牌去尋找單一葡萄園產出的酒，因此種酒更能表現出特色。不同酒齡的干邑風味自然不一樣，自有不同的愛好者去覓尋。從資料上可知各葡萄園出品的特性，但是酒齡的陳年變化，則非人們所能預知。

16 世紀末期 Croix Marron 騎士們的盔甲

皮諾甜酒（Le Pineau des Charentes）

在干邑區內還出產了一種非常出名的葡萄利口酒（Vin de Liqueur）：皮諾甜酒（Le Pineau des Charentes），是用至少一年酒齡的干邑，混合了本地出產的葡萄汁液，酒精度在 16 ～ 22 度之間，有紅、白兩種出品。

皮諾甜酒（Pineau des Charentes）果香味極濃，飲用時的溫度在 6 ～ 8℃ 之間，通常都趁低齡時飲用，可欣賞它的清鮮果香味，但是也可在瓶中陳年改變它的風味，品質的高下也隨著注入干邑的特性而改變。

雅馬邑（L'Armagnac）

十三世紀時，Arnaud Villeneuve（阿諾 · 維倫紐夫，醫學院教授）的著作中就已經提到蒸餾的技巧了，一直到十五世紀，這種再蒸餾過、強度灼熱的酒，仍只是用於藥劑方面，有人稱它為「生命之水」，名稱也十分貼切，其用於瘟疫消毒方面，確實也能延長人的壽命。

1461 年在法國西南部各地區，出現商業用途的記載。十七世紀荷蘭人在大西洋沿海地區到處收購葡萄酒，當時的波爾多地區幾乎全被英國人獨占，因此荷蘭人只好前往加隆河（Garonne）上游一帶尋找葡萄酒，受到了翟斯省（Gers）酒農們的熱烈歡迎。在那個時期酒的競爭十分激烈，一項波爾多的保護政策便脫穎而出，也就是當波爾多本地的酒售罄之後，其他產區的葡萄酒才可由波爾多港口轉運、銷售，但烈酒並不在此限制之內，因此本區蒸餾過後的烈酒得到了平行的發展，並且開發更多的土地來種植葡萄，此時期雅馬邑地區（Armagnac）的商業也建立起來，釀酒從業人員漸漸地改進傳統的蒸餾法和釀造方式。

從十八世紀起到十九世紀中可以說是本區的黃金時代，雅馬邑（Armagnac）的酒也極為出名，年產量高達 1,000 萬公升，可是接近世紀末期，因受到了根瘤芽蟲的侵襲，只剩下四分之一的葡萄園

可以耕作。

第二次世界大戰之後，雅馬邑（Armagnac）的酒還是裝在木桶中出售，一來搬運方便，二來又可零售。爾後環境的變遷，人們希望知道酒的身分，才置放於瓶中貼上標籤出售，一方面保證它的真實性，另一方面也能保證是卡斯貢納（Gascogne）地方出產的烈酒，具有高超的品質，產品外銷也漸漸地增加，目前有 55% 的產品賣到世界 130 個國家，其中以亞洲國家的日本和歐盟國銷量最大。

氣候

主要是海洋性氣候，氣溫適中，溼度大，加上陽光不是很強烈，三種因素使得白葡萄長得很好，釀成的白酒不超過 10 度，非常有利於再蒸餾成烈酒。

葡萄品種

雅馬邑 Armagnac 地方一共有 12 種葡萄被准許使用，主要有：

白于尼 （Ugni Blanc）：見 Cognac 篇。

巴購 22A（Baco 22A）：混種葡萄，在根瘤蚜蟲災害之後才大量種植在雅馬邑地區，釀成的酒強勁、豐厚。

白芙爾 （Folle blanche）：見 Cognac 篇。

高倫巴 （Colombard）：酒性穩定，也逐漸作為日常餐酒飲用。

此 外， 還 有 Mauzac、Meslier、St. François、Plant de Graisse、Clairette de Gascogne、Jurançon 等，惟其葡萄產量和使用度都非常少。

巴購 22A（Baco 22A）

產區

雅馬邑（Armagnac）產區位於波爾多和吐魯斯市的中間，葡萄園多位在河谷丘陵地上，面對著庇里牛斯山麓，面積 15,000 公頃，分成了 3 個小產區：

（1） 下雅馬邑 （Bas Armagnac）：位於產區的西邊，面積 7,500公頃，附近多橡樹、松木林，它們的土質是石灰石、細砂淤泥

雅馬邑產區
ARMAGNAC

Condorn
Eauze
1
2
3
Tarn溪
Toulouse
Auch
Garonnne河

1. BAS - ARMAGNAC
2. TENAREZE
3. HAUT ARMAGNAC

土，當中混有二氧化鐵，屬貧瘠的褐土 （sable fauves），所以又
稱為 「黑色雅馬邑」，有利於葡萄的生長。出產的酒細緻、果香
味多，長存在橡木桶中 （至少十年） 之後轉變為帶有紫羅蘭、
梅子、香草、胡椒等味。品質愈好、酒齡愈高的雅馬邑，梅子味愈

黑色雅馬邑

重，是世界上極為出名的高品質烈酒之一，往往排在第一位。

（2） **德納赫斯 （Ténarèze）**：1994 年新命名為 「雅馬邑－德
納赫斯」（Armagnac Ténarèze），5,500 公頃的葡萄園，位於 Bas-
Armagnac 的東邊，也就是在產區的中間。地形的起伏比前者為
大，土質是石灰黏土，出產的酒比較衝，口感強烈，表示酒中含有
豐富的材質，而這種強烈感會隨時間變得柔和。

（3） **上雅馬邑 （Haut Armagnac）**：由於土質多為石灰岩土，又
稱為 「白色雅馬邑」。這個小產區面積極廣，繞在 Ténarèze 區的
東邊和南邊，地形起伏更大。出產的葡萄用來釀成烈酒。十九世紀
時產量極多，需求量也大，但品質平凡。後來發現這種土質種出來
的葡萄並不適合釀成烈酒，現在出產量極少。

釀造方法

雅馬邑也是經由白酒蒸餾、木桶陳年等程序釀造而成的一種烈
酒。釀造的葡萄必須出自於雅馬邑地區，當年的採收物要在翌年的
3 月 31 日前完成蒸餾，為了確保品質的天然性，任何添加物是被絕
對禁止的。雅馬邑地方的蒸餾鍋爐（直接蒸餾）和干邑地方使用的
鍋爐（二次蒸餾）是不同的。

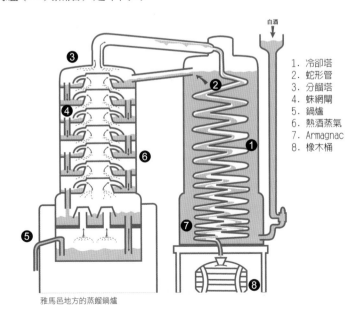

1. 冷卻塔
2. 蛇形管
3. 分餾塔
4. 蛛網閘
5. 鍋爐
6. 熱酒蒸氣
7. Armagnac
8. 橡木桶

雅馬邑地方的蒸餾鍋爐

剛蒸出的烈酒

　　冷白酒由蒸餾器的右上方注入，因通過烈酒蒸汽穿過的蛇型管而變熱，再導入分餾塔的頂部，而後下降到鍋爐底部的酒槽中。當白酒煮沸後變成蒸氣，藉由壓力把蒸氣推擠到蛛網閘的內部，不停地攀升到了分餾塔的頂端，再壓擠進入導管中，當遇到外界的冷空氣，酒蒸氣則凝為液體，通過了蛇型管再降溫，流到了底部後導入木桶中儲存。供應爐灶的能源是靠燃燒的木材或瓦斯，為了避免氣味滲出，不使用油性燃料。剛蒸餾好的烈酒由蒸餾器流出時，是一種清澈、半透明、粗獷，十分芳香的液體，酒精度約在 52～72 度之間，它需要置放在橡木桶中陳年培養，使酒質變為柔和。一切釀造程序完整，之後所得的烈酒才能稱為 "Armagnac"，這時它的顏色也因儲存期間和桶壁的接觸，而變成桃花木色。

　　蒸餾出的液體（烈酒）如果酒精度高、細緻、口感輕、陳年變化快，可做年輕的 Armagnac；如果酒精度低、口感強勁複雜、結構好，可以承受得住木桶存放，則做長年的儲存。

儲存：製造儲存雅馬邑的橡木桶是採用黎慕桑 （Limousin） 或是卡斯貢納 （Gascogne） 森林的材質，容積 400 公升。置放的酒窖要陰涼，陳年期間品酒師還要經常察看它的變化。剛開始時存放在全新的木桶中，直到酒能承受木質最大的極限，就要更換較舊的木桶，否則過多的木材味會壓住酒的香醇味，而失去了酒的本性；二方面也會拖延變化的時間，在規定的儲存時間內，酒和桶壁長期的接觸，木材中的各種物質融入酒中，有一股紫羅蘭的芳香，還有梅子、香草、胡椒味逐漸加重，品質愈好、酒齡愈老的酒，梅子味愈重；酒精度因揮發而漸減，這種揮發物變成一種細緻的芳香氣味，飄浮在酒窖的空中。

混酒：陳年變化的時間夠了，酒廠就要開始混酒，也就是採用幾種不同土質、不同年份出產的基酒來調配，為的是使口感和諧，品質更穩定，而且具有獨特的性格，打出自己的廠牌字號，操作方法也都是商業上的祕方。

裝瓶：調配好的雅馬邑就可瓶裝上市了。高品質的好酒，還可繼續儲存於木桶中，等待未來質地慢慢變為更穩定。瓶裝過後的酒並不

會因為時間的增加而改變它們的品質。如同干邑地區一樣，雅馬邑地區的傳統酒瓶是種圓筒直立波爾多形式，為了增加美觀和商業上的促銷效果，廠商也常使用各種不同形式、不同質材的花巧瓶子。

雅馬邑酒都是直立存放在陰涼的酒窖中，以 12℃ 最為理想，依照規定，上市時要有 40% 的酒精度，通常都會加入混合的蒸餾水稀釋。

雅馬邑酒可以有「年份」的，它是同年採收物所釀成的酒，老的 Armagnac 酒通常是有年份的。依照規定，它們的木桶陳年時間至少須 10 年，不過常常儲存到 20 ～ 30 年後才會上市，酒精度通常在 40 ～ 48 度之間，而且是自然下降的。

酒標：雅馬邑的酒標也像一般的葡萄酒一樣，但是對於沒有年份的雅馬邑也會標明其酒齡，以告知消費者。

三顆星：所有 Armagnac 地區的烈酒，均經過 2 年的木桶陳年。

VO、VSOP、Réserve：經過 5 年以上的木桶陳年，而獲得的 Armagnac 酒。

Extra、Napoléon、XO、Vieille Réserve：至少 6 年以上的木桶陳年，而獲得的 Armagnac 酒。

Hors d'âge：從 1994 年起，規定無齡雅馬邑（Armagnac Hors d'âge）要經過 10 年以上的木桶陳年。

Millésime（有年份的酒）：雅馬邑地區特有的產品，也就是採用同一年份的白酒來蒸餾，並沒有任何的混合成分，蒸餾好的烈酒要 10 年以上的木桶陳年才能瓶裝上市，以葡萄收成的那年為基準，標示於酒標上。

本區的其他產品

（1）**Floc de Gascogne**：雅馬邑地區出產的一種葡萄利口酒 （Vin de Liqueur），是雅馬邑烈酒混合了本地出產的葡萄汁液。1989 年獲得了獨立的 AOC，有兩種不同的產品：

- **Floc de Gascogne Blanc（白色）**：這種酒十分芳香，葡萄味極濃，一般作為開胃的餐前酒，或是飯後搭配甜點蛋糕飲用。
- **Floc de Gascogne Rosé（玫瑰紅）**：酒精味重，用餐中可搭配前

菜，或是各式味道濃厚的乳酪。

（2）**La Blanche**：剛蒸餾出的烈酒，仍然呈透明色，它們不必置放於木桶中陳年，所以不能被稱為雅馬邑，而稱為 "La Blanche"。這種烈酒清鮮、芳香，通常被冰鎮過才飲用，可搭配鮭魚、細緻的前菜，或是飯後的甜點蛋糕，一般多用來調配雞尾酒。

（3）**Fruit à l'Armagnac**：以各式各樣的水果浸泡在 Armagnac 中。

（4）**Cocktails à Base d'Armagnac**：為本地出產的古老雞尾酒。

> 最早的烈酒文獻記錄是 Armagnac，其出現於 1348 年。Whisky 是在 100 年以後才出現，Cognac 是 150 年以後才誕生的。接著，Calvados 等等各式各樣的水果烈酒都出現了。

蘋果白蘭地（Le Calvados）

釀造蘋果白蘭地（le Calvados），首先將蘋果釀成西打酒（Cidre），再經由蒸餾、木桶陳年等程序而獲得的一種烈酒。它的原產地是法國西北邊的諾曼第（Normandie），但卻採用一艘西班牙戰艦的名稱"El Calvador" 來命名，可能與當時由西班牙引進的蒸餾器有關。1553 年本地的園藝家就已在報紙上將蒸餾過後的西打酒稱為"Sydre"，這種原理是中世紀時從提煉藥物而產生的概念。

釀造蘋果酒的蘋果，從植物學的起源來說，是和一般食用蘋果不同的。依各品種蘋果的汁液中含有的單寧和酸度，分別區分為甜口、苦甜、苦口和酸口四種 。

甜口味的蘋果：含有大量的糖分，發酵後酒精度高。

苦澀味的蘋果：發酵後酒的口感重，帶勁，結構好。

酸口味的蘋果：發酵後易於久存。

釀造 Calvados 時，如何維持其酒的平衡及如何調配，都是生產者商業上的祕方。不過一般多採用 40% 甜蘋果、40% 苦蘋果和 20% 酸蘋果的比例。蒸餾用的蘋果酒是受法定管制的，它必須由新鮮水果自然發酵而獲得的蘋果酒（Cidre），每 2.5 噸的蘋果釀造後，可獲

第五篇 烈酒 365

得 100 公升的蘋果白蘭地。

釀造

　釀造蘋果白蘭地的蘋果，必須出自於法定的果園。每年九月秋收上好的蘋果經過挑選沖洗後，再經過搗碎做成果漿，不能太稀也不能太稠，然後發酵釀成要被蒸餾的「蘋果酒」，酒精度至少要有 4.5 度、酸度在 2.5g/l 之內，不能添加食用糖。當年採收的蘋果釀成西打酒後，必須在翌年的 9 月 30 日前完成蒸餾。有兩種釀造的方式可以使用：

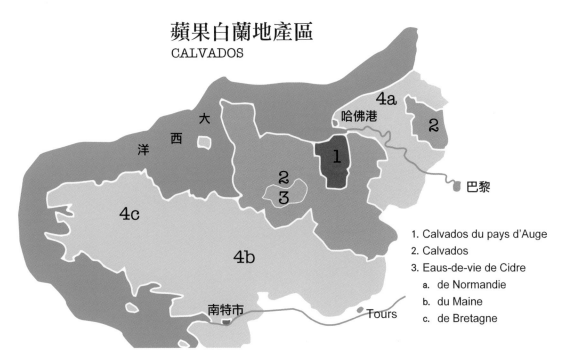

蘋果白蘭地產區
CALVADOS

大西洋

哈佛港

巴黎

南特市　Tours

1. Calvados du pays d'Auge
2. Calvados
3. Eaus-de-vie de Cidre
   a. de Normandie
   b. du Maine
   c. de Bretagne

（1）**再蒸餾法**（**repasse**）：採用夏恆特地區的再蒸餾法，第一階段產生的 "petite l'eau" 只有 20 度，再把它做第二次的蒸餾，產生的 "bonne chauffe" 酒精度約 68 ～ 72 度，只保留中間的部分稱為 "coeur"。（參見 Cognac 的介紹）

（2）**直接蒸餾法**：蒸餾的蘋果酒穿過冷卻塔導入分餾塔（鍋爐）中，因加熱而變成酒蒸氣，擠進蛛網閘盤，再藉由壓力不斷地推擠

攀升到頂部，這時遇到外界的冷空氣而凝結成液體，順著冷卻塔中的蛇行管慢慢降溫，下降流入儲存的桶內。（參見 Armagnac 的介紹）

採用哪種蒸餾法，也因蘋果的種類及產區而異。在 Calvados du Pays d'Auge 地方，則是強制規定使用「再蒸餾法」。

剛蒸餾出來的 Calvados 清澈無色，之後要置放於木桶中做陳年培養，這段期間它吸收了木材中的天然物質和色素質，又靠木質纖維的空隙產生氧化作用，使 Calvados 具有豐郁的芳香和獨特的風味。年輕的酒儲存在體積較小的新木桶中，可以加速吸取木質中的天然物質和顏色；長年存放的老酒，則儲存在桶齡不宜太新的大木桶中。

木桶多使用橡木製造，也有少數的木桶是用栗樹做成的。

蘋果園

產區

1942 年 Calvados 獲得獨立的 AOC，分別是 ：

（1） 奧杰蘋果白蘭地 （Calvados du Pays d'Auge）：釀造的蘋果出自於奧杰 （Auge） 地區。

（2） 蘋果白蘭地 （Calvados）：位在內諾曼第 （Bass-Normandie）地區 11 個主要產地及其鄰近的一些零散蘋果園的出品，都可稱為蘋果白蘭地。

（3） 朵姆楓堤 （Calvados Domfrontais）：Domfrontais 地方的果園，1997 年 12 月 31 日升格為 AOC 級。

標籤

酒標上除了標明 AOC 條文中的規定外，還標示酒齡，也是以混酒中最低齡的那年來計算。

三顆星：至少要 2 年的木桶陳年。

Vieux、Réserve：至少要 3 年的木桶陳年。

VO、VSOP：至少要 4 年的木桶陳年。

Extra、Napoléon、Hors d'Âge：至少要 6 年的木桶陳年。

XO：不存在於蘋果白蘭地中。

市場

本區每年大約使用 25 萬噸的蘋果來釀造蘋果酒（Cidre），其中只有 2/5 用來再蒸餾釀成 Calvados 酒，年產量約 1,500 萬瓶，其中有 4/5 被銷售到各地，依此數據，除了 Cognac 外，Calvados 是在法國銷售量最大的烈酒了。二十世紀初，Calvados 多半在本區內消費，第一次世界大戰時才擴展到外地，之後由於實施了「福利休假制度」，很多人來到諾曼第鄉村度假，蘋果白蘭地更廣泛地為人認識和接受，1942 年又修訂一些新條文和法規，更加強了品質上的保證，到了 1950 年才開始外銷到國際市場上。

Calvados 出自於諾曼第的蘋果白蘭地，而本區也是一個農業大倉，

有出名的「4C」，即是：Cidre（蘋果酒）、Calvados（蘋果白蘭地）、Camenbert（佳蒙貝乳酪）、Crème Fraîche（鮮奶油）。加上附近極多種類的海產，尤其是貝、甲類，供應了廚房中所需要的上好材料，而形成了一個獨特風格的美食天堂，促使蘋果白蘭地更大量地用於廚藝方面。在用餐中它可加些冰塊作為開胃酒，如果覺得太烈，不妨改用一種諾曼第出產的利口酒"Pommeau"，它是用蘋果汁混合了蘋果白蘭地做成的。在1991年獲得獨立的AOC。Pommeau時常被當作開胃酒，也可單獨在餐中或餐後品嚐，也是佳蒙貝乳酪（Camenbert）最佳的搭配。

新釀出的Calvados清鮮，水果味重，適合用來搭配餐食；陳年老酒則變得甜口，適合用來品嚐。酒齡並不是決定Calvados價格、品質的重要因素。

其他的蘋果烈酒（Les eaux-de-vie de cidre）

在布塔涅（Bretagne）、諾曼第（Normandie）、曼尼（Maine）三個省份也出產蘋果白蘭地酒，雖然都是以同樣的方法釀造、陳年，但是不能稱為蘋果白蘭地（Calvados），因為它們不在AOC Calvados訂定的產區範圍之內，所以只能稱為Eaux-de-vie de cidre（蘋果烈酒）。

同樣地，有些酒農採用梨子釀造出的烈酒，則稱為Eaux-de-Vie de Poire（果梨烈酒），它是一種白蘭地水果酒。

白蘭地其他的產區

除了干邑（Cognac）和雅馬邑（Armagnac）法定產區外，其他葡萄產酒地區所出產的烈酒（生命之水），在中文一律稱為「白蘭地」。雖然這些烈酒都以同樣的方式釀造、陳年，可是專有特定的名稱（干邑、雅馬邑）只保留給以上兩個產區。

例如：

- Eaux-de-Vie à Bordeaux是出自於波爾多地方的烈酒。

- Marc d'Alsace（使用 gewurztraminer 葡萄）是出自阿爾薩斯區的烈酒。
- Marc de Champagne 是出自香檳區的烈酒。
- Marc de Bourgogne 是出自布根地地區的烈酒。

全法國葡萄產區極多，生產的種類也複雜，但是這些酒全都受到 INAO（國家原產物管理局）的監管。

註：Eaux-de-Vie de Vin：是用「葡萄酒」經過蒸餾而獲得的烈酒。 Eaux-de-Vie de Marc：是用「壓榨過的葡萄渣」經過處理後，再去蒸餾而獲得的烈酒

‖ 無色的烈酒

無色的烈酒是採用葡萄以外的各種水果、植物或青菜等物加以發酵，然後再蒸餾成為高酒精度的酒，主要出產在阿爾薩斯、洛林兩個地區。

- 有核的水果，如李子、杏子、櫻桃、青梅、桃子、黃李子等。

- 漿果，如草莓（fraise）、桑葚（mure）等。
- 野生漿果，如蔓越莓（myrtille）、野草莓（fraise sauvage）、覆盆子（framboise）、醋栗（groseille）、黑茶藨子（cassis）等。
- 植物，如松木、竹子等。
- 青菜，如高麗菜、生薑、芹菜、番薯、花生等。

釀造方法

把成熟的果實（成熟度決定於酒的品質）搗爛，放在 20℃ 的溫度下 2～3 星期，任其發酵之後再送入器皿中蒸餾。它的構造如同大蒸籠，要隔水蒸餾，為的是避免過多的糖漿而引起火災。蒸餾分兩階段完成：第一次蒸出的液體只有 30 度，稱為 "brouillis"；第二次再重新蒸餾過，產生的液體才是真正的生命之水（Eaux-de-Vie），含有約 70 個酒精度，之後必須稀釋降到 40 度，才能瓶裝上市。一般 8 公斤的水果，可產生 1 公升的純酒精。一些野生水果像是山梨（sorbier）、覆盆子、桑葚等，搗爛後要放在酒精中浸泡兩個月的時間才能蒸餾。

儲存

為了讓烈酒保持清澈的顏色，它們都存放在一種如瓦斯桶狀的大玻璃罈內，密封陳年。

飲用時多使用大圓球杯，利用手溫加熱飲用，或加冰塊冰鎮飲用也可以。在廚藝上用來調製雞尾酒，或是用於製作西點蛋糕以及各式各樣口味的冰淇淋。

常見的幾種水果白蘭地（無色烈酒）

名稱	產地	材料	備註
Kirsch	阿爾卑斯山麓 阿爾薩斯地區	22 公斤的櫻桃產生 1 公升的烈酒	
Mirabelle	洛林地區	20 公斤的黃李子產生 1 公升的烈酒	避免和光線接觸
Framboise	阿爾薩斯省為主	8 公斤的覆盆子產生 1 公升的烈酒	釀造前先用酒精浸泡
Poire Willames	羅亞爾河口 隆河谷、西南部	28 公斤的梨產生 1 公升的烈酒	

Ⅲ 蘭姆酒（Le Rhum）

　　產於馬丁尼克島（Martinique）、關達路浦（Quadeloupe）、尼留旺（Réunion）三個法國海外省。

　　蘭姆酒（Rhum）是採用甘蔗汁液，或是用甘蔗製糖時產生的糖蜜（mélasse）、糖漿（sirop），經過發酵後再蒸餾所得。

　　有兩種類型的蘭姆酒：

工業蘭姆酒 （Rhum industriel）：是用濃縮的糖蜜或糖漿發酵蒸餾後所得。

農業蘭姆酒 （Rhum agricoles）：是採用純甘蔗汁發酵蒸餾後所得。

　　產於法屬加勒比海各島嶼上，除了依照規定釀造外，名稱要和產地同時使用，如 Rhum Agricole de la Martinique（馬丁尼克島的農業蘭姆酒）。

　　Rhum traditionnel（傳統蘭姆酒）名稱適用於上述兩種類型，它含的酒精成分不能低於 22.5g/l，一般都在 37.5 度左右，如果酒標上註明 "vieux"，表示瓶裝物至少有 3 年的木桶陳年。

　　最早是兩位傳教士在馬丁尼克島上研究而產生的蘭姆酒，路易十四時代出現在法國本土。它在餐點中用途極廣，尤其是製作西點

蛋糕。品嚐蘭姆酒時可像飲用 Cognac、Armagnac、Calvados 一樣，置入窄口寬身的葡萄酒杯內以手溫加熱，容易散發其香氣，也可作為調配雞尾酒用。

IV 利口酒（Les Liqueurs）

利口酒是一種含有酒精度（17 ～ 22）較高的甜酒，乃利用特殊的技巧釀製而成。構成利口酒有三種因素：上好的烈酒、植物性的芳香質、糖分。取之的原料有兩種：

- **水果利口酒（Les Liqueurs de Fruits）**：由各種水果，利用浸漬法產生的，即是將成熟的水果去核壓榨，然後浸泡在特定的烈酒中，經過一段時間就可獲得，再過濾後就成了芳香的利口酒。葡萄利口酒（VDL）是葡萄汁液在發酵前使用「中止法」（加入烈酒）釀造而成的。
- **植物利口酒（les Liqueurs de Plants）**：採用不同植物所釀成的，是將植物或種子加入烈酒，然後將此混合物放入器皿中蒸餾，最後加入增甜物。釀成的利口酒不得低於 15% 酒精度，通常不需要陳年培養。

常見的幾種利口酒

名稱	產地	原料	酒精度	備註
Cassis	布根地北邊迪戎市附近，其他地區產量不多	茶藨子	至少 15 度	<1>
Cointreau	羅亞爾出海口 Angers 城附近	蘇格蘭橘子	40 度	
Grand Marnier	巴黎附近	蘇格蘭橘子	40 度	<2>
Bénédictine	諾曼第	植物	40 度	<3>
Mandarin Napoléon	法國西北角比利時邊境	橘子		

備註：(1) 白酒加 Cassis 是出名的開胃酒 "Kir"，如果加入香檳酒就是 Kir Royal。(2) 紅帶 Grand Marnier 是用 Cognac 釀造的，黃帶 Grand Marnier 是用其他烈酒釀成的。(3) 很早以前由本篤會修士發明的，法國大革命時手稿流失，後來由 M. Legrand 發現找回。

V 世界其他地區常見的烈酒

1. 威士忌（Whisky）

全世界消耗量最多的烈酒，每年可喝掉三億瓶。釀造威士忌的條件：基本原料——穀麥類、良好的水質、酵母和泥煤，再加上烘焙、蒸餾、混合調配的技巧和木桶的選擇、調換。使用不同種類的基本原料和不同的儲存木桶，其所釀出的威士忌口味及特性也不一樣。

主要出產國：

蘇格蘭威士忌產區圖

（1）**蘇格蘭威士忌（Scotch Whisky）**：世界上大約有兩百座威士忌蒸餾廠，其中一半位於蘇格蘭境內，它們的產品非常出名。蘇格蘭威士忌並非只是一種單純的烈酒，它能散發出複雜的香味、

強勁的酒精味，口感也比較豐厚、細緻。幾世紀以來能釀出這種上好的威士忌也非偶然，因為蘇格蘭地區具備了各種釀造的環境和條件，例如：氣候對大麥成長的影響、水質、烘焙的泥碳（la tourbe）、調配的技巧等。1492 年 「威士忌」 此一名稱出現在文獻記錄上；1527 年蘇格蘭威士忌第一次在市場公開出售，六十年後傳到愛爾蘭地區；1906 年正式定義：凡是以穀麥類為原料釀造的烈酒皆稱為 Whisky，並限定出於蘇格蘭地方的產品才能冠上 「蘇格蘭威士忌」（Scotch Whisky） 的名稱。1932 年又規定釀成的酒必須木桶儲存 3 年後才能裝瓶出售。1994 年也是蘇格蘭威士忌 500 週年的生日。

　　介紹兩種類型的蘇格蘭威士忌酒：一種是以大麥芽為原料釀造成的，先把大麥浸泡、發芽、烘焙、攪拌、加水發酵，然後經過再蒸餾的程序（就像釀造 Cognac 一樣），每個地區釀出的酒都具有不同的特性。另外一種是採用其他的穀物、麥類為原料，不必經過發芽手續，先加熱發酵後再一次直接蒸餾而成。之後兩者都要有三年以上的木桶陳年培養，才可以裝瓶出售，上好的威士忌都要儲存在木桶中，經過 10 年、20 年，甚至更久的陳年變化。通常使用美國白橡木製成的木桶，而且要儲存過 Bourbon、Xérès、Sherry，Porto 等的木桶更佳，它們都會帶來不同的風味，儲存的木桶使用過 3 次後，功能就幾近喪失。全蘇格蘭劃分成幾個產區：

- **高原地區（Highlands）**：幾乎占了整個蘇格蘭地區，包括了北邊、東邊、西邊及中央部分。一般 Highlands 酒清淡，適合初飲的愛好者，或是當開胃酒飲用。

- **斯佩塞德（Speyside）**：面積不大的 Speyside 產區，嵌於高原地區（Highlands）的內部，區內的蒸餾廠就高達 75 家，幾乎占了全蘇格蘭蒸餾廠的 2/3，本地因有上好的大麥、清淨的水源和泥煤，釀出的酒香甜，花、果味和酒力都重，相較其他地區的產品更為細緻，特性也比較複雜。

- **低窪地區（Lowlands）**：本產區較其他產區的酒為清鮮，甜味較多，焦烤味也較淡。

- **艾斯雷（Islay）**：因其出產地之故，酒中的煙煤、海藻、碘味明顯，
  口味重。
- **思凱（Skye）**：酒中帶有海藻、泥煤、胡椒味重，口感微鹹。

　　其他還有 Campbeltown、Les îles 區，目前存在於區內的蒸餾廠已
不多了。每個地區出產的威士忌在色調、口感、特性上都有差別，
加上存放地點的溼度、木桶的容積、堆疊的層次、倉庫的地理位置，
都會影響陳年變化，構成威士忌的神祕、奧妙性。

　　一般上好的威士忌存有優雅的香氣、細緻的口感、綿延的餘味，
散發出穀物味、香草、蜜糖、檸檬、礦物質（鐵、焦土、泥煤）、
菸草、瀝青、花草（蕨類植物、紫羅蘭、苔蘚）、橡木、果香（蘋果、
葡萄、杏子、椰子）、碘、砂土味等。

（2）　愛爾蘭威士忌　（Irish Whisky）：雖然和蘇格蘭為鄰，但是
兩地的釀造，從大麥的挑選、處理的程序、鍋爐體積、蒸餾次數等
都不一樣，兩種威士忌的特性差別很多，一般而言，愛爾蘭威士忌
比蘇格蘭威士忌柔和。

> Blend：以穀物、麥類為主，混合不同蒸餾廠的產品。
> Single Malt：同一蒸餾廠以麥芽為原料釀成的產品，極具特性。
> Pur Malt：混合了幾種 Single Malt 的產品。

（3）　美國、加拿大的威士忌

- **布蚌（Bourbon）**：主要出產地在美國，以玉米為主所釀造的威
  士忌，其含量不得低於 51%，還要兩年的木桶陳年才能瓶裝上市，
  酒廠多集中在肯塔基州一帶。1921 年 1 月 16 日美國國會通過全
  面禁止烈酒的釀造出售，因此造成黑市假酒流售市面，1932 年羅
  斯福總統宣布廢除此法案後，才又繼續釀造。這段期間加拿大的
  烈酒業大量發展，酒廠多位於安大略湖和魁北克等美、加的邊境
  上。加拿大的威士忌採用上好的穀物、黑麥、玉米等釀造，產出
  的酒比較柔和、清淡，香味多。
- **亥酒（Rye）**：美、加地區以黑麥（seigle）為主釀造的烈酒，口感
  比 Bourbon 強烈，在美國釀造 Rye 必須要有 51% 的黑麥。

（4）　日本：世界上大約有兩百座威士忌蒸餾廠，一半分布在蘇格
蘭各地區；日本大約有十個威士忌蒸餾廠，產品多為蘇格蘭式的日
本威士忌，一些純大麥釀成的威士忌品質佳，不過僅限於日本國內
市場銷售。

（5）　比利時：有兩個威士忌蒸餾廠，採用麥類為原料釀造，酒質
細緻，產量不多。

2. 伏特加酒（Vodke）

十六世紀時就已存在於波蘭和俄羅斯地方。釀造伏特加酒的原料
也廣泛使用各種的穀麥類、馬鈴薯等作物，它們的品質和採用的原
料有關，俄國的伏特加酒多採用麥類釀造，因此品質較優良。伏特
加酒通常搭配淹漬的鮭魚、高級食品（如魚子醬）或調配雞尾酒。

3. 琴酒（Gin）

是一種銷路極廣的英國烈酒，有極強烈的刺柏種子（genievre）味道。

4. 布卡（Boukha）

以無花果釀成的烈酒，出產於北非地區。

5. 特吉拉（Tequila）

以龍舌蘭（agaves）釀造的墨西哥烈酒。

6. 莎克（Sake）

以高粱為主釀成的烈酒。

7.Akvait

北歐諸國出產的烈酒。

8.Slibovitz

捷克、南斯拉夫一帶出產的烈酒，多以梅子釀造而成。

第六篇　其他

蒙馬特葡萄園前的聖心院

｜地區餐酒（Les vins de pays）

　　在盛產葡萄酒的法國，日常生活中隨時喝杯酒早就習以為常，酒喝多了就會相互比較。早年僧侶們對於耕種的葡萄園都有深入的研究，並區別出一些具有特性的葡萄園賦予名稱（見布根地區的介紹）。十九世紀末期，根瘤蚜蟲災害摧毀了法國大部分的葡萄園。危機過後市場供應失調，導致葡萄酒缺乏，市場上出現了假酒和人工酒，於是官方便在 1905 年時設立了假酒防範管制機構。到了二十世紀初，因葡萄園快速重建，造成生產量過剩，致使葡萄酒價格下跌，形成惡性競爭。第一次世界大戰期間收成不好，但是戰後隨即恢復，直至 1930 年代再一次的生產過剩，導致市場混亂，政府當局不得不插手控制葡萄酒的生產量來穩定市場，並訂定了葡萄的栽種、釀造等管理條文。1935 年成立「法定產區」制度（AOC），全法國上好的葡萄出產地，其產品由法定產區的條例來管制。1949年國家原產物管理局（INAO）也負責「優良產區」（VDQS）酒的管制。1964 年在日常飲用的餐酒中首度出現一種較有特殊性的新型酒「地區餐酒」，其明確指出此酒的出產地區，也包括了葡萄品種和酒精度，在銷售上獲得很多的利益，1968 年時，地區餐酒已

趨於正式化，並制定一些釀造條文規章，1979 年正式公布。地區
餐酒介於日常餐酒（vin de table）和 AOC 級之間。

　　下述條文規定釀造地區餐酒過程中須遵守的事項：

- 採收率不能超過 90hl/ha，釀成後的酒精含量不得低於 9% vol（地
  中海區為 10% vol），最高含量為 15 度。

- 二氧化硫的含量，紅酒最高是 125mg/l，白酒、玫瑰紅不能超過
  150mg/l。

- 上市前要經過國家酒業檢驗所（Office National Interprofessionnel des
  Vins）組成的委員會品嚐檢驗通過。

- 地區餐酒的酒標也和 AOC 級的酒一樣，必須和瓶中物相符：

- 註明 "Vin de Pays"（地區餐酒）和其來自的地區。（例如：Vin de
  Pays d'Oc）。

- 酒精的含量、容量。

- 法國出產。

- 釀造或是裝瓶的公司行號。

- 避免和同產區中其他等級酒混淆，酒標上不用 château、clos 字眼。

　　地區餐酒的葡萄園分散在整個法國，這種形形色色的地方性葡萄
酒難以歸類出一種典型，可依據它們的地理狀況分成三大類：大區

域性地區餐酒（Vins de Pays à dénomination régionale）、省級性地區
餐酒（Vins de Pays à dénomination départementale）、地方性地區餐酒
（Vins de Pays à dénomination locale），它們只是一種行政劃分，並沒
有級別的意義。

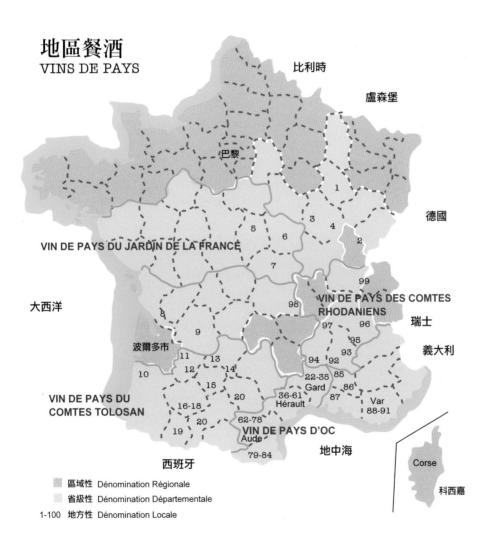

1. 大區域性地區餐酒（Vins de Pays à dénomination régionale）

Vin de Pays du Jardin de la France

Vin de Pays des Comtés Rhodaniens

Vin de Pays d'Oc

Vin de Pays du Comtés Tolosan

2. 省級性地區餐酒（Vins de Pays à rénomination départementale）

Lorraine、Champagne-Ardenne、France-Comtés

Vin de Pays de la Meuse

Vin de Pays de la Haute-Marne

Vin de Pays de la Haute-Saône

Île-de-France

（見其後法蘭西島葡萄園的介紹）

Vin de Pays de la Seine-et-Marne

Bourgogne

Vin de Pays de l'Yonne

Vin de Pays de la Côte d'Or

Vin de Pays de la Nièvre

Vin de Pays de Saône-et-Loire

Vallée de la Loire

Vin de Pays de la Loire-Atlantique

Vin de Pays du Maine-et-Loire

Vin de Pays de la Vendée

Vin de Pays de la Sarthe

Vin de Pays du Loire-et-Cher

Vin de Pays du Loiret

Vin de Pays de L'Indre-et-Loire

Vin de Pays de L'Indre

Vin de Pays du Cher

Limousin et Auvergne

Vin de Pays de la Haute-Vienne

Vin de Pays de la Creuse

Vin de Pays de la Corrèze

Vin de Pays de l'Allier

Vin de Pays du Puy-de-Dôme

Poitou-Charentes et Aquitaine

Vin de Pays des deux-Sèvres

Vin de Pays de la Vienne

Vin de Pays de Charente-Maritime

Vin de Pays de Charente

Vin de Pays de la Dordogne

Vin de Pays du Lot-et-Garonne

Vin de Pays des Landes

Vin de Pays des Pyrénées-Atlantiques

Midi-Pyrénées

Vin de Pays du Lot

Vin de Pays de l'Aveyron

Vin de Pays du Tarn

Vin de Pays du l'Ariège

Vin de Pays de la Hautes- Garonne

Vin de Pays des Hautes-Pyrénées

Vin de Pays du Gers

Vin de Pays du Tarn-et-Garonne

Languedoc-Roussillon

Vin de Pays du Gard

Vin de Pays de l'Hérault

Vin de Pays de l'Aude

Vin de Pays des Pyrénées-Orientales

Provence-Alpes-Côtes d'Azur

Vin de Pays du Vaucluse

Vin de Pays des Bouches-du Rhône

Vin de Pays du Var

Vin de Pays des Alpes-Maritimes

Vin de Pays des Alpes-de-Hautes-Provence

Vin de Pays des Hautes-Alpes

Rhône-Alpes

Vin de Pays de la Drômes

Vin de Pays de l'Ardèche

Vin de Pays de l'Isère

Vin de Pays de l'Ain

3. 地方性地區餐酒（Vins de Pays à dénomination locale）

　　地方性的葡萄園在地區劃分上更明確，它們位在一個省內、跨省或是多個葡萄園共處同一省內。例如：Vin de Pays de Caux 是在 Hérault 省的地方性葡萄園之一，它位於 Caux 縣內；Vin de Pays de l'Île de Beauté 是位於科西嘉省內的地方性葡萄園。這種地方性葡萄園總共有 100 處（見附錄），幾乎都散布在蘭格多克區和隆河谷下游地段。習慣上把地方性的地區餐酒分成七個產區，由 a 至 g 各地的產量也非常懸殊。

a. 南邊蘭格多克－乎西雍 （Languedoc-Roussillon）：是全法國最密集、產量最大的地區餐酒產地，區域內包括 4 個省級性、1 個區域性 （Vin de Pays d'Oc）、63 個地方性的葡萄園，占了全法國地區餐酒產量的 60%，其中奧得省 （Aude） 一地就有 120 萬仟升的年產量，不同的地理環境在品質上也有差距。各類的葡萄通常分開釀造，尤其是新引進的品種 （carbernet、merlot、syrah、chardonnay 及 sauvignon），它們多栽種在 Vin de Pays d'Oc 區內。傳統的葡萄有 carignan（常用碳酸浸漬法釀造）、grenache、cinsaut。白種葡萄有 grenache、clairette、macabeau、chardonnay、ugni blanc，其中 chardonnay 有逐漸增加的趨勢。

b. 東部地方 （Région de l'Est）：面積雖大 （8 個省級性、4 個地方性葡萄園），總年產量只有 5,000 萬升，採用阿爾薩斯的白葡萄種加上 pinot noir、gamay。

兩種不同形式的酒瓶：
A. 本土葡萄釀造的酒
B. 波爾多種葡萄釀造的酒

c. 阿基坦－夏恆區 （Aquitaine-Charentes）：包括波爾多和干邑
地方的 7 個省區，兩處地方性葡萄園使用的葡萄種類也多，近基
宏德河 （Gironde）、多爾多涅河 （Dordogne） 地區種植波爾多
的葡萄種，白酒芳香，紅酒結構強。安強 （Agen） 市、蘭德省
（Landes） 附近的產品中混加了 tannat、fer servadou、ugni blanc、
colombard、gros manseng 葡萄。夏恆特地區釀造用的葡萄和干邑地
區一樣，還外加了 sauvignon、chardonnay、chenin 等葡萄。各種酒
的特性也隨著混合葡萄的比例而定，年產量有 65,000hl。

d. 隆河、阿爾卑斯山區 （Rhône-Alpes）：稀疏的葡萄園散布於
隆河谷中、上游，有 4 個省級性，8 處地方性、1 個區域性的葡萄
園，年產量有 3 億公升。在隆河谷使用傳統隆河谷葡萄種，田地
多集中在阿爾代什 （Ardèche） 省的南邊。vin de pays des Coteaux
d'Ardèche（地方性葡萄園） 占了產量的 60%。上游的阿爾卑斯
山、薩瓦 （savoie） 地方多使用本土葡萄種：jacquère、clairette、
altesse、aligoté、chasselas、mondeuse、gamay 和 pinot noir。

e. 南部庇里牛斯山區 （Midi- Pyrénées）：從基宏德 （Gironde）
盆地的邊緣、庇里牛斯山麓到中央山脈間一塊廣大的土地上，幾乎
和 AOC 級的西南產區重疊，採用的葡萄也相同。有 11 個省級性、
12 個地方性、1 個區域性的葡萄園，年產量 3.5 億公升。來自不同
地方的本土葡萄釀出的酒變化很大，一般酒芳香、結構緊實、澀度
大，如果混有 tannat 葡萄也可久存。vin de pays des Côtes de Gascogne
處於雅馬邑 （Armagnac） 產區內，白酒的產量占了 80%。

f. 羅亞爾河谷區 （Val de Loire）：位於羅亞爾河中、下游兩岸 13
個省的廣大土地上，共有 13 個省級性、3 個地方性、1 個區域性，
此地也是美食、旅遊重鎮，有法國花園的美譽。各處的土質變化
大，種植的葡萄種類也多，以 gamay、sauvignon 兩種紅、白葡萄出
產量為最大，總年產量 3 億 5 仟萬公升中，新酒占了 20%。

g. 普羅旺斯和科西嘉普區 （Provence-Alpes-Côtes d'Azur & Corse）：
普羅旺斯產區是法國第二大地區餐酒出產地，有 6 個省級性、7 個地
方性，年產量約 7 億公升，紅酒占了 65%，玫瑰紅酒占 27%，白酒

多出自 Bouches du Rhône、Vaucluse 兩省。通常是用 carignan、syrah 及 grenache 三種葡萄混合釀造紅酒。如果加入 cinsaut 葡萄，則酒較芳香柔和，如有 mourvèdre 葡萄，則酒堅強、細緻，含有胡椒味，也有加入 merlot、cabernet 葡萄，則酒的變化多。白酒使用 clairette、rolle、grenache blanc 葡萄釀造，一般的酒較芳香、圓潤，如果 bourboulenc 葡萄成分多，則酒較活潑。科西嘉區內只有一個地方性的地區餐酒——vin de pays de l'ile de Beauté，此酒使用的葡萄種類多，酒的特性變化也大從清淡、順口到濃郁、堅澀的都有。

　　地區餐酒是一種日常性的飲用酒，通常品嚐其清鮮味，一般都不宜存放。大多都採用傳統的法國葡萄品種，加上地區性的葡萄來釀造，種類也多，自從 1990 年代以來，漸漸走向使用單一葡萄釀造的趨勢，以突顯其特性。

100 處地方性的葡萄園

01 Vin de Pays des Coteaux de Coiffy

02 Vin de Pays de France-Comté

03 Vin de Pays de Coteaux de l'Auxois

04 Vin de Pays de St. Marie-la-Blanche

05 Vin de Pays des Coteaux du Cher et de l'Arnon

06 Vin de Pays de Coteaux Charitois

07 Vin de Pays du Bourbonais

08 Vin de Pays Charentais

09 Vin de Pays du Périgord

10 Vin de Pays des Terrois Landais

11 Vin de Pays de Thézac-Perricard

12 Vin de Pays de l'Agenais

13 Vin de Pays de Coteaux de Glanes

14 Vin de Pays de Coteaux de Quercy

15 Vin de Pays de Coteaux de Terrasses de Montauban

16 Vin de Pays de Côtes de Montestruc

17 Vin de Pays de Côtes du Condomois

18 Vin de Pays de Côtes de Gascogne

19 Vin de Pays de Bigorre

20 Vin de Pays de St. Sardos

21 Vin de Pays des Côtes du Tarn

22 Vin de Pays de Sable du golfe du Lion

23 Vin de Pays Duché d'Uzès

24 Vin de Pays des Cévennes

25 Vin de Pays de la Vistrenque

26 Vin de Pays des Côtes du Vidourle

27 Vin de Pays de la Vaunage

28 Vin de Pays des Coteaux de Cèze

29 Vin de Pays des Coteaux du pont du Gard

30 Vin de Pays de Côtes du Ldibrac

31 Vin de Pays de Coteaux Flaviens

32 Vin de Pays de Coteaux Cévenols

33 Vin de Pays du Mont Bouquet

34 Vin de Pays d'Uzès

35 Vin de Pays des Coteaux Salavés

36 Vin de Pays du Val de Montferrand

37 Vin de Pays du Mont Baudile

38 Vin de Pays des Côtes du Ceressou

39 Vin de Pays des Mont de la Grage

40 Vin de Pays des Coteaux d'Enserune

41 Vin de Pays des Coteaux du Libron

42 Vin de Pays de Pézenas

43 Vin de Pays des Coteaux de Murviel

44 Vin de Pays des Coteaux de Laurens

45 Vin de Pays des Côtes de Thonge

46 Vin de Pays de le Bénovie

47 Vin de Pays de Cassan

48 Vin de Pays de la Haut Vallée de l'Orb

49 Vin de Pays des Gorges de l'Hérault

50 Vin de Pays des Coteaux de Bressilles

51 Vin de Pays de l'Ardailhou

52 Vin de Pays des Côtes du Brian

53 Vin de Pays de Cessenon

54 Vin de Pays des Coteaux du Salagou

55 Vin de Pays de la Vicomté d'Aumelas

56 Vin de Pays des Collines de la Moure

57 Vin de Pays de Caux

58 Vin de Pays des Coteaux de Foncaude

59 Vin de Pays de Bessan

60 Vin de Pays de Bérange

61 Vin de Pays des Côtes de Thau

62 Vin de Pays des Coteaux de Peyriac

63 Vin de Pays de la Haut Vallée de l'Aude

64 Vin de Pays des Coteaux de Narbonne

65 Vin de Pays des Côtes de Prouilhe

66 Vin de Pays de la Cité de Carcassonne

67 Vin de Pays de Cucugnan

68 Vin de Pays du Val de Dagne

69 Vin de Pays des Coteaux du Littoral Audois

70 Vin de Pays des Côtes de Perpignan

71 Vin de Pays des Coteaux de la Cabrerisse

72 Vin de Pays des Hauts de Badens

73 Vin de Pays du Torgan

74 Vin de Pays des Côtes de Lastours

75 Vin de Pays du val de Cesse

76 Vin de Pays de la Vallée du Paradis

77 Vin de Pays des Coteaux de Miramont

78 Vin de Pays d'Hauterive

79 Vin de Pays de Coteaux Cathares

80 Vin de Pays des Val d'Agly

81 Vin de Pays des Coteaux des Fenouillèdes

82 Vin de Pays Catalan

83 Vin de Pays des Côtes Catalanes

84 Vin de Pays de la Côtes Vermeille

85 Vin de Pays d'Aigues

86 Vin de Pays de la Principauté d'Orange

87 Vin de Pays de la Petite Crau

88 Vin de Pays des Coteaux du Verdon

89 Vin de Pays de Mont-Caume

90 Vin de Pays des Maure

91 Vin de Pays de d'Argens

92 Vin de Pays du Comté de Grignan

93 Vin de Pays des Coteaux des Baronnies

94 Vin de Pays des Coteaux de l'Ardèche

95 Vin de Pays des Balmes Dauphinoises

96 Vin de Pays des Coteaux du Crésivaudan

97 Vin de Pays des Collines Rhodaniennes

98 Vin de Pays d'Urfé

99 Vin de Pays d'Allobrogie

100 Vin de Pays de l'Île de Beauté

II 法蘭西島的葡萄園（Ile-de-France）

蒙馬特葡萄園

　　一個位於巴黎市中心精華地段的葡萄園，面積不大但是非常出名。最早塞爾特人（Celte）、盧滕西亞人（Lutetia）在塞納河中的小島上居住，過著耕種的生活，西元前 54 年羅馬人來到後就開始在塞納河左岸擴展，漸漸形成巴黎城的雛型。在河谷的坡地上種植了很多葡萄，北郊蒙馬特山丘上發現有酒神廟的遺跡。自古以來宗教儀式和葡萄酒有著密切的關係，中世紀時各教會都有龐大的財力和專業人士不遺餘力地發展葡萄酒業，又加上捐贈的土地，全國大多數的葡萄園幾乎都歸教會所有，蒙馬特的葡萄園也不例外，它屬於蒙馬特女修道院。後來經過幾次大規模戰爭的毀壞，修道院在缺

乏資金的情況下，葡萄園也被迫拍賣，轉售給小酒農和勞工們。
十六世紀時，蒙馬特區還不屬於巴黎市，由於城內有些條文規章限
制了葡萄酒的消費和付稅，城中的一些商賈居民、騷人墨客、販夫
走卒都聚集到蒙馬特地區閒聊、暢飲，很多的小酒館、夜總會應
運而生，「蒙馬特」因此聲名大譟，位於葡萄園對面的 Cabaret du
Lapin Agile（狡兔之家）是區內現存最古老的建築物。十九世紀中
葉由於根瘤芽蟲的侵害，加上都市的擴展，大巴黎區內的葡萄園都
跟著消失了。1921 年重新劃定了蒙馬特葡萄園的保護範圍，以防
止房市高度的擴建。1933 年再度栽種葡萄樹，次年秋天有了辛苦

的成果，以後每年 10 月的第一個週末就訂定為採收節，同時巴黎
市政府也在地方上舉辦一些民俗、品嚐等慶祝活動。

蒙馬特葡萄園位於巴黎正北邊聖心院（大白教堂）左後方的坡地
上，土地面積只有 1,556 平方公尺，算是法蘭西島（大巴黎地區）
最大的葡萄園了，近 2,000 株的葡萄樹種植了 75% 的 gamay、20% 的
pinot noir，其餘是 siebel、merlot、gewurztraminer、riesling 等。加美
葡萄釀成的酒近似薄酒萊新酒，果香味多，都趁青鮮期飲用。對黑
皮諾也不可能有太高的期望，但是它還是有發展的空間，釀出的酒
沒有 AOC 級那樣的水準，因為是首善之都的產品，加上產量稀少，
故其價格高昂。

在大巴黎地區除了蒙馬特葡萄園外，還有 132 處小葡萄園，例如：Clamart、Courbevoie、meudon、vigne du Parc George-Brassens、de Belleville、de Bercy、Suresnes 等，總面積有 11 公頃，分散在塞納河畔的坡地上。許多葡萄園都是在二十世紀末再重新墾植的老葡萄園，使用的葡萄種類也多，百餘株小葡萄園的產品絕對不合經濟利益，可是巴黎人卻是很驕傲，默默地耕種，釀造出私房美酒讓各界人士來品嚐，延續保留了這種國家、文化的遺產。

Ⅲ 開胃酒

餐前飲用的開胃酒種類極多，本篇只談述以葡萄釀造出來的各種類型。通常適用的餐前開胃酒有：

（1）甜酒

甜酒的種類很多，它們的外貌極為相似，可是特性、侍酒溫度、口感卻是不一樣。不同的釀造技巧所獲得的甜酒，其名稱也不同：

天然甜酒

a. 天然甜酒 （Vin Doux Naturel）：包括一些使用蜜思卡（Muscat）葡萄釀成的白色天然甜酒，主要出產於蘭格多克、隆河谷地區，例如：白酒有呂內爾－蜜思卡 （Muscat de Lunel）、密赫瓦－蜜思卡 （Muscat de Mireval） 等；紅酒有莫利 （Maury）、巴紐 （Banyul）、哈斯多 （Rasteau） 等。 （參見蘭格多克、隆河谷產區的介紹）

b. 利口酒 （Vin de Liqueur）：以葡萄為原料釀造而成的利口酒，例如：干邑地區的 Pineau des Charentes、雅馬邑地區的 Floc de Gascogne、香檳區的 Ratafia、蘭格多克地區的 Carthagène。也有使用非葡萄為原料釀造而成的，例如：Pommeau 是諾曼地地區使用蘋果釀成的、Grand-Marnier 出產於巴黎附近，用蘇格蘭橘子釀造而成。 （參見烈酒篇的介紹）

c. 貴腐、半貴腐甜酒 （vins Liquoreux、Vins moelleux）：這一類酒是利用天然環境而獲得高糖分的葡萄釀造出來的。幾種不同的

方式 （晚採收、風乾、貴腐） 都可以獲得含糖量高的葡萄，釀成的酒甜味重，酒精度也高些，例如：阿爾薩斯晚採收的甜酒。阿爾卑斯山區的麥桿酒 （Vin de Paille）、庇里牛斯山麓的居宏頌（Jurançon），都是利用天然的環境風乾了葡萄，使得酒中的糖分提高。

　　特殊的小地理環境所產生的貴腐葡萄釀出的貴腐甜酒：索甸（Sauternes）、巴薩克（Barsac）、蒙巴季亞克（Monbazillac）等。白甜酒侍酒的溫度大約 10 ～ 12℃。

顆粒挑選甜酒

（2）干性紅、白酒

a. 白酒：選擇稍微輕淡的酒單獨飲用，或是在酒中加一點果漿來染出美麗的顏色，挑選的白酒要有足夠的酸度。每個產區的白酒都具有自己的獨特性和香氣，例如：羅亞爾河谷區帶有蘋果及菩提花香、波爾多產區的漿果香味重、阿爾薩斯產區的花果香味多、蘭格多克產區具有苦艾味、地中海產區有香料灌木味，而布根地產區則帶有乾果核桃味。侍酒的溫度和甜酒一樣。

b. 紅酒：也採用清淡、結構簡單的酒，例如：隆河谷產區、薄酒萊產區等一些上市的新酒，或是波爾多、羅亞爾河谷產區等大區域性的酒。侍酒的溫度也較低 （12 ～ 16℃）。

（3）香檳酒、氣泡酒

　　一般多採用結構簡單，略帶酸味的白色、玫瑰紅色香檳酒。在某些場合可以提升香檳酒的層級，像是大廠牌的招牌酒、年份香檳，甚至豪華香檳，除了強勁豐厚型的香檳外，其他的都可以使用。每個產區都有氣泡酒（Crémant），它們是以香檳法、鄉村傳統法釀造出來的，因受到氣候、土質及地貌的影響，各種酒的風味也不一樣。通常都是白色、少量的玫瑰紅色，在羅亞爾河的梭密爾（Saumur）地區也出產了一些紅色氣泡酒。

　　一般氣泡酒、香檳酒都是單獨飲用，如果加入些茶藨子漿（crème cassis）則成為玫瑰紅的 "Kir Royal"。

（4）烈酒

　　習慣上在餐後來杯各式各樣口味的烈酒，西方稱為「消化酒」，都是單一飲用，除了干邑、雅瑪邑、白蘭地、Calvados 外，還有各式各樣的無色烈酒、蘭姆酒等。

　　除了法國以外，世界各國也出產不少以穀物釀製成的烈酒，例如：威士忌、伏特加、琴酒、高粱、茅台等通常作為餐後的消化酒。很多人把它們調配成各式各樣的雞尾酒當成開胃酒飲用。如果這些烈酒在餐前飲用，最好加些冰塊、汽水或果汁之類的軟性飲料。

IV 葡萄酒及中式料理的搭配

　　隨著工商業的發達和變遷，交通、旅遊發展十分迅速，出國的商、旅大量增加，而且次數也逐漸頻繁，經過與外國人各方面的接觸後，國人的生活方式也起了變化，吃頓洋飯喝杯洋酒已是稀鬆平常的事。在此情況下，外國的美食和大量的葡萄酒也跟著登陸國內，不但成為國人品味的象徵，同時選擇美食搭配美酒也成為時下饕客們熱衷的新潮流。但是儘管如此，許多人對於「洋飯」的接收度還是打了折扣，如何使用葡萄酒來搭配各地的美食佳餚，也就成了必需要瞭解與學習的餐桌藝術了。一般而言，國內的西餐是以歐洲各國（法、義、德、西、葡等）的菜色為主，這些國家不但是葡萄酒主要的出產國，同時也都有自己的地方名菜或家鄉風味的菜餚，在生活飲食文化中佐餐的飲料總免不了用葡萄酒來搭配，使用當地的出產品是很自然的現象；此外，葡萄酒也常用來作為烹調的佐料，傳統上對於配酒的選擇都習慣就地取材或是使用相關系統的酒，幾乎都已成為一種制式格局。如果這些菜餚在國內各餐廳推出，顧客對於葡萄酒的挑選便不致有太多的困擾，但國人在日常食用中式料理時，選擇搭配葡萄酒就是件新鮮事了。

　　由於中式料理變化多端，領域極廣，各地料理的風味也完全不一樣，要它們和來自全球各地的葡萄酒搭配已經夠複雜的了，如果再加上葡萄酒年份的變化、價格的差異，無形中都會帶給消費者一些

心理上的困擾。不過對此也不必太擔心，事實上中餐搭配葡萄酒與西餐搭配葡萄酒是一樣的「有方可循」，只要把握盤中佳餚的味道，再選擇口味「相襯」或「互補」的葡萄酒相互對味，那麼用葡萄酒搭配中式料理是絕對沒有問題的。

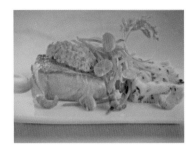

　　酒和佳餚要能「相襯」就必需要求口感上的平衡，以增加一種更高境界的感受，如果其中一項太突顯，就不容易嚐出另一種味道，無形中等於是種浪費；反之，如搭配得宜就會顯得相得益彰，除了增加更多層次的口感外，還可幫助消化，增加食慾，比如微酸澀的葡萄酒有助於消化油膩的食物。

　　國人對一般的亞洲菜餚都有相當認識，判斷菜色的好壞並不是很難的事，但如要與葡萄酒搭配，則必須知道一些酒的基礎認識，尤其是相關的從業人員。介紹品嚐的目的主要是分析葡萄酒的特性，並不是評鑑葡萄酒的好與壞，有了這一層認知，才容易選擇與菜餚相襯的酒來搭配。有水準的餐廳在推出特別菜色前也要考慮飲料方面的搭配，酒類多元化才容易讓顧客挑選，增加營業收入。

　　以下就來介紹一般餐酒搭配的方式：

單一搭配：用餐中只採用一種葡萄酒，多用於簡單的便餐，好處是依照廚房推出的菜色來選擇葡萄酒，缺點則是菜色選酒的領域常受到限制。

複合搭配：在人數眾多的團體聚餐中使用兩種以上的葡萄酒，它的好處是有多種選擇，口味和菜色方面容易做彈性配合，葡萄酒的層次也可逐漸提升，消費者可依自己喜愛的口味來決定飲用的量；惟此一方式要注意上菜時應與飲用酒相互配合，以及侍酒的順序。比如主人選了上好的教皇新堡酒 （Châteauneuf du pape） 搭配宮保雞丁令賓客都很滿意，之後又上了一道清蒸石斑魚，主人又開了一瓶 Montrachet 或是 Savennière、Chablis Grand Cru 之類的酒，在搭配上可說是 100% 的正確，沒有任何瑕疵，但被宮保雞丁所麻辣後的味覺，並不容易感受到高品質白酒的特性，結果反而成為一種無形的糟蹋與浪費。

　　另外，有時也不必太堅持傳統的配菜方式，無論哪種顏色的葡萄

酒都有濃淡之分，如果硬要堅持用白酒搭配三杯小管就有點不相襯了，這時寧願選瓶南邊產區所出產的淡紅酒或是粉紅酒（具香料、甘草、胡椒味）則可蓋過帶有滷汁小管的味道。

其實只要把握一些原則大膽去嘗試，使自己開創出一個美食空間，品嚐中式料理時搭配葡萄酒飲用也不是很困難的事。以下提供侍酒的順序和一些搭配原則：

- 白酒在紅酒之前（例外：清淡型的紅酒在口感重的白酒之前）
- 干性在甜性之前
- 淡口在重口之前
- 普通在名貴之前
- 低齡在高齡之前

西洋的點心是用水果、麵粉、奶油、巧克力為食材調製烘焙，多搭配天然甜酒（VDN），巧克力製品則搭配紅甜酒（Maury、Banyuls、Rasteau）。中式點心多以穀類、豆類為主要材料烘焙而成，口味有甜、有鹹，如果搭配葡萄酒飲用，筆者認為有點牽強，反而用茶來搭配較為適當。

以下分類乃是提供給讀者如何以葡萄酒搭配菜餚的一個基本概念，不妨參考以便靈活運用。

注意：太過於辛辣、味精過多或醋拌的食物不宜搭配葡萄酒飲用。帶有酸甜醬汁的食物宜用微甜的白酒或是玫瑰紅酒（Tavel 最為理想）搭配。咖哩或是微辣的食物以搭配阿爾薩斯產區的 Gewurztraminer 白酒為宜。蘆筍則是適合搭配 Muscat，此於西式料理中已是不成文的規則，但在中式料理的領域則須再思考是否也能依照遵守？

海鮮類

• 蚌殼、蟹、貝類為食材

生食、清蒸：沿海地區所出產之清淡有酸度的干性白酒 （極干），如 Muscadet、Gros Plant 及普羅旺斯地方的白酒。

　　爆炒：沿海地區、羅亞爾河上游或是布根地等地出產之稍微圓潤、細緻芳香的干白酒，如 Chablis、Sancerre、Pouilly Fumé、Graves、Cassis 等。

- **蝦、龍蝦、海參、鮑魚、魚翅為食材**

　　涼拌、乾烤：等級的干性白酒，如 Riesling、Pessac-Léognin、Chalonnaise 等。

　　清炒：細緻、結構好的干性白酒，如上述白酒及博內區（Beaune）的白酒，還有 Chablis、Sancerre、Pouilly Fumé、普羅旺斯鄉村級白酒都是上選。

　　爆炒、煨、燉：口感重、結構好的干白酒，細緻圓潤，澀度少的中、高齡紅酒，如 Gewurztraminer GranCru、Hermitage、博內區的白酒和博內區的一般紅酒。

- **蝸牛、田雞為食材**：帶有牛油或香料味的干白酒，如 Marsannay、Côtés du Rhône Village、普羅旺斯的干白酒，或是 Mâcon、Beaujolais 的清淡紅酒等。

- **深海魚類為食材**

　　清蒸、煎烤：圓潤，結構佳，微酸的干性白酒，如 Pessac-Léognin、鄉村或等級的布根地、隆河谷的白酒等。

- **淺海魚類為食材**

　　清蒸、煎烤、生食：清淡干性、略帶酸味的白酒，如 Bordeaux、羅亞爾河河谷的白酒，或是 Touraine、Mâcon 地區的淡紅酒

　　湖、塘的養殖魚：芳香（香料味）、普通的干白酒，如隆河河谷南邊的紅酒及白酒、蘭格多克、西南區的白酒、羅亞爾河河谷 Touraine 的白酒、Macon 地區的淡紅酒。

雞、豬、兔肉類

- **燒烤、炸**：除了一些頂級紅、白酒外，可搭配所有的紅、白、玫瑰紅酒，以及中等級略有酸味的紅酒。

- **臘味、燻烤**：混有希哈（Syrah）葡萄的中級紅酒，如 Côtés du Rhône Village、蘭格多克區的紅酒。

羔羊、乳豬、小牛肉類
等級層次較高的紅酒、高品質的白酒。

精肉部位
黃金夜丘、布根地、波爾多產區的等級酒。

牛、豬、羊肉類
煎烤、爆炒：一般中低齡口感略重、中級品質的紅酒。
燉煮：口感略酸、微粗獷的紅酒，如西南產區的中齡紅酒。

鵝、鴨類
水禽類脂肪豐厚，略微羶騷但肉質細，宜用層次較高的紅酒，如 Pomerol、布根地的紅酒或是西南產區的 Cahors、Madiran、Gaillac 等酒。如果是冷拼盤，搭配阿爾薩斯產區的 Pinot Gris、Coteaux du Layon 也無妨。

紅酒鴨胸

山雞、鴿子、鵪鶉類
飛禽的肉質細緻緊實外帶羶味，選擇中、高齡的紅酒澀味融入酒中，等級不宜太差，如 Margaux、Musigny、Bandol 等。

黑肉類
野生動物羶騷味重，肉質較粗，可選擇強勁、濃厚的酒，如鄉村級的梅多克（Cru de Médoc）、玻瑪（Pommard）、梧玖（Clos de Vougeot）等；如果肉質細緻的話，則搭配芳香、結構堅強的紅酒，如玻美侯（Pomerol）、等級聖愛美濃（St. Emilion Grand Cru Classé）、香百丹（Chambertin）等。

香檳可以搭配所有的食物

　　「噗」的一聲如龍捲風般的泡柱由瓶底盤旋急上，剎那間萬馬奔騰的氣泡湧出，斟入細高的水晶質杯中，散發出清脆的回音，成千上萬的大小氣泡急速上升，環浮在杯口的表層持久不離，持續的速度和時間也隨著香檳的品質而有變動。說到「香檳」兩字總會有種愉快、豪華、奢侈的感覺，無可置疑的，香檳也確實出現在許多不同的場合，婚宴喜慶、開業簽約、重大節日等，總藉著香檳帶來無限的歡樂。香檳種類極多，各具特性，不同的場合選擇不同的香檳以達相得益彰的效果。

　　有四種不同類型的香檳酒，依其特性可以搭配所有的菜餚，當然也包括了中式料理（或日、韓式料理等）：

柔和易飲型（Tendres et Suaves）

　　一般是廠商釀製出的一種制式招牌香檳酒，常以黑皮諾（Pinot Noir）葡萄為主來釀造的干性或玫瑰紅香檳，顏色呈現淡金色，散發出蜂蜜、桃子、果醬味，口感圓潤。適合搭配魚、蝦類，白肉類（雞、羔羊、小牛肉、豬肉），煎、烤、蒸、煮或爆炒配些青菜，烹調的醬汁可以微辣。

清鮮淡口型（Frais et Légers）

這類型的香檳輕淡、清鮮、微酸，主要是用夏多內（Chardonnay）單一葡萄釀造的低齡香檳，通常用於慶典、集會的儀式中，搭配著什錦小餅乾，若以氣泡酒（Crémant）來替代或許比較經濟些。食物方面可選擇新鮮的甲殼海產、深海的生魚（碘味多）、清蒸的海鮮；各式各樣的醃生肉配水果；煮、炒的白肉類配上香料味多的醬汁；用水果製成的點心。

強勁豐厚型（Puissants et Charnus）

強勁的酒體反映出來自上好的葡萄園，濃郁的金黃色，散發出成熟水果、甘草、酵母、灌木等味，口感飽滿豐厚，後口感極長。適合搭配紅肉、水禽、野味，烹調的醬汁口味可以加重，甚至放入很多香料（如香菜、九層塔等）。

複雜成熟型（Complexes et Matures）

成熟型的香檳多半是較好年份的收成物，菸灰般的顏色清澈發亮，氣泡綿密，散發出複雜的香氣。豪華、完美型的香檳，結構堅強，但是柔和，口感複雜，可搭配更細緻的食物，如魚子醬、奶油焗蠔、上好的生魚片、炒龍蝦、螃蟹，配上略帶輕微香辣味的醬汁。

選擇、搭配當然還是要以自己喜愛的口味為主，以上只是提供品酒者一個參考。

強勁的香檳也可搭配紅肉類

國家圖書館出版品預行編目資料

最新法國葡萄酒全書/周寶臨著.－二版.－
臺北市：書泉出版社，2021.07
　　面；　公分
　　ISBN 978-986-451-227-0(平裝)

1.葡萄酒 2.品酒

463.814　　　　　　　　110008505

3Q40
最新法國葡萄酒全書

作　　者：周寶臨

發 行 人：楊榮川

總 經 理：楊士清

總 編 輯：楊秀麗

副總編輯：王俐文

責任編輯：金明芬

排版設計：果實文化設計工作室

封面設計：姚孝慈

出 版 者：書泉出版社

地　　址：106 臺北市和平東路二段 339 號 4 樓

電　　話：(02)2705-5066

傳　　真：(02)2706-6100

網　　址：https://www.wunan.com.tw

電子郵件：shuchuan@shuchuan.com.tw

劃撥帳號：01303853

戶　　名：書泉出版社

總 經 銷：貿騰發賣股份有限公司

電　　話：(02)8227-5988　傳　真：(02)8227-5989

地　　址：23586 新北市中和區中正路 880 號 14 樓

網　　址：www.namode.com

法律顧問　林勝安律師事務所　林勝安律師

出版日期：2013 年 5 月初版一刷
　　　　　　2021 年 7 月二版一刷

定　　價：新臺幣 880 元

經典永恆・名著常在

五十週年的獻禮 —— 經典名著文庫

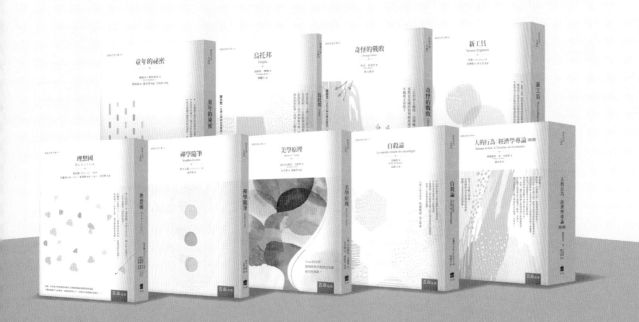

五南，五十年了，半個世紀，人生旅程的一大半，走過來了。

思索著，邁向百年的未來歷程，能為知識界、文化學術界作些什麼？

在速食文化的生態下，有什麼值得讓人雋永品味的？

歷代經典・當今名著，經過時間的洗禮，千錘百鍊，流傳至今，光芒耀人；

不僅使我們能領悟前人的智慧，同時也增深加廣我們思考的深度與視野。

我們決心投入巨資，有計畫的系統梳選，成立「經典名著文庫」，

希望收入古今中外思想性的、充滿睿智與獨見的經典、名著。

這是一項理想性的、永續性的巨大出版工程。

不在意讀者的眾寡，只考慮它的學術價值，力求完整展現先哲思想的軌跡；

為知識界開啟一片智慧之窗，營造一座百花綻放的世界文明公園，

任君遨遊、取菁吸蜜、嘉惠學子！